物理入門コース／演習［新装版］ 例解 物理数学演習

物理入門コース／演習［新装版］

An Introductory Course of Physics
Problems and Solutions

例解 物理数学演習

和達三樹 著

MATHEMATICS
FOR PHYSICS

岩波書店

物理を学ぶ人のために

この「物理入門コース／演習」シリーズは，演習によって基礎的計算力を養うとともに，それを通して，物理の基本概念を的確に把握し理解を深めることを主な目的としている．

各章は，各節ごとに次のように構成されている．

（i） 解説　各節で扱う内容を簡潔に要約する．法則，公式，重要な概念の導入や記号，単位などの説明をする．

（ii） 例題　解説に続き，原則として例題と問題がある．例題は，基礎的な事柄に対する理解を深めるための計算問題である．精選して詳しい解をつけてある．

（iii） 問題　これはあまり多くせず，難問や特殊な問題は避けて，基礎的，典型的なものに限られている．

（iv） 解答　各節の問題に対する解答は，巻末にまとめられている．解答はスマートさよりも，理解しやすさを第一としている．

（v） 肩をほぐすような話題を「コーヒーブレイク」に，解法のコツやヒントの一言を「ワンポイント」として加えてある．

各ページごとの読み切りにレイアウトして，勉強しやすいようにした．

本コースは「物理入門コース」(全10巻)の姉妹シリーズであり，これと共に用いるとよいが，本シリーズだけでも十分理解できるように配慮した．

物理学を学ぶには，物理的な考え方を感得することと，個々の問題を解く技術に習熟することが必要である．しかし，物理学はすわって考えていたり，ただ本を読むだけではわかるものではない．一般の原理はわかったつもりでも，いざ問題を解こうとするとなかなかむずかしく，手も足も出ないことがある．これは演習不足である．「理解するよりはまず慣れよ」ともいう．また「学問に王道はない」ともいわれる．理解することは慣れることであり，そのためにはコツコツと演習問題をアタックすることが必要である．

しかし，いたずらに多くの問題を解こうとしたり，程度の高すぎる問題に挑戦するのは無意味であり無駄である．そこでこのシリーズでは，内容をよりよく理解し，地道な実力をつけるのに役立つと思われる比較的容易な演習問題をそろえた．解答の部には，すべての問題のくわしい解答を載せたが，著しく困難な問題はないはずであるから，自力で解いたあとか，どうしても自力で解けないときにはじめて解答の部を見るようにしてほしい．

このシリーズが読者の勉学を助け，物理学をマスターするのに役立つことを念願してやまない．また，読者からの助言をいただいて，このシリーズにみがきをかけ，ますますよいものにすることができれば，それは著者と編者の大きな幸いである．

1990年8月3日

編者　戸田盛和
　　　中嶋貞雄

はじめに

本書の目的は，問題を解く力を身につけたいと思っている読者を手助けすることにある．問題を解く力を身につけるには，基本的な問題を自力で解くことが最良の道であると思う．本書の例題や問題には，特殊な技巧を必要とするものや，数学固有の問題は入っていない．実際に物理で用いられる計算を含むものを優先してある．また，著者自身で解いたものしか採用していない．

実際に問題を解くことがどうして必要なのかを，少し述べてみたい．

自然科学を勉強するうえで，理解の度合がどの程度であるかを知ることは非常に重要である．「わかったこと」と「まだわからないこと」を区別できなくては，より高度な課題に進むことはできない．理解の度合を確かめる簡明な方法は，自力で問題を解くことである．解答にまで到達できないのならば，自分の知識や計算力で何が欠けているかを考えてみるとよい．その原因を探すことによって，さらに興味がわき，理解が深まるはずである．

問題を解くといっても，単に公式を適用するだけではないかと思う読者もいるであろう．それは，すべてを理解した後での意見としては正しいかもしれない．しかし，どの学問分野でも，初めから現在の体系が存在していたわけではないことを思い出そう．理論の適用によって個々の問題を解く作業と，例題や反例を通してより一般的な体系を構築する作業とが，くり返し行なわれてきた．

個人レベルでの理解の進展にも，同じようなくり返しが必要であると思う．ある定理を知っていても，正しく適用できなくては本当に理解しているとは言えない．一方，1つの問題を解くことによって，理論体系の全体像が見えてくることもある．

本書は，既刊『物理のための数学』(物理入門コース第10巻)に対する演習書である．もちろん，本書の主要部分は「問題」と「解答」であるが，本書だけでも独立して活用できるように心がけた．各節の「解説」には，基礎事項が1～2ページにまとめられているので，全体を見通すのに役立つという利点がある．また，公式集としても便利であろう．

演習書にミスプリントがあっては読者に不必要な混乱を与えてしまう．校正には最大限の注意を払った．また，再三問題を解き直したこともある．しかし，訂正すべき箇所が少しは残っているかもしれない．読者からの御指摘をまじえて，より完全なものとしていきたい．はじめて演習書を執筆したのであるが，解説書を書くよりも骨の折れる仕事であった，というのが正直な感想である．

最後に，前著『物理のための数学』に引き続いて著者を叱咤激励し，本書の刊行を可能にした岩波書店編集部片山宏海氏に感謝の意を表したい．

1990年7月21日

和 達 三 樹

目次

コーヒーブレイク

ワンポイント

1

基本的な知識

三角関数は誰でもが知っている．このような簡単な関数を十分に使いこなせるだけで，物理学の理解は思いがけないほど深まる．また，複素数と偏微分は，大学の物理を習うために，すぐにでも知っておきたい道具である．この章は，本書を勉強するための肩ならしと思ってもよい．また，後で用いる公式をいくつか紹介する．

1-1　初等関数

ベキ関数，三角関数，指数関数，対数関数，双曲線関数等を総称して**初等関数**という．

三角関数　三角関数は，図 1-1 を使って

$$\sin x = \frac{\mathrm{PQ}}{\mathrm{OP}}, \qquad \cos x = \frac{\mathrm{OQ}}{\mathrm{OP}}$$
$$\tan x = \frac{\mathrm{PQ}}{\mathrm{OQ}} = \frac{\sin x}{\cos x} \tag{1.1}$$

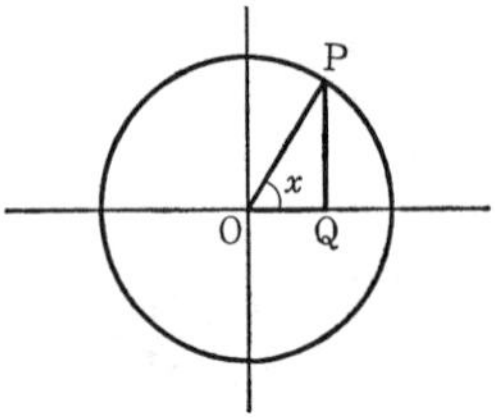

図 1-1　三角関数

と定義される．以下は基本的性質である．

1)　周期性　$\sin(x+2\pi) = \sin x$，$\cos(x+2\pi) = \cos x$，$\tan(x+\pi) = \tan x$

2)　$\sin^2 x + \cos^2 x = 1$

3)　偶奇性　$\sin x, \tan x$ は奇関数，$\cos x$ は偶関数

4)　$\sin 0 = 0$，$\sin \pi/2 = 1$，$\cos 0 = 1$，$\cos \pi/2 = 0$

5)　$\sin x = \cos(\pi/2 - x)$，$\cos x = \sin(\pi/2 - x)$

6)　加法定理　$\sin(x \pm y) = \sin x \cos y \pm \cos x \sin y$

$$\cos(x \pm y) = \cos x \cos y \mp \sin x \sin y$$

7)　合成　$A\cos x + B\sin x = \sqrt{A^2+B^2}\sin(x+\alpha) \quad (\tan\alpha = A/B)$

$$= \sqrt{A^2+B^2}\cos(x-\beta) \quad (\tan\beta = B/A)$$

8)　微分と積分

$$(\sin x)' = \cos x, \qquad (\cos x)' = -\sin x$$

$$\int \sin x dx = -\cos x, \qquad \int \cos x dx = \sin x$$

9)　ベキ級数展開　（階乗 $n! = n(n-1)\cdots 2\cdot 1$，$0! = 1$）

$$\sin x = x - \frac{x^3}{3!} + \frac{x^5}{5!} - \cdots = \sum_{n=0}^{\infty}(-1)^n \frac{x^{2n+1}}{(2n+1)!} \qquad (-\infty < x < \infty)$$

$$\cos x = 1-\frac{x^2}{2!}+\frac{x^4}{4!}-\cdots = \sum_{n=0}^{\infty}(-1)^n\frac{x^{2n}}{(2n)!} \qquad (-\infty<x<\infty)$$

$$\tan x = x+\frac{1}{3}x^3+\frac{2}{15}x^5+\frac{17}{315}x^7+\cdots \qquad (-\pi/2<x<\pi/2)$$

三角関数の逆関数を**逆三角関数**という．すなわち，$x=\cos y$ ならば $y=\cos^{-1}x$ とかいて，これを逆余弦関数という．同様にして，逆正弦関数 $\sin^{-1}x$，逆正接関数 $\tan^{-1}x$ が定義される．

指数関数　a をある定数として，a^x を**指数関数**という．特に重要なのは，$a=e=2.7182818\cdots$ の場合であり，以後，指数関数は e^x を意味することとする．

1)　$e^x\cdot e^y = e^{x+y}$,　　2)　$\dfrac{e^x}{e^y} = e^{x-y}$,　　3)　$(e^x)^y = e^{xy}$

4)　$e^x = 1+x+\dfrac{1}{2!}x^2+\dfrac{1}{3!}x^3+\cdots = \displaystyle\sum_{n=0}^{\infty}\frac{1}{n!}x^n \quad (-\infty<x<\infty)$

5)　$\dfrac{d}{dx}e^{kx} = ke^{kx}$,　　6)　$\displaystyle\int e^{kx}dx = \frac{1}{k}e^{kx} \quad (k\neq 0)$

対数関数　指数関数の逆関数を**対数関数**という．すなわち，$e^y=x$ のとき，$y=\log x$.

1)　$\log xy = \log x+\log y$,　2)　$\log\dfrac{x}{y} = \log x-\log y$,　3)　$\log x^y = y\log x$

4)　$\log(1+x) = x-\dfrac{x^2}{2}+\dfrac{x^3}{3}-\cdots = \displaystyle\sum_{n=0}^{\infty}(-1)^n\frac{x^{n+1}}{n+1} \quad (-1<x\leqq 1)$

5)　$(\log x)' = \dfrac{1}{x}$,　6)　$\displaystyle\int\frac{1}{x}dx = \log x$,　7)　$\log e^x = x$,　8)　$e^{\log x} = x$

双曲線関数　次に定義される関数を総称して**双曲線関数**という．

$$\sinh x = \frac{e^x-e^{-x}}{2}, \qquad \cosh x = \frac{e^x+e^{-x}}{2}, \qquad \tanh x = \frac{\sinh x}{\cosh x}$$

1)　$\cosh^2 x-\sinh^2 x = 1$

2)　$\cosh x$ は偶関数，$\sinh x$ と $\tanh x$ は奇関数

3)　加法定理　$\sinh(x\pm y) = \sinh x\cosh y\pm\cosh x\sinh y$

　　　　　　$\cosh(x\pm y) = \cosh x\cosh y\pm\sinh x\sinh y$

例題 1.1 三角関数に対する加法定理を使って，次の公式を示せ.

1) 和を積に直す公式

$$\sin A+\sin B = 2\sin\frac{A+B}{2}\cos\frac{A-B}{2}$$

$$\sin A-\sin B = 2\cos\frac{A+B}{2}\sin\frac{A-B}{2}$$

$$\cos A+\cos B = 2\cos\frac{A+B}{2}\cos\frac{A-B}{2}$$

$$\cos A-\cos B = -2\sin\frac{A+B}{2}\sin\frac{A-B}{2}$$

2) 積を和に直す公式

$$\sin A\cos B = \frac{1}{2}[\sin(A+B)+\sin(A-B)]$$

$$\cos A\sin B = \frac{1}{2}[\sin(A+B)-\sin(A-B)]$$

$$\cos A\cos B = \frac{1}{2}[\cos(A+B)+\cos(A-B)]$$

$$\sin A\sin B = -\frac{1}{2}[\cos(A+B)-\cos(A-B)]$$

［**解**］ 和を積に直す公式と積を和に直す公式の各々初めの 2 つの式は，次のように示される．正弦(サイン)関数に対する加法定理より

$$\sin(x+y) = \sin x\cos y+\cos x\sin y \tag{1}$$

$$\sin(x-y) = \sin x\cos y-\cos x\sin y \tag{2}$$

上の 2 式から，(1)+(2) と (1)−(2) をつくる.

$$\sin(x+y)+\sin(x-y) = 2\sin x\cos y \tag{3}$$

$$\sin(x+y)-\sin(x-y) = 2\cos x\sin y \tag{4}$$

$x+y=A$，$x-y=B$ とおくと，$x=(A+B)/2$，$y=(A-B)/2$ だから，(3)と(4)より，それぞれ

$$\sin A+\sin B = 2\sin\frac{A+B}{2}\cos\frac{A-B}{2}$$

$$\sin A-\sin B = 2\cos\frac{A+B}{2}\sin\frac{A-B}{2}$$

また，(3)と(4)で，$x=A$，$y=B$ とおけば，

$$\sin A\cos B = \frac{1}{2}[\sin(A+B)+\sin(A-B)]$$

$$\cos A\sin B = \frac{1}{2}[\sin(A+B)-\sin(A-B)]$$

残りの公式を示すには，余弦(コサイン)関数に対する加法定理を用いればよい．$\cos(x\pm y)=\cos x\cos y\mp\sin x\sin y$ より

$$\cos(x+y)+\cos(x-y) = 2\cos x\cos y \tag{5}$$

$$\cos(x+y)-\cos(x-y) = -2\sin x\sin y \tag{6}$$

$x+y=A$, $x-y=B$ とおくと，(5)と(6)より，それぞれ和を積に直す公式の3番目と4番目の式が得られる．また，$x=A$, $y=B$ とおけば，(5)と(6)より，それぞれ積を和に直す公式の3番目と4番目の式が示される．

問 題 1-1

[1] (1) 振幅は同じであるが異なる角振動数をもつ2つの調和振動 $x_1=A\cos\omega_1 t$ と $x_2=A\cos\omega_2 t$ を合成せよ．また，ω_1 と ω_2 が近い値のとき，その合成振動は $(\omega_1+\omega_2)/2$ を角振動数とする調和振動の振幅が，$(\omega_1-\omega_2)/2$ の角振動数でゆっくり変調された形となっていることを示せ．

(2) $\omega_1=10\pi, \omega_2=8\pi$ の場合の合成振動の様子を図示せよ．

[2] 次の定積分を示せ．m と n は正の整数とする．

(1) $\displaystyle\int_0^{2\pi}\sin mx dx = 0, \quad \int_0^{2\pi}\cos mx dx = 0$

(2) $\displaystyle\int_0^{2\pi}\sin mx\cos nx dx = 0,$ (3) $\displaystyle\int_0^{2\pi}\sin mx\sin nx dx = \pi\delta_{mn}$

(4) $\displaystyle\int_0^{2\pi}\cos mx\cos nx dx = \pi\delta_{mn}$

ここで，δ_{mn} は**クロネッカーのデルタ記号** $\delta_{mn}=0\ (m\neq n),\ 1\ (m=n)$.

[3] 双曲線関数に対して，次の式を示せ．

(1) $\cosh^2 x-\sinh^2 x = 1$

(2) $\sinh(x+y) = \sinh x\cosh y+\cosh x\sinh y$

(3) $\cosh(x+y) = \cosh x\cosh y+\sinh x\sinh y$

(4) $\sinh x$ の逆関数を $\sinh^{-1}x$ とかくと，$\sinh^{-1}x = \log(x+\sqrt{1+x^2})$

[4] 次の関数の振舞いを説明し，グラフに描け．

(1) $y = ae^{-b^2x^2/2}\ (a>0,\ \mathrm{b}>0)$, (2) $y = e^{-t/2}\sin 2\pi t$

1-2 複素数

2つの実数 a, b と虚数単位 $i=\sqrt{-1}$ を用いて表わされる数 $c=a+ib=a+bi$ を**複素数**という．このとき，a を複素数 c の**実部**，b を複素数 c の**虚部**といい，$a=\mathrm{Re}\,c, b=\mathrm{Im}\,c$ と表わす．複素数 $c=a+ib$ に対して，$a-ib$ を c の**共役複素数**といい，$c^*=a-ib$ と書く．

複素数の相等関係と四則演算は次のように定義される．

1) $a_1+ib_1 = a_2+ib_2$ ならば，$a_1 = a_2,\ \ b_1 = b_2$

2) 和と差 $(a+ib)\pm(c+id) = (a\pm c)+i(b\pm d)$

3) 積 $(a+ib)(c+id) = ac+iad+ibc+i^2bd$

$$= (ac-bd)+i(ad+bc)$$

4) 商 $\dfrac{a+ib}{c+id} = \dfrac{a+ib}{c+id}\dfrac{c-id}{c-id} = \dfrac{ac+bd}{c^2+d^2}+i\dfrac{bc-ad}{c^2+d^2} \quad (c^2+d^2 \neq 0)$

複素数 $z=x+iy$ は，xy 平面上の点で表示することができる(図1-2)．この平面(**複素平面**または**ガウス平面**という)において，x 軸を実軸，y 軸を虚軸とよぶ．図1-2において，原点Oと点Pの距離を r，線分OPと x 軸の間の角を θ とすれば，

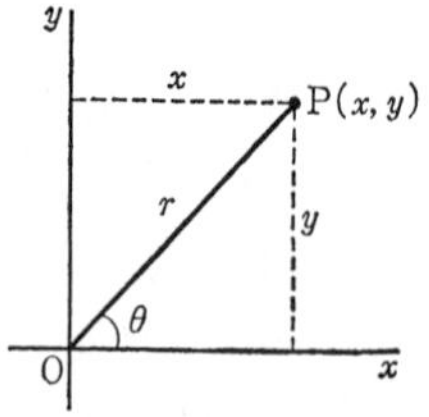

図 1-2 複素平面
(ガウス平面)

$$x = r\cos\theta,\ \ y = r\sin\theta$$

または

$$r = \sqrt{x^2+y^2},\ \ \theta = \tan^{-1}(y/x) \tag{1.2}$$

したがって，複素数 z は

$$z = x+iy = r(\cos\theta+i\sin\theta) \tag{1.3}$$

と書ける．これを z の**極形式**といい，r を z の**絶対値**，θ を z の**偏角**とよび，$r=|z|$，$\theta=\arg z$ で表わす．

例題 1.2 1) 指数関数のベキ級数展開

$$e^x = 1+\frac{x}{1!}+\frac{x^2}{2!}+\frac{x^3}{3!}+\cdots = \sum_{n=0}^{\infty}\frac{x^n}{n!}$$

を複素数に拡張することにより，**オイラーの公式**

$$e^{i\theta} = \cos\theta+i\sin\theta$$

を証明せよ．

2) オイラーの公式を使って，ド・モアブルの定理

$$\cos n\theta+i\sin n\theta = (\cos\theta+i\sin\theta)^n$$

を示せ．

3) ド・モアブルの定理を用いて，

$$\cos 2\theta = 2\cos^2\theta-1 = 1-2\sin^2\theta, \qquad \sin 2\theta = 2\sin\theta\cos\theta$$

$$\cos 3\theta = 4\cos^3\theta-3\cos\theta, \qquad \sin 3\theta = 3\sin\theta-4\sin^3\theta$$

を示せ．

［解］ 1) 指数関数 e^x のベキ級数展開を純虚数 $x=i\theta$ に拡張して，

$$\begin{aligned} e^{i\theta} &= 1+\frac{i\theta}{1!}+\frac{(i\theta)^2}{2!}+\frac{(i\theta)^3}{3!}+\frac{(i\theta)^4}{4!}+\frac{(i\theta)^5}{5!}+\cdots \\ &= \left(1-\frac{\theta^2}{2!}+\frac{\theta^4}{4!}-\cdots\right)+i\left(\theta-\frac{\theta^3}{3!}+\frac{\theta^5}{5!}-\cdots\right) \\ &= \cos\theta+i\sin\theta \end{aligned}$$

2) オイラーの公式より，

$$e^{in\theta} = \cos n\theta+i\sin n\theta \tag{1}$$

一方，$e^{i\theta}=\cos\theta+i\sin\theta$ の両辺を n 乗して，

$$e^{in\theta} = (\cos\theta+i\sin\theta)^n \tag{2}$$

(1)と(2)より，ド・モアブルの定理を得る．

3) ド・モアブルの定理で $n=2$ とおく．

$$\begin{aligned} \cos 2\theta+i\sin 2\theta &= (\cos\theta+i\sin\theta)^2 \\ &= (\cos^2\theta-\sin^2\theta)+2i\sin\theta\cos\theta \end{aligned}$$

実部と虚部をそれぞれ等しいとおいて，$\cos 2\theta=\cos^2\theta-\sin^2\theta=2\cos^2\theta-1=1-2\sin^2\theta$，$\sin 2\theta=2\sin\theta\cos\theta$．同様に，ド・モアブルの定理で $n=3$ とおくと，

$$\begin{aligned} \cos 3\theta+i\sin 3\theta &= (\cos\theta+i\sin\theta)^3 \\ &= \cos^3\theta-3\cos\theta\sin^2\theta+i(3\cos^2\theta\sin\theta-\sin^3\theta) \end{aligned}$$

よって，$\cos 3\theta=\cos^3\theta-3\cos\theta(1-\cos^2\theta)=4\cos^3\theta-3\cos\theta$，$\sin 3\theta=3(1-\sin^2\theta)\sin\theta-\sin^3\theta=3\sin\theta-4\sin^3\theta$．

問 題 1-2

[1] 次の複素数を極形式で表わし，複素平面上に図示せよ．

(1) $2+2i$, (2) $-1+\sqrt{3}\,i$, (3) $-1-\sqrt{3}\,i$

[2] $z_1=2-3i$, $z_2=-5+i$ のとき，和 z_1+z_2，差 z_1-z_2，積 z_1z_2，商 z_1/z_2 を求めよ．

[3] 複素数 z の絶対値を $|z|$ で表わす．三角不等式 $|z_1+z_2|\leqq|z_1|+|z_2|$ を示せ．ここで等号が成り立つのは，$z_1=0$ または $z_2=0$ または $\arg z_1=\arg z_2$ のときに限る．

[4] 交流回路を取り扱うとき，電流 I，電圧 V などの物理量を複素数に拡張して考えるのが便利である(もちろん，計算の最後では実数部分を考える)．複素数であることを，山形のしるし ^ で表わすとしよう．右図のように，インダクタンス L，キャパシタンス C，抵抗 R が直列につながれた回路に交流電圧がかかっている場合，複素数に拡張した電流 $\hat{I}$，電圧 $\hat{V}$ は

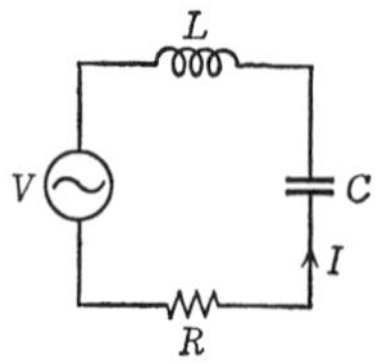

$$\hat{I} = I_0e^{i\omega t}, \qquad \hat{V} = V_0e^{i\omega t} \quad (V_0 \text{は実数})$$
$$\hat{V} = \hat{Z}\hat{I}, \qquad \hat{Z} = R+i\omega L-i(\omega C)^{-1}$$

をみたす．ここで，$\hat{Z}$ を**複素インピーダンス**という．

(1) 複素インピーダンスを $\hat{Z}=Ze^{i\phi}$ (Z と ϕ は実数)の形にかけ．

(2) 電流 $I=\mathrm{Re}\,\hat{I}$ を求め，ϕ の物理的意味を述べよ．

One Point ——複素数の極形式

オイラーの公式を用いれば，複素数 z は $z=re^{i\theta}$ と書ける．この表式は計算を簡単にし，また物理的イメージを得るうえでも非常に有益である．オイラーの公式について一言．変数を実数に限定していたときには，指数関数と三角関数とは全く無関係な関数であった．ところが，変数を複素数に広げると，オイラーの公式のように見事な関係が現われる．

1-3 偏微分

偏微分　2変数の関数 $f(x, y)$ の x に関する偏導関数 $\partial f/\partial x$ と y に関する偏導関数 $\partial f/\partial y$ は，それぞれ

$$\frac{\partial f}{\partial x}=f_x=\lim_{h\to 0}\frac{f(x+h, y)-f(x, y)}{h}, \qquad \frac{\partial f}{\partial y}=f_y=\lim_{h\to 0}\frac{f(x, y+h)-f(x, y)}{h} \tag{1.4}$$

と定義される．高階偏導関数も同様に定義される．2階偏導関数は，

$$\frac{\partial}{\partial x}\left(\frac{\partial f}{\partial x}\right)=\frac{\partial^2 f}{\partial x^2}=f_{xx}, \qquad \frac{\partial}{\partial x}\left(\frac{\partial f}{\partial y}\right)=\frac{\partial^2 f}{\partial x\partial y}=f_{yx}$$

$$\frac{\partial}{\partial y}\left(\frac{\partial f}{\partial x}\right)=\frac{\partial^2 f}{\partial y\partial x}=f_{xy}, \qquad \frac{\partial}{\partial y}\left(\frac{\partial f}{\partial y}\right)=\frac{\partial^2 f}{\partial y^2}=f_{yy}$$

f_{xy} と f_{yx} が存在してともに連続ならば，$f_{xy}=f_{yx}$，すなわち，偏微分する順序によらない．

全微分　関数 $f(x, y)$ に対して

$$df=\frac{\partial f}{\partial x}dx+\frac{\partial f}{\partial y}dy \tag{1.5}$$

を**全微分**という．$P(x, y)dx+Q(x, y)dy$ がある関数の全微分になるための必要十分条件は，$\partial P/\partial y=\partial Q/\partial x$ である(証明は 5-3 節例題)．

合成関数の微分　関数 $z=f(x, y)$ において，x と y が変数 t に依存しているならば，

$$\frac{dz}{dt}=\frac{\partial f}{\partial x}\frac{dx}{dt}+\frac{\partial f}{\partial y}\frac{dy}{dt}=\frac{\partial z}{\partial x}\frac{dx}{dt}+\frac{\partial z}{\partial y}\frac{dy}{dt} \tag{1.6}$$

また，x と y が変数 u と v に依存している，すなわち，$z=f(x, y)$，$x=g(u, v)$，$y=h(u, v)$ ならば，

$$\frac{\partial z}{\partial u}=\frac{\partial z}{\partial x}\frac{\partial x}{\partial u}+\frac{\partial z}{\partial y}\frac{\partial y}{\partial u}, \qquad \frac{\partial z}{\partial v}=\frac{\partial z}{\partial x}\frac{\partial x}{\partial v}+\frac{\partial z}{\partial y}\frac{\partial y}{\partial v} \tag{1.7}$$

である．

例題 1.3　$x=\rho\cos\phi$，$y=\rho\sin\phi$ のとき，$f(x,y)$ に対して次のことを示せ．

1)　$xf_y-yf_x=0$ ならば，$f(x,y)$ は ρ だけの関数である．

2)　$xf_x+yf_y=0$ ならば，$f(x,y)$ は ϕ だけの関数である．

3)　$\left(\dfrac{\partial f}{\partial x}\right)^2+\left(\dfrac{\partial f}{\partial y}\right)^2=\left(\dfrac{\partial f}{\partial \rho}\right)^2+\dfrac{1}{\rho^2}\left(\dfrac{\partial f}{\partial \phi}\right)^2$　　4)　$\dfrac{\partial^2 f}{\partial x^2}+\dfrac{\partial^2 f}{\partial y^2}=\dfrac{\partial^2 f}{\partial \rho^2}+\dfrac{1}{\rho}\dfrac{\partial f}{\partial \rho}+\dfrac{1}{\rho^2}\dfrac{\partial^2 f}{\partial \phi^2}$

［解］　$x=\rho\cos\phi$，$y=\rho\sin\phi$ より，$\rho=\sqrt{x^2+y^2}$，$\phi=\tan^{-1}(y/x)$．y を一定として，$\rho=\sqrt{x^2+y^2}$ を x で微分する．

$$\frac{\partial \rho}{\partial x}=\frac{\partial}{\partial x}(x^2+y^2)^{1/2}=\frac{1}{2}\cdot 2x(x^2+y^2)^{-1/2}=\frac{x}{\rho}=\cos\phi$$

同様にして，$\partial\rho/\partial y=y/\rho=\sin\phi$．また，

$$\frac{\partial \phi}{\partial x}=\frac{\partial}{\partial x}\left(\tan^{-1}\frac{y}{x}\right)=-\frac{y}{x^2}\frac{1}{1+(y/x)^2}=-\frac{y}{x^2+y^2}=-\frac{\sin\phi}{\rho}$$

$$\frac{\partial \phi}{\partial y}=\frac{\partial}{\partial y}\left(\tan^{-1}\frac{y}{x}\right)=\frac{1}{x}\frac{1}{1+(y/x)^2}=\frac{x}{x^2+y^2}=\frac{\cos\phi}{\rho}$$

よって，合成関数の微分公式(1.7)より，

$$\begin{aligned}\frac{\partial f}{\partial x}&=\frac{\partial f}{\partial \rho}\frac{\partial \rho}{\partial x}+\frac{\partial f}{\partial \phi}\frac{\partial \phi}{\partial x}=\cos\phi\frac{\partial f}{\partial \rho}-\frac{\sin\phi}{\rho}\frac{\partial f}{\partial \phi}\\ \frac{\partial f}{\partial y}&=\frac{\partial f}{\partial \rho}\frac{\partial \rho}{\partial y}+\frac{\partial f}{\partial \phi}\frac{\partial \phi}{\partial y}=\sin\phi\frac{\partial f}{\partial \rho}+\frac{\cos\phi}{\rho}\frac{\partial f}{\partial \phi}\end{aligned}\tag{1}$$

1)　$$x\frac{\partial f}{\partial y}-y\frac{\partial f}{\partial x}=\rho\cos\phi\left(\sin\phi\frac{\partial f}{\partial \rho}+\frac{\cos\phi}{\rho}\frac{\partial f}{\partial \phi}\right)-\rho\sin\phi\left(\cos\phi\frac{\partial f}{\partial \rho}-\frac{\sin\phi}{\rho}\frac{\partial f}{\partial \phi}\right)$$
$$=\frac{\partial f}{\partial \phi}=0$$

よって，f は ϕ によらず ρ だけの関数．

2)　上と同様に計算すると，$x(\partial f/\partial x)+y(\partial f/\partial y)=\rho(\partial f/\partial \rho)=0$．よって，$f$ は ρ によらず ϕ だけの関数．

3)　$$\left(\frac{\partial f}{\partial x}\right)^2+\left(\frac{\partial f}{\partial y}\right)^2=\left(\cos\phi\frac{\partial f}{\partial \rho}-\frac{\sin\phi}{\rho}\frac{\partial f}{\partial \phi}\right)^2+\left(\sin\phi\frac{\partial f}{\partial \rho}+\frac{\cos\phi}{\rho}\frac{\partial f}{\partial \phi}\right)^2$$
$$=\left(\frac{\partial f}{\partial \rho}\right)^2+\frac{1}{\rho^2}\left(\frac{\partial f}{\partial \phi}\right)^2$$

4)　(1)式をもう一度偏微分して加え合わせれば，証明すべき式を得る．

$$\frac{\partial^2 f}{\partial x^2}=\frac{\partial}{\partial x}\left(\frac{\partial f}{\partial x}\right)=\frac{\partial \rho}{\partial x}\frac{\partial}{\partial \rho}\left(\frac{\partial f}{\partial x}\right)+\frac{\partial \phi}{\partial x}\frac{\partial}{\partial \phi}\left(\frac{\partial f}{\partial x}\right)$$

$$= \cos\phi\frac{\partial}{\partial\rho}\left(\cos\phi\frac{\partial f}{\partial\rho} - \frac{\sin\phi}{\rho}\frac{\partial f}{\partial\phi}\right) - \frac{\sin\phi}{\rho}\frac{\partial}{\partial\phi}\left(\cos\phi\frac{\partial f}{\partial\rho} - \frac{\sin\phi}{\rho}\frac{\partial f}{\partial\phi}\right)$$

$$= \cos^2\phi\frac{\partial^2 f}{\partial\rho^2} + \frac{2\sin\phi\cos\phi}{\rho^2}\frac{\partial f}{\partial\phi} - \frac{2\sin\phi\cos\phi}{\rho}\frac{\partial^2 f}{\partial\rho\partial\phi} + \frac{\sin^2\phi}{\rho}\frac{\partial f}{\partial\rho} + \frac{\sin^2\phi}{\rho^2}\frac{\partial^2 f}{\partial\phi^2}$$

$$\frac{\partial^2 f}{\partial y^2} = \sin^2\phi\frac{\partial^2 f}{\partial\rho^2} - \frac{2\sin\phi\cos\phi}{\rho^2}\frac{\partial f}{\partial\phi} + \frac{2\sin\phi\cos\phi}{\rho}\frac{\partial^2 f}{\partial\rho\partial\phi} + \frac{\cos^2\phi}{\rho}\frac{\partial f}{\partial\rho} + \frac{\cos^2\phi}{\rho^2}\frac{\partial^2 f}{\partial\phi^2}$$

One Point ——全微分

関数 $z=f(x,y)$ において，2つの変数 x, y は独立である．y を一定にして x を変えたり，x を一定にして y を変えたり，また，x と y をともに変えることができる．全微分 $dz=f_x dx+f_y dy$ は，x と y が少し変化したときの z の変化を表わす．変数が多くあるとき，$u=f(x, y, z, \cdots, t)$ の全微分は，次式で定義される．

$$du = u_x dx + u_y dy + u_z dz + \cdots + u_t dt$$

問　題 1-3

[1] 関数 $f(x,y)=x^5+4x^4y-2x^3y^2+3x^2y^3+7xy^4-y^5$ の1階導関数，2階導関数を求めよ．また，全微分 df を求めよ．

[2] 関数 $f(x,y)$ に対して，$x=u\cos\alpha-v\sin\alpha$，$y=u\sin\alpha+v\cos\alpha$ (α は定数) のとき，次の式を示せ．

$$\frac{\partial^2 f}{\partial x^2}+\frac{\partial^2 f}{\partial y^2} = \frac{\partial^2 f}{\partial u^2}+\frac{\partial^2 f}{\partial v^2}$$

[3] 全微分は関数の増分(変化量)を近似的に表わすのに用いられる．いま，単振り子の糸の長さ l と周期 T とを測定して，$T=2\pi\sqrt{l/g}$ から重力加速度 g の値を求めたい．T の誤差を $\varDelta T$，l の誤差を $\varDelta l$ とすると，実験によって求められる重力加速度の誤差 $\varDelta g$ はどのように近似できるか．

[4] 理想気体(1モル)の状態方程式は $pV=RT$ で与えられる．定圧熱膨張率 $\beta=\frac{1}{V}\left(\frac{\partial V}{\partial T}\right)_p$ と等温圧縮率 $\kappa=-\frac{1}{V}\left(\frac{\partial V}{\partial p}\right)_T$ を求めよ．

Coffee Break

行列式の他の定義

順列 $(1, 2, \cdots, n)$ に偶数回の互換をして得られる順列 $(p_1, p_2, \cdots, p_n)$ を**偶順列**，奇数回の互換をして得られる $(p_1, p_2, \cdots, p_n)$ を**奇順列**という．符号 $\varepsilon(p_1 p_2\cdots p_n)$ は，$(p_1, p_2, \cdots, p_n)$ が偶順列のとき $+1$，奇順列のとき -1 をとるものとする．例えば，(12) は偶順列，(21) は奇順列であるから，$\varepsilon(12)=1$, $\varepsilon(21)=-1$.

このような準備のもとに，n 次正方行列 $A=(a_{jk})$ の行列式 D は，

$$D=\sum_{\text{すべての順列}}\varepsilon(p_1p_2\cdots p_n)a_{1p_1}a_{2p_2}\cdots a_{np_n}$$

と定義される．和は，$\{1, 2, \cdots, n\}$ のすべての可能な順列についてであり，全部で $n!$ 個の項がある．この定義に従って，実際に 2×2 行列と 3×3 行列の行列式を書いてみよう．

$n=2$ の場合：

$$\begin{vmatrix} a_{11} & a_{12} \\ a_{21} & a_{22} \end{vmatrix} = \varepsilon(12)a_{11}a_{22}+\varepsilon(21)a_{12}a_{21} = a_{11}a_{22}-a_{12}a_{21}$$

$n=3$ の場合：順列 (p_1, p_2, p_3) は 6 個あって，$\varepsilon(123)=\varepsilon(231)=\varepsilon(312)=1$, $\varepsilon(213)=\varepsilon(321)=\varepsilon(132)=-1$．よって，

$$\begin{aligned}\begin{vmatrix} a_{11} & a_{12} & a_{13} \\ a_{21} & a_{22} & a_{23} \\ a_{31} & a_{32} & a_{33} \end{vmatrix} &= \varepsilon(123)a_{11}a_{22}a_{33}+\varepsilon(231)a_{12}a_{23}a_{31} \\ &\quad +\varepsilon(312)a_{13}a_{21}a_{32}+\varepsilon(213)a_{12}a_{21}a_{33} \\ &\quad +\varepsilon(132)a_{11}a_{23}a_{32}+\varepsilon(321)a_{13}a_{22}a_{31} \\ &= a_{11}a_{22}a_{33}+a_{12}a_{23}a_{31}+a_{13}a_{21}a_{32} \\ &\quad -a_{12}a_{21}a_{33}-a_{11}a_{23}a_{32}-a_{13}a_{22}a_{31}\end{aligned}$$

行列式を考えだしたのはライプニッツ(G. W. Leibnitz, 1646–1716)である．彼は連立方程式の解法から思いついたのであるが，1693 年ロピタルに宛てた手紙のなかにはじめてあらわれた．日本の関孝和(1642 ごろ –1708)がそれ以前に行列式を発見していたのは確からしい．このことは，外国の人名辞典にも述べられている．

2

ベクトルと行列

ベクトルや行列を使わないと，物理の本，例えば電磁気学の本がどれだけ厚くなるか想像してみるのも面白い．たしかに，便利な記法である．しかし，ベクトルや行列は式を簡潔にするのだけが目的ではない．理論体系の本質をより的確に表現し，その構造を明確にするのに不可欠である．ちなみに，力学でベクトルを用いたのは，統計力学で有名なギブス(J. W. Gibbs, 1839-1903)が最初であると言われている．

2-1 ベクトル

ベクトルとスカラー　大きさと向きの両方によって指定される量を**ベクトル**，大きさだけで指定される量を**スカラー**という．ベクトルは，長さがベクトルの大きさに比例し，向きがベクトルの向きと一致する「矢」によって図示される（図2-1）．ベクトル A の大きさは，絶対値の記号をつけて $|A|$ と書くか，単に細い文字 A で表わす．

図2-1　ベクトル A. $\overrightarrow{PQ}$ という表わし方もある

ベクトルの性質

1)　ベクトル A と B は，同じ大きさと同じ向きをもつならば等しい，すなわち，$A=B$（図2-2(a)）．

2)　ベクトル A と B の和 $A+B$ は，A の終点に B の始点を置き，A の始点と B の終点をつなぐことによって得られる（図2-2(b)）．ベクトル $A+B$ は，A と B を辺とする平行4辺形の対角線に相当する（平行4辺形の法則）．

3)　ベクトル A と B の差 $A-B$ は，A と $-B$（B の逆向き）の和である（図2-2(c)）．

4)　ゼロベクトル（単に 0 とかく）は，大きさが 0 で向きは定義されない．

5)　ベクトル A とスカラー a の積 aA は，大きさが $|a||A|$ で，向きは $a>0$ ならば A と同じ，$a<0$ ならば A と逆向きのベクトルである（図2-2(d)）．も

(a) 等しいベクトル A と B　　　(b) ベクトルの和 $A+B$

(c) ベクトルの差　　　(d) ベクトルのスカラー倍 aA

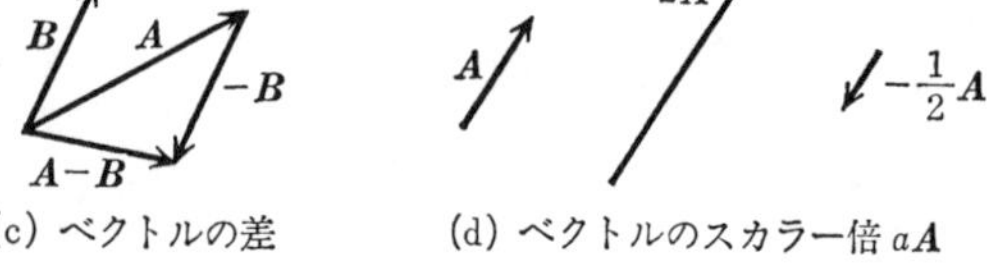

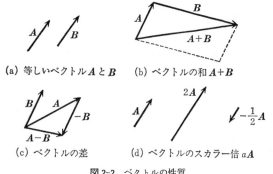

図2-2　ベクトルの性質

し，$a=0$ ならば $a\boldsymbol{A}$ はゼロベクトルである．

ベクトルの代数　$\boldsymbol{A}, \boldsymbol{B}, \boldsymbol{C}$ をベクトル，a, b をスカラーとする．

1)　交換則　$\boldsymbol{A}+\boldsymbol{B}=\boldsymbol{B}+\boldsymbol{A}$

2)　結合則　$\boldsymbol{A}+(\boldsymbol{B}+\boldsymbol{C})=(\boldsymbol{A}+\boldsymbol{B})+\boldsymbol{C}$，$a(b\boldsymbol{A})=ab\boldsymbol{A}=b(a\boldsymbol{A})$

3)　分配則　$(a+b)\boldsymbol{A}=a\boldsymbol{A}+b\boldsymbol{A}$，$a(\boldsymbol{A}+\boldsymbol{B})=a\boldsymbol{A}+a\boldsymbol{B}$

ベクトルの成分　大きさが1のベクトルを**単位ベクトル**という．直角座標系 x, y, z の x 軸，y 軸，z 軸方向の単位ベクトルを $\boldsymbol{i}, \boldsymbol{j}, \boldsymbol{k}$ で表わし，**直交単位ベクトル**または**基本ベクトル**とよぶ．ベクトル $\boldsymbol{A}$ の始点を直角座標系の原点O，終点の座標を (A_x, A_y, A_z) とすると，

$$\boldsymbol{A}=A_x\boldsymbol{i}+A_y\boldsymbol{j}+A_z\boldsymbol{k} \tag{2.1}$$

このとき，A_x, A_y, A_z をそれぞれベクトル $\boldsymbol{A}$ の x 成分，y 成分，z 成分という．ベクトル $\boldsymbol{A}$ の大きさは，

$$A=|\boldsymbol{A}|=\sqrt{A_x{}^2+A_y{}^2+A_z{}^2} \tag{2.2}$$

特に，質点 $\mathrm{P}(x, y, z)$ の位置ベクトルは，$\boldsymbol{r}=x\boldsymbol{i}+y\boldsymbol{j}+z\boldsymbol{k}$ であり，その大きさは $r=|\boldsymbol{r}|=\sqrt{x^2+y^2+z^2}$ である．

基底ベクトル　同じ始点から描いた3つのベクトル $\boldsymbol{A}, \boldsymbol{B}, \boldsymbol{C}$ が同一平面上にあるとき，$\boldsymbol{A}, \boldsymbol{B}, \boldsymbol{C}$ を**共面ベクトル**という．共面ベクトルではない3つのベクトル $\boldsymbol{A}, \boldsymbol{B}, \boldsymbol{C}$ は3次元空間の**基底ベクトル**とよばれ，これらを使えば，任意のベクトルを表わすことができる．直交単位ベクトル $\boldsymbol{i}, \boldsymbol{j}, \boldsymbol{k}$ はその一例である．共面ベクトルの必要十分条件は，$\lambda\boldsymbol{A}+\mu\boldsymbol{B}+\nu\boldsymbol{C}=0$ (λ, μ, ν は同時には0にならない数)．このとき $\boldsymbol{A}, \boldsymbol{B}, \boldsymbol{C}$ は**1次従属**といい，そうでないとき**1次独立**という．

One Point ——**自由ベクトルと束縛ベクトル**

位置ベクトルのように，始点を特に決めなければならないベクトルを**束縛ベクトル**という．一方，変位ベクトルのように，始点の場所を問題としないベクトルを**自由ベクトル**という．単にベクトルといえば，自由ベクトルを意味するものとする．

例題 2.1　共面でない 3 つのベクトル $\boldsymbol{a}, \boldsymbol{b}, \boldsymbol{c}$ を使って，3 次元空間の任意のベクトルを表わせ．

［解］　共面でない 3 つのベクトルは，それらの始点を一致させたとき，同じ平面上にはない．したがって，共通の始点を原点 O とする 1 つの 3 次元空間の座標系ができる(図 1)．

3 次元空間の任意のベクトル $\boldsymbol{r}$ の始点を原点 O にとる．そして，ベクトル $\boldsymbol{r}$ の終点 R を 1 つの頂点とする平行 6 面体を描く．面 DEOG と面 HRFJ を，$\boldsymbol{a}$ と $\boldsymbol{b}$ が作る平面に平行にする．同様に，面 GDRH と面 OEFJ は $\boldsymbol{b}$ と $\boldsymbol{c}$ が作る平面に平行，面 DEFR と面 GOJH は $\boldsymbol{c}$ と $\boldsymbol{a}$ が作る平面に平行にする(図 2)．

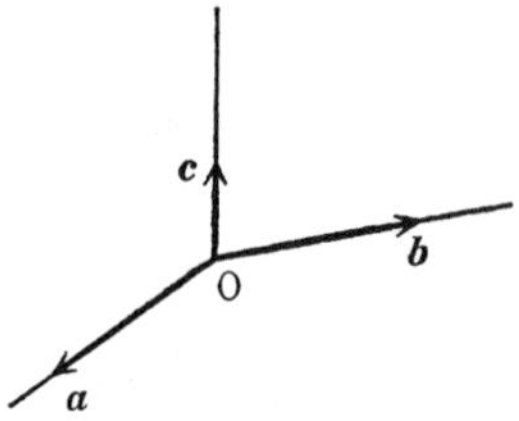

図 1

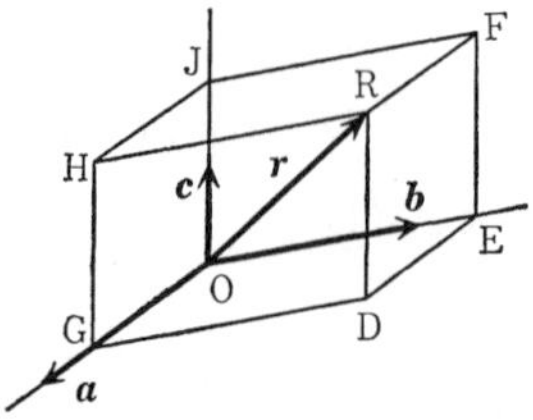

図 2

図 2 からわかるように，ベクトル $\overrightarrow{\mathrm{OG}}$ はベクトル $\boldsymbol{a}$ のスカラー倍，$\overrightarrow{\mathrm{OE}}$ は $\boldsymbol{b}$ のスカラー倍，$\overrightarrow{\mathrm{OJ}}$ は $\boldsymbol{c}$ のスカラー倍である．よって，

$$\overrightarrow{\mathrm{OG}} = x\boldsymbol{a}, \qquad \overrightarrow{\mathrm{OE}} = y\boldsymbol{b}, \qquad \overrightarrow{\mathrm{OJ}} = z\boldsymbol{c} \tag{1}$$

ここで，x, y, z の値は一意に決められたことに注意しよう．

また，図 2 から，平行 4 辺形の法則を 2 度用いて，

$$\overrightarrow{\mathrm{OR}} = \overrightarrow{\mathrm{OG}} + \overrightarrow{\mathrm{GD}} + \overrightarrow{\mathrm{DR}} \tag{2}$$

$\overrightarrow{\mathrm{GD}} = \overrightarrow{\mathrm{OE}}$, $\overrightarrow{\mathrm{DR}} = \overrightarrow{\mathrm{OJ}}$ だから，(1) と (2) より

$$\overrightarrow{\mathrm{OR}} = \overrightarrow{\mathrm{OG}} + \overrightarrow{\mathrm{OE}} + \overrightarrow{\mathrm{OJ}}$$

すなわち，

$$\boldsymbol{r} = x\boldsymbol{a} + y\boldsymbol{b} + z\boldsymbol{c} \tag{3}$$

を得る．この表式で，x, y, z の値は一意的であり，任意のベクトル $\boldsymbol{r}$ が，ベクトル $\boldsymbol{a}, \boldsymbol{b}, \boldsymbol{c}$ で表わされたことになる．よって，共面でないベクトル $\boldsymbol{a}, \boldsymbol{b}, \boldsymbol{c}$ は 3 次元空間の基底ベクトルとなることがわかる．

直交単位ベクトル(基本ベクトル) $\boldsymbol{i}, \boldsymbol{j}, \boldsymbol{k}$ は，3 つのベクトルが互いに垂直である特別な場合に相当している．

問 題 2-1

[1] 質点に力 $\boldsymbol{F}_1, \boldsymbol{F}_2, \cdots, \boldsymbol{F}_n$ がはたらいている．合力 $\boldsymbol{F}=\boldsymbol{F}_1+\boldsymbol{F}_2+\cdots+\boldsymbol{F}_n$ を作図によって求めよ．力 $\boldsymbol{F}_1, \boldsymbol{F}_2, \cdots, \boldsymbol{F}_n$ がつりあっているとき，その図はどのようになるか．

[2] 2つのベクトル

$$\boldsymbol{r}_1 = 3\boldsymbol{i}-2\boldsymbol{j}+4\boldsymbol{k}, \qquad \boldsymbol{r}_2 = -\boldsymbol{i}+3\boldsymbol{j}+2\boldsymbol{k}$$

がある．$\boldsymbol{i}, \boldsymbol{j}, \boldsymbol{k}$ は基本ベクトルである．

(1) ベクトル $\boldsymbol{r}_1+\boldsymbol{r}_2$ とその大きさを求めよ．また，$\boldsymbol{r}_1+\boldsymbol{r}_2$ に平行な単位ベクトルを求めよ．

(2) ベクトル $2\boldsymbol{r}_1-\boldsymbol{r}_2$ とその大きさを求めよ．また，$2\boldsymbol{r}_1-\boldsymbol{r}_2$ に平行な単位ベクトルを求めよ．

[3] (1) $\boldsymbol{A}, \boldsymbol{B}$ をそれぞれ点 A, B の位置ベクトルとする．2点 A, B を通る直線上の任意の点 P の位置ベクトル $\boldsymbol{r}$ は，次の式で表わされることを示せ．

$$\boldsymbol{r} = t\boldsymbol{A}+(1-t)\boldsymbol{B}$$

(2) $\boldsymbol{A}, \boldsymbol{B}, \boldsymbol{C}$ をそれぞれ3点 A, B, C の位置ベクトルとする．3点 A, B, C で決定される平面上の任意の点 P の位置ベクトル $\boldsymbol{r}$ は，次の式で表わされることを示せ．

$$\boldsymbol{r} = \lambda\boldsymbol{A}+\mu\boldsymbol{B}+\nu\boldsymbol{C}, \qquad \lambda+\mu+\nu = 1$$

One Point ——単位ベクトル

大きさが0でない任意のベクトル $\boldsymbol{A}$ があるとする．このとき，$\boldsymbol{A}$ と同じ向きの単位ベクトル $\boldsymbol{a}$ を，$\boldsymbol{a}=\boldsymbol{A}/|\boldsymbol{A}|$ によって作ることができる．当りまえと思われるかもしれないが，重要な事実である．実際に，$|\boldsymbol{a}|=1$ であることを各自たしかめよう．大きさを1にしたという意味で，単位ベクトルを**正規化**(または**規格化** normalized)**ベクトル**ともいう．

2-2　スカラー積とベクトル積

スカラー積　2つのベクトル $\boldsymbol{A}$ と $\boldsymbol{B}$ の**スカラー積** $\boldsymbol{A}\cdot\boldsymbol{B}$ は，$\boldsymbol{A}$ と $\boldsymbol{B}$ の間の角を θ として(図 2-3)

$$\boldsymbol{A}\cdot\boldsymbol{B} = |\boldsymbol{A}||\boldsymbol{B}|\cos\theta \tag{2.3}$$

で定義される．$\boldsymbol{A}\cdot\boldsymbol{B}$ はスカラーで，角 θ の値に応じて，$|\boldsymbol{A}||\boldsymbol{B}|$ から $-|\boldsymbol{A}||\boldsymbol{B}|$ までの値をとる．特に，2つのベクトルが垂直($\theta=\pi/2$)ならば，$\boldsymbol{A}\cdot\boldsymbol{B}=0$ である．スカラー積は次の性質をもつ．

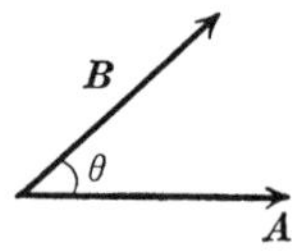

図 2-3　スカラー積 $\boldsymbol{A}\cdot\boldsymbol{B}=|\boldsymbol{A}||\boldsymbol{B}|\cos\theta$

1)　交換則　$\boldsymbol{A}\cdot\boldsymbol{B} = \boldsymbol{B}\cdot\boldsymbol{A}$　　2)　分配則　$\boldsymbol{A}\cdot(\boldsymbol{B}+\boldsymbol{C}) = \boldsymbol{A}\cdot\boldsymbol{B}+\boldsymbol{A}\cdot\boldsymbol{C}$

3)　a をスカラーとして，$a(\boldsymbol{A}\cdot\boldsymbol{B}) = (a\boldsymbol{A})\cdot\boldsymbol{B} = \boldsymbol{A}\cdot(a\boldsymbol{B})$

ベクトル積　2つのベクトル $\boldsymbol{A}$ と $\boldsymbol{B}$ の**ベクトル積** $\boldsymbol{A}\times\boldsymbol{B}$ は，(a)大きさは，$\boldsymbol{A}$ と $\boldsymbol{B}$ の大きさの積に，それらの間の角のサインをかけたもの，(b)向きは，$\boldsymbol{A}$ と $\boldsymbol{B}$ が張る面に垂直で，$\boldsymbol{A}, \boldsymbol{B}, \boldsymbol{C}=\boldsymbol{A}\times\boldsymbol{B}$ は右手系をつくる，と定義される(図 2-4)．すなわち，

$$\boldsymbol{C} = \boldsymbol{A}\times\boldsymbol{B} = |\boldsymbol{A}||\boldsymbol{B}|\sin\theta\,\hat{\boldsymbol{C}} \tag{2.4}$$

ただし，$\hat{\boldsymbol{C}}$ は $\boldsymbol{C}$ 方向の単位ベクトルである．特に，2つのベクトルが平行($\theta=0$ または $\theta=\pi$)であれば，$\boldsymbol{A}\times\boldsymbol{B}=0$ となる．ベクトル積は次の性質を持つ．

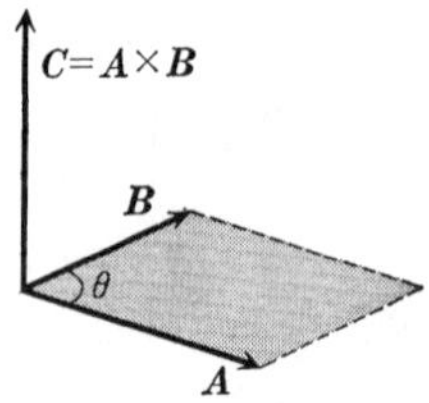

図 2-4　ベクトル積 $\boldsymbol{C}=\boldsymbol{A}\times\boldsymbol{B}$. $|\boldsymbol{C}|=|\boldsymbol{A}||\boldsymbol{B}|\sin\theta$ は，$\boldsymbol{A}$ と $\boldsymbol{B}$ を辺とする平行4辺形の面積に等しい

1)　$\boldsymbol{A}\times\boldsymbol{B} = -\boldsymbol{B}\times\boldsymbol{A}$

2)　分配則　$\boldsymbol{A}\times(\boldsymbol{B}+\boldsymbol{C}) = \boldsymbol{A}\times\boldsymbol{B}+\boldsymbol{A}\times\boldsymbol{C}$

3)　a をスカラーとして，$a(\boldsymbol{A}\times\boldsymbol{B}) = (a\boldsymbol{A})\times\boldsymbol{B} = \boldsymbol{A}\times(a\boldsymbol{B})$

$\boldsymbol{A}\times\boldsymbol{B}$ と $\boldsymbol{B}\times\boldsymbol{A}$ は等しくないことに注意する．

同様にして，**スカラー3重積** $\boldsymbol{A}\cdot(\boldsymbol{B}\times\boldsymbol{C})$，**ベクトル3重積** $\boldsymbol{A}\times(\boldsymbol{B}\times\boldsymbol{C})$が定義される．

例題 2.2 1) 直交単位ベクトル $\boldsymbol{i}, \boldsymbol{j}, \boldsymbol{k}$ に対して，

$$\boldsymbol{i}\cdot\boldsymbol{i} = \boldsymbol{j}\cdot\boldsymbol{j} = \boldsymbol{k}\cdot\boldsymbol{k} = 1$$

$$\boldsymbol{i}\cdot\boldsymbol{j} = \boldsymbol{j}\cdot\boldsymbol{k} = \boldsymbol{k}\cdot\boldsymbol{i} = 0$$

$$\boldsymbol{i}\times\boldsymbol{i} = \boldsymbol{j}\times\boldsymbol{j} = \boldsymbol{k}\times\boldsymbol{k} = 0$$

$$\boldsymbol{i}\times\boldsymbol{j} = \boldsymbol{k}, \quad \boldsymbol{j}\times\boldsymbol{k} = \boldsymbol{i}, \quad \boldsymbol{k}\times\boldsymbol{i} = \boldsymbol{j}$$

を示せ．

2) 2つのベクトル $\boldsymbol{A}=A_x\boldsymbol{i}+A_y\boldsymbol{j}+A_z\boldsymbol{k}$, $\boldsymbol{B}=B_x\boldsymbol{i}+B_y\boldsymbol{j}+B_z\boldsymbol{k}$ のスカラー積 $\boldsymbol{A}\cdot\boldsymbol{B}$ とベクトル積 $\boldsymbol{A}\times\boldsymbol{B}$ は，それぞれ

$$\boldsymbol{A}\cdot\boldsymbol{B} = A_xB_x + A_yB_y + A_zB_z$$

$$\boldsymbol{A}\times\boldsymbol{B} = (A_yB_z - A_zB_y)\boldsymbol{i} + (A_zB_x - A_xB_z)\boldsymbol{j} + (A_xB_y - A_yB_x)\boldsymbol{k}$$

であることを示せ．

［解］ 1) ベクトル $\boldsymbol{i}$ は x 軸方向の単位ベクトル，ベクトル $\boldsymbol{j}$ は y 軸方向の単位ベクトル，ベクトル $\boldsymbol{k}$ は z 軸方向の単位ベクトルである．スカラー積の定義と，$\boldsymbol{i}$ は単位ベクトルであることから，

$$\boldsymbol{i}\cdot\boldsymbol{i} = |\boldsymbol{i}|\,|\boldsymbol{i}|\cos 0 = 1\cdot1\cdot1 = 1$$

同様にして，$\boldsymbol{j}\cdot\boldsymbol{j}=1$, $\boldsymbol{k}\cdot\boldsymbol{k}=1$. また，$\boldsymbol{i}$ と $\boldsymbol{i}$ は明らかに平行なベクトルだから，$\boldsymbol{i}\times\boldsymbol{i}=0$. 同様にして，$\boldsymbol{j}\times\boldsymbol{j}=0$, $\boldsymbol{k}\times\boldsymbol{k}=0$. ベクトル $\boldsymbol{i}$ と $\boldsymbol{j}$ は垂直だから，

$$\boldsymbol{i}\cdot\boldsymbol{j} = |\boldsymbol{i}|\,|\boldsymbol{j}|\cos(\pi/2) = 1\cdot1\cdot0 = 0$$

同様にして，$\boldsymbol{j}\cdot\boldsymbol{k}=0$, $\boldsymbol{k}\cdot\boldsymbol{i}=0$. ベクトル $\boldsymbol{i}, \boldsymbol{j}, \boldsymbol{k}$ は，この順に右手系を構成している．よって，

$$\boldsymbol{i}\times\boldsymbol{j} = |\boldsymbol{i}|\,|\boldsymbol{j}|\sin(\pi/2)\boldsymbol{k} = 1\cdot1\cdot1\cdot\boldsymbol{k} = \boldsymbol{k}$$

同様にして，$\boldsymbol{j}\times\boldsymbol{k}=\boldsymbol{i}$, $\boldsymbol{k}\times\boldsymbol{i}=\boldsymbol{j}$.

2)
$$\begin{aligned}
\boldsymbol{A}\cdot\boldsymbol{B} &= (A_x\boldsymbol{i}+A_y\boldsymbol{j}+A_z\boldsymbol{k})\cdot(B_x\boldsymbol{i}+B_y\boldsymbol{j}+B_z\boldsymbol{k}) \\
&= A_xB_x\boldsymbol{i}\cdot\boldsymbol{i}+A_xB_y\boldsymbol{i}\cdot\boldsymbol{j}+A_xB_z\boldsymbol{i}\cdot\boldsymbol{k} \\
&\quad +A_yB_x\boldsymbol{j}\cdot\boldsymbol{i}+A_yB_y\boldsymbol{j}\cdot\boldsymbol{j}+A_yB_z\boldsymbol{j}\cdot\boldsymbol{k} \\
&\quad +A_zB_x\boldsymbol{k}\cdot\boldsymbol{i}+A_zB_y\boldsymbol{k}\cdot\boldsymbol{j}+A_zB_z\boldsymbol{k}\cdot\boldsymbol{k} \\
&= A_xB_x+0+0+0+A_yB_y+0+0+0+A_zB_z \\
&= A_xB_x+A_yB_y+A_zB_z
\end{aligned}$$

$$\begin{aligned}
\boldsymbol{A}\times\boldsymbol{B} &= (A_x\boldsymbol{i}+A_y\boldsymbol{j}+A_z\boldsymbol{k})\times(B_x\boldsymbol{i}+B_y\boldsymbol{j}+B_z\boldsymbol{k}) \\
&= A_xB_x\boldsymbol{i}\times\boldsymbol{i}+A_xB_y\boldsymbol{i}\times\boldsymbol{j}+A_xB_z\boldsymbol{i}\times\boldsymbol{k} \\
&\quad +A_yB_x\boldsymbol{j}\times\boldsymbol{i}+A_yB_y\boldsymbol{j}\times\boldsymbol{j}+A_yB_z\boldsymbol{j}\times\boldsymbol{k} \\
&\quad +A_zB_x\boldsymbol{k}\times\boldsymbol{i}+A_zB_y\boldsymbol{k}\times\boldsymbol{j}+A_zB_z\boldsymbol{k}\times\boldsymbol{k}
\end{aligned}$$

$$=0+A_xB_y\boldsymbol{k}-A_xB_z\boldsymbol{j}-A_yB_x\boldsymbol{k}+0+A_yB_z\boldsymbol{i}+A_zB_x\boldsymbol{j}-A_zB_y\boldsymbol{i}+0$$
$$=(A_yB_z-A_zB_y)\boldsymbol{i}+(A_zB_x-A_xB_z)\boldsymbol{j}+(A_xB_y-A_yB_x)\boldsymbol{k}$$

上の計算では，1)の結果と，$\boldsymbol{i}\times\boldsymbol{j}=-\boldsymbol{j}\times\boldsymbol{i}$ 等を用いた．ベクトル積 $\boldsymbol{A}\times\boldsymbol{B}$ は，行列式(2-4節)を用いて，

$$\boldsymbol{A}\times\boldsymbol{B}=\begin{vmatrix}\boldsymbol{i} & \boldsymbol{j} & \boldsymbol{k}\\ A_x & A_y & A_z\\ B_x & B_y & B_z\end{vmatrix}$$

と書ける．

問 題 2-2

[1] $\boldsymbol{a}=2\boldsymbol{i}-3\boldsymbol{j}+5\boldsymbol{k}$, $\boldsymbol{b}=-\boldsymbol{i}+2\boldsymbol{j}-3\boldsymbol{k}$ とする．次のものを求めよ．(1) $|\boldsymbol{a}|, |\boldsymbol{b}|$, (2) $\boldsymbol{a}\cdot\boldsymbol{b}$, (3) $\boldsymbol{a}\times\boldsymbol{b}$, (4) $\boldsymbol{a}$ と $\boldsymbol{b}$ に垂直な単位ベクトル，(5) $\boldsymbol{a}$ と $\boldsymbol{b}$ のなす角．

[2] 次の公式を示せ．

(1) $\boldsymbol{A}\times(\boldsymbol{B}\times\boldsymbol{C})=(\boldsymbol{A}\cdot\boldsymbol{C})\boldsymbol{B}-(\boldsymbol{A}\cdot\boldsymbol{B})\boldsymbol{C}$

(2) $\boldsymbol{A}\cdot(\boldsymbol{B}\times\boldsymbol{C})=\boldsymbol{B}\cdot(\boldsymbol{C}\times\boldsymbol{A})=\boldsymbol{C}\cdot(\boldsymbol{A}\times\boldsymbol{B})$

(3) $(\boldsymbol{A}\times\boldsymbol{B})\times(\boldsymbol{C}\times\boldsymbol{D})=\{\boldsymbol{A}\cdot(\boldsymbol{B}\times\boldsymbol{D})\}\boldsymbol{C}-\{\boldsymbol{A}\cdot(\boldsymbol{B}\times\boldsymbol{C})\}\boldsymbol{D}$

[3] 質点が一定の力 $\boldsymbol{F}=4\boldsymbol{i}-7\boldsymbol{j}-2\boldsymbol{k}$ の作用を受けながら，点 P(2, 3, −1) から点 Q (3, 1, 4) まで $\overrightarrow{\mathrm{PQ}}$ だけ変位したとき，この力 $\boldsymbol{F}$ のした仕事 W を求めよ．

[4] ベクトル $\boldsymbol{a}$ と $\boldsymbol{b}$ について，

$$\boldsymbol{a}_1=\frac{\boldsymbol{a}\cdot\boldsymbol{b}}{|\boldsymbol{b}|^2}\boldsymbol{b}, \qquad \boldsymbol{a}_2=-\frac{\boldsymbol{b}\times(\boldsymbol{b}\times\boldsymbol{a})}{|\boldsymbol{b}|^2}$$

とすれば，$\boldsymbol{a}_1$ は $\boldsymbol{b}$ に平行，$\boldsymbol{a}_2$ は $\boldsymbol{b}$ に垂直，$\boldsymbol{a}=\boldsymbol{a}_1+\boldsymbol{a}_2$，であることを示せ．

[5] 2つの1次独立なベクトル $\boldsymbol{a}, \boldsymbol{b}$ から，直交する単位ベクトル $\boldsymbol{e}_1, \boldsymbol{e}_2$ は次のように構成できることを示せ(**シュミットの直交化**)．

$$\boldsymbol{e}_1=\boldsymbol{a}/|\boldsymbol{a}|, \quad \boldsymbol{e}_2=\{\boldsymbol{b}-(\boldsymbol{b}\cdot\boldsymbol{e}_1)\boldsymbol{e}_1\}/|\boldsymbol{b}-(\boldsymbol{b}\cdot\boldsymbol{e}_1)\boldsymbol{e}_1|$$

2-3 行列

行列 m 行 n 列の**行列**または $m\times n$ 行列は，

$$A=\begin{pmatrix} a_{11} & a_{12} & \cdots & a_{1n} \\ a_{21} & a_{22} & \cdots & a_{2n} \\ \multicolumn{4}{c}{\cdots\cdots\cdots\cdots\cdots\cdots} \\ a_{m1} & a_{m2} & \cdots & a_{mn} \end{pmatrix} \tag{2.5}$$

のように，m 個の行と n 個の列に mn 個の数を並べたものである．各 a_{jk} は行列の (j,k) 要素または (j,k) 成分とよばれる．行列は大文字体で A とかくか，あるいは，その要素を示して (a_{jk}) とかく．単に，A_{jk} とかいて，行列の意味とその成分を兼ねさせることもある．

行列の要素は実数でも複素数でもよい．特に，すべての要素が実数のとき実行列という．また，行と列の数が等しい行列を n 次の**正方行列**または単に n 次行列という．

行列の演算 1) **和と差** 2つの m 行 n 列の行列 $A=(a_{jk})$ と $B=(b_{jk})$ の和 $A+B$ は，その要素が $c_{jk}=a_{jk}+b_{jk}$ の m 行 n 列の行列 $C=(c_{jk})$ である．差 $A-B$ は，その要素が $c_{jk}=a_{jk}-b_{jk}$ の m 行 n 列の行列 $C=(c_{jk})$ である．

2) m 行 n 列の行列 $A=(a_{jk})$ と数 s の積は，A のすべての要素に s をかけて得られる m 行 n 列の行列 $sA=(sa_{jk})$ である．

3) **積** $A=(a_{jk})$ を m 行 n 列の行列，$B=(b_{jk})$ を n 行 p 列の行列とする．積 AB は，その要素が $c_{jk}=\sum_{l=1}^{n}a_{jl}b_{lk}$ で与えられる m 行 p 列の行列である．行列の積は，

(a) 結合則 $A(BC)=(AB)C$

(b) 分配則 $(A+B)C=AB+BC$, $C(A+B)=CA+CB$

をみたす．一般に，$AB\neq BA$ であることに注意する．

特別な行列 1) 1行だけの横長の行列は**行ベクトル**，1列だけの縦長の行列は**列ベクトル**とよばれる．

2)　すべての要素が0である行列を**ゼロ行列**といい，単に0で表わす.

3)　正方行列 $A=(a_{jk})$ で，すべての非対角要素 $a_{jk}\,(j\neq k)$ が0のものを**対角行列**という．特に，すべての対角要素 a_{jj} が1の対角行列を**単位行列**といい，I または E で表わす.

4)　行列 A の行と列を入れかえて得られる行列を A の**転置行列**といい，A^{T} で表わす．すなわち，$A=(a_{jk})$ ならば，$A^{\mathrm{T}}=(a_{kj})$.

正方行列 A は，$A^{\mathrm{T}}=A$ ならば**対称行列**，$A^{\mathrm{T}}=-A$ ならば**反対称行列**または**交代行列**とよばれる.

5)　行列 $A=(a_{jk})$ のすべての要素 a_{jk} を，その複素共役 $a_{jk}{}^*$ で置きかえて得られる行列を，A の**複素共役行列**といい，A^* で表わす.

正方行列 A は，$A^{\mathrm{T}}=A^*$ ならば，**エルミット行列**，$A^{\mathrm{T}}=-A^*$ ならば**反エルミット行列**という．次の記法もよく用いられる．転置と複素共役とを同時におこなって得られる行列を**エルミット共役行列**といい，$A^\dagger$ で表わす．この記法を使えば，エルミット行列は $A^\dagger=A$，反エルミット行列は $A^\dagger=-A$.

One Point ――行列の積

行列の積がわかりにくいという声をよく聞く．少し説明を補足しよう．

積 AB が定義されるのは，A の列の数と B の行の数が等しいときだけである．例えば，行列 A が 3×4 行列，行列 B が 4×2 行列ならば，積 AB は 3×2 行列であるが，積 BA は定義されない．また，積 AB と積 BA がともに存在しても，一般には AB と BA は等しくない．ふつうの数の演算と大きく異なるのは，この「積の非可換性」であり，量子力学で興味深い役割を果たすことになる．さらに，次のことも注意しておきたい．$AB=0$ は必ずしも，A または B がゼロ行列であることを意味しない．例えば，次の A, B はゼロ行列ではないが，$AB=0$ である.

$$A=\begin{pmatrix}0 & 1\\ 0 & 2\end{pmatrix},\qquad B=\begin{pmatrix}1 & -1\\ 0 & 0\end{pmatrix}$$

例題 2.3

$$A=\begin{pmatrix}2 & -1\\ 4 & 3\end{pmatrix},\quad B=\begin{pmatrix}-1 & 1\\ 2 & -3\end{pmatrix},\quad C=\begin{pmatrix}1 & 4\\ -1 & -2\end{pmatrix}$$ に対して，

1) $A+B$, 2) $A-B$, 3) $A+2B-3C$, 4) AB, 5) BA, 6) $(AB)C$, 7) $A(BC)$,

8) $A^{\mathrm{T}}+B^{\mathrm{T}}$, 9) $B^{\mathrm{T}}A^{\mathrm{T}}$

を計算せよ．

［解］

1) $$A+B=\begin{pmatrix}2 & -1\\ 4 & 3\end{pmatrix}+\begin{pmatrix}-1 & 1\\ 2 & -3\end{pmatrix}=\begin{pmatrix}2-1 & -1+1\\ 4+2 & 3-3\end{pmatrix}=\begin{pmatrix}1 & 0\\ 6 & 0\end{pmatrix}$$

2) $$A-B=\begin{pmatrix}2-(-1) & -1-1\\ 4-2 & 3-(-3)\end{pmatrix}=\begin{pmatrix}3 & -2\\ 2 & 6\end{pmatrix}$$

3) $$A+2B-3C=\begin{pmatrix}2 & -1\\ 4 & 3\end{pmatrix}+\begin{pmatrix}-2 & 2\\ 4 & -6\end{pmatrix}-\begin{pmatrix}3 & 12\\ -3 & -6\end{pmatrix}$$

$$=\begin{pmatrix}2-2-3 & -1+2-12\\ 4+4-(-3) & 3-6-(-6)\end{pmatrix}=\begin{pmatrix}-3 & -11\\ 11 & 3\end{pmatrix}$$

4) $$AB=\begin{pmatrix}2 & -1\\ 4 & 3\end{pmatrix}\begin{pmatrix}-1 & 1\\ 2 & -3\end{pmatrix}=\begin{pmatrix}2(-1)+(-1)2 & 2\cdot 1+(-1)(-3)\\ 4(-1)+3\cdot 2 & 4\cdot 1+3(-3)\end{pmatrix}=\begin{pmatrix}-4 & 5\\ 2 & -5\end{pmatrix}$$

5) $$BA=\begin{pmatrix}-1 & 1\\ 2 & -3\end{pmatrix}\begin{pmatrix}2 & -1\\ 4 & 3\end{pmatrix}=\begin{pmatrix}-1\cdot 2+1\cdot 4 & (-1)(-1)+1\cdot 3\\ 2\cdot 2+(-3)4 & 2(-1)+(-3)\cdot 3\end{pmatrix}=\begin{pmatrix}2 & 4\\ -8 & -11\end{pmatrix}$$

4)と比べると，一般には $AB\neq BA$ であることがわかる．

6) $$(AB)C=\begin{pmatrix}-4 & 5\\ 2 & -5\end{pmatrix}\begin{pmatrix}1 & 4\\ -1 & -2\end{pmatrix}=\begin{pmatrix}-9 & -26\\ 7 & 18\end{pmatrix}$$

7) $$A(BC)=\begin{pmatrix}2 & -1\\ 4 & 3\end{pmatrix}\left[\begin{pmatrix}-1 & 1\\ 2 & -3\end{pmatrix}\begin{pmatrix}1 & 4\\ -1 & -2\end{pmatrix}\right]=\begin{pmatrix}2 & -1\\ 4 & 3\end{pmatrix}\begin{pmatrix}-2 & -6\\ 5 & 14\end{pmatrix}=\begin{pmatrix}-9 & -26\\ 7 & 18\end{pmatrix}$$

結合則 $(AB)C=A(BC)$ が確かに成り立っている．

8) $$A^{\mathrm{T}}+B^{\mathrm{T}}=\begin{pmatrix}2 & 4\\ -1 & 3\end{pmatrix}+\begin{pmatrix}-1 & 2\\ 1 & -3\end{pmatrix}=\begin{pmatrix}1 & 6\\ 0 & 0\end{pmatrix}$$

1)の結果を使えば，$(A+B)^{\mathrm{T}}=A^{\mathrm{T}}+B^{\mathrm{T}}$ が成り立つのがわかる．

9) $$B^{\mathrm{T}}A^{\mathrm{T}}=\begin{pmatrix}-1 & 2\\ 1 & -3\end{pmatrix}\begin{pmatrix}2 & 4\\ -1 & 3\end{pmatrix}=\begin{pmatrix}-4 & 2\\ 5 & -5\end{pmatrix}$$

4)の結果を使えば，$(AB)^{\mathrm{T}}=B^{\mathrm{T}}A^{\mathrm{T}}$ が成り立つのがわかる．

問題 2-3

[1] 次の式を計算せよ.

(1) $\begin{pmatrix} 3 & 1 \\ 7 & 5 \end{pmatrix}+2\begin{pmatrix} 1 & -2 \\ -4 & 3 \end{pmatrix}$　　(2) $2\begin{pmatrix} -1 & 12 \\ 11 & 5 \end{pmatrix}-3\begin{pmatrix} 4 & 6 \\ -3 & 9 \end{pmatrix}$

(3) $\begin{pmatrix} 5 & 2 \\ -2 & 1 \end{pmatrix}\begin{pmatrix} 3 & -1 \\ 4 & 5 \end{pmatrix}$　　(4) $\begin{pmatrix} 1 & 3 & 5 \\ 6 & 4 & 2 \end{pmatrix}\begin{pmatrix} 0 & -3 \\ 1 & 2 \\ -2 & -1 \end{pmatrix}$

(5) $\begin{pmatrix} 2 & 1 & -1 \\ -1 & 2 & 3 \\ -2 & 1 & 2 \end{pmatrix}\begin{pmatrix} 1 & -1 & 3 \\ -2 & 1 & 2 \\ 2 & 3 & 1 \end{pmatrix}$　　(6) $\begin{pmatrix} 6 & 3 & -5 \\ 1 & 2 & 1 \\ 4 & -3 & 7 \end{pmatrix}\begin{pmatrix} -4 & 7 & -3 \\ 6 & 1 & 2 \\ 2 & 5 & -3 \end{pmatrix}$

[2] (1) $(A+B)^{\mathrm{T}}=A^{\mathrm{T}}+B^{\mathrm{T}}$, (2) $(AB)^{\mathrm{T}}=B^{\mathrm{T}}A^{\mathrm{T}}$, (3) $(A^{\mathrm{T}})^{\mathrm{T}}=A$, を示せ.

[3] 任意の実正方行列は，実対称行列と実交代行列の和で表わされることを示せ.

[4] n 次正方行列 $A=(a_{jk})$ の対角成分の和を，A の**トレース**といい，$\mathrm{tr}(A)$ とかく. すなわち,

$$\mathrm{tr}(A) = a_{11}+a_{22}+\cdots+a_{nn} = \sum_{j=1}^{n} a_{jj}$$

A, B をともに n 次正方行列として，次のことを示せ.

(1) $\mathrm{tr}(A+B)=\mathrm{tr}(A)+\mathrm{tr}(B)$,　　(2) $\mathrm{tr}(AB)=\mathrm{tr}(BA)$

[5] $AB-BA=aI$ (a は 0 でない数，I は n 次単位行列)であるような n 次行列 A, B は存在しないことを示せ.

2-4 行列式

行列式 n 次の正方行列 $A=(a_{jk})$ に対して,

$$D=\begin{vmatrix} a_{11} & a_{12} & \cdots & a_{1n} \\ a_{21} & a_{22} & \cdots & a_{2n} \\ \multicolumn{4}{c}{\cdots\cdots\cdots\cdots\cdots\cdots} \\ a_{n1} & a_{n2} & \cdots & a_{nn} \end{vmatrix} \tag{2.6}$$

で表わされる数を導入し, n 次の**行列式**とよぶ. A の行列式を, $\det A$ または $|A|$ と書く.

n 次の行列式は $n-1$ 次の行列式を使って定義される. (12 ページでは, 他の定義を紹介した.) 行列式 D から j 行 k 列を除いて得られる $n-1$ 次の行列式を a_{jk} の**小行列式**といい, M_{jk} とかく. また, 小行列式 M_{jk} に $(-1)^{j+k}$ をかけたものを a_{jk} の**余因子**といい, C_{jk} とかく. 定義より,

$$C_{jk}=(-1)^{j+k}M_{jk}$$

余因子 C_{jk} を使って, n 次の行列式(2.6)は,

$$D=a_{j1}C_{j1}+a_{j2}C_{j2}+\cdots+a_{jn}C_{jn} \qquad (j=1,2,\cdots,n) \tag{2.7}$$

$$=a_{1k}C_{1k}+a_{2k}C_{2k}+\cdots+a_{nk}C_{nk} \qquad (k=1,2,\cdots,n) \tag{2.8}$$

と定義される. この表式を**ラプラス展開**という.

行列式の性質

1) 行と列を交換しても行列式は変わらない: $|A^{\mathrm{T}}|=|A|$.

2) どの行で展開しても, どの列で展開しても行列式は変わらない.

3) ある行(または列)の要素がすべて 0 ならば, 行列式は 0 である.

4) 任意の 2 行(または 2 列)を交換すると, 行列式は符号だけ変わる.

5) 1 つの行(または列)の各要素を a 倍すれば, 行列式も a 倍になる.

6) 2 つの行(または列)の対応する要素が比例しているならば, 行列式は 0 である.

7) 任意の行(または列)のすべての要素に同じ数をかけて, これを他の行

(または列)の対応する要素に加えても行列式は変わらない.

8)　A, B が正方行列ならば，$|AB|=|A||B|=|B||A|$.

線形独立　n 次の正方行列 A の行ベクトル(または列ベクトル)を $v_1, v_2, \cdots, v_n$ としよう．$\det A=0$ となるための必要十分条件は，

$$k_1v_1+k_2v_2+\cdots+k_nv_n = 0 \tag{2.9}$$

となるような，少なくとも1つが0でない定数 $k_1, k_2, \cdots, k_n$ が存在することである．条件(2.9)が成り立つとき，ベクトル $v_1, v_2, \cdots, v_n$ は**線形従属(1次従属)**であるといい，そうでないとき，**線形独立(1次独立)**であるという．

逆行列　n 次正方行列 $A=(a_{jk})$ の逆行列 A^{-1} は，$AA^{-1}=A^{-1}A=I$ をみたす行列として定義される．行列 A は，逆行列をもつならば**正則**であるという．行列式 $D=\det A$ が0でないならば，逆行列が存在し，a_{jk} の余因子 C_{jk} を使って，

$$A^{-1} = \frac{1}{D}\begin{pmatrix} C_{11} & C_{21} & \cdots & C_{n1} \\ C_{12} & C_{22} & \cdots & C_{n2} \\ \cdots & \cdots & \cdots & \cdots \\ C_{1n} & C_{2n} & \cdots & C_{nn} \end{pmatrix} \tag{2.10}$$

で与えられる．C_{jk} の位置に注意しよう．

特別な行列　正方行列 A は，$A^\dagger \equiv (A^*)^{\mathrm{T}} = A^{-1}$ または $A^\dagger A=I$ をみたすとき，**ユニタリー行列**という．実ユニタリー行列は**直交行列**とよばれる．すなわち，直交行列は，$A^{\mathrm{T}}=A^{-1}$ または $A^{\mathrm{T}}A=I$ によって定義される．

直交ベクトル　2つの列ベクトル

$$A = \begin{pmatrix} a_1 \\ a_2 \\ \vdots \\ a_n \end{pmatrix}, \qquad B = \begin{pmatrix} b_1 \\ b_2 \\ \vdots \\ b_n \end{pmatrix}$$

があるとき，

$$(A^*)^{\mathrm{T}}B = a_1{}^*b_1+a_2{}^*b_2+\cdots+a_n{}^*b_n = 0$$

ならば，ベクトル A と B は**直交**しているという．ユニタリー行列や直交行列の列ベクトルは互いに直交している．また，行ベクトルも直交している．

例題 2.4 2次，3次の正方行列 A に対する行列式 D の表式を求めよ．また，$D\neq 0$ として，逆行列 A^{-1} の表式を求めよ．

［解］ まず，2次の行列式

$$D=\begin{vmatrix} a_{11} & a_{12} \\ a_{21} & a_{22} \end{vmatrix}$$

について．小行列式と余因子の定義より，

$$C_{11}=(-1)^{1+1}M_{11}=a_{22},\qquad C_{12}=(-1)^{1+2}M_{12}=-a_{21}$$
$$C_{21}=(-1)^{2+1}M_{21}=-a_{12},\qquad C_{22}=(-1)^{2+2}M_{22}=a_{11}$$

よって，(2.7)で $j=1$ とおき(第1行についての展開)

$$D=a_{11}C_{11}+a_{12}C_{12}=a_{11}a_{22}-a_{12}a_{21}$$

逆行列は，$D\neq 0$ として，(2.10)より，

$$A^{-1}=\frac{1}{D}\begin{pmatrix} C_{11} & C_{21} \\ C_{12} & C_{22} \end{pmatrix}=\frac{1}{D}\begin{pmatrix} a_{22} & -a_{12} \\ -a_{21} & a_{11} \end{pmatrix}$$

次に，3次の行列式

$$D=\begin{vmatrix} a_{11} & a_{12} & a_{13} \\ a_{21} & a_{22} & a_{23} \\ a_{31} & a_{32} & a_{33} \end{vmatrix}$$

について．小行列式と余因子の定義から，

$$C_{11}=M_{11}=\begin{vmatrix} a_{22} & a_{23} \\ a_{32} & a_{33} \end{vmatrix},\quad C_{21}=-M_{21}=-\begin{vmatrix} a_{12} & a_{13} \\ a_{32} & a_{33} \end{vmatrix},\quad C_{31}=M_{31}=\begin{vmatrix} a_{12} & a_{13} \\ a_{22} & a_{23} \end{vmatrix}$$

$$C_{12}=-M_{12}=-\begin{vmatrix} a_{21} & a_{23} \\ a_{31} & a_{33} \end{vmatrix},\quad C_{22}=M_{22}=\begin{vmatrix} a_{11} & a_{13} \\ a_{31} & a_{33} \end{vmatrix},\quad C_{32}=-M_{32}=-\begin{vmatrix} a_{11} & a_{13} \\ a_{21} & a_{23} \end{vmatrix}$$

$$C_{13}=M_{13}=\begin{vmatrix} a_{21} & a_{22} \\ a_{31} & a_{32} \end{vmatrix},\quad C_{23}=-M_{23}=-\begin{vmatrix} a_{11} & a_{12} \\ a_{31} & a_{32} \end{vmatrix},\quad C_{33}=M_{33}=\begin{vmatrix} a_{11} & a_{12} \\ a_{21} & a_{22} \end{vmatrix}$$

よって，(2.7)で $j=1$ とおき(第1行についての展開)

$$\begin{aligned} D &= a_{11}C_{11}+a_{12}C_{12}+a_{13}C_{13} \\ &= a_{11}\begin{vmatrix} a_{22} & a_{23} \\ a_{32} & a_{33} \end{vmatrix}-a_{12}\begin{vmatrix} a_{21} & a_{23} \\ a_{31} & a_{33} \end{vmatrix}+a_{13}\begin{vmatrix} a_{21} & a_{22} \\ a_{31} & a_{32} \end{vmatrix} \\ &= a_{11}a_{22}a_{33}+a_{12}a_{23}a_{31}+a_{13}a_{21}a_{32}-a_{11}a_{23}a_{32}-a_{12}a_{21}a_{33}-a_{13}a_{22}a_{31} \end{aligned}$$

逆行列は，$D\neq 0$ として，(2.10)より，

$$A^{-1}=\frac{1}{D}\begin{pmatrix} C_{11} & C_{21} & C_{31} \\ C_{12} & C_{22} & C_{32} \\ C_{13} & C_{23} & C_{33} \end{pmatrix}$$

例題 2.5 次の行列 A に対して，$D=\det A$ と A^{-1} を求めよ．

$$A = \begin{pmatrix} 1 & 7 & 4 \\ 2 & 5 & 9 \\ 3 & 8 & 6 \end{pmatrix}$$

［**解**］ 行列式の計算．

$$D = \begin{vmatrix} 1 & 7 & 4 \\ 2 & 5 & 9 \\ 3 & 8 & 6 \end{vmatrix} = \begin{vmatrix} 1 & 7 & 4 \\ 0 & -9 & 1 \\ 0 & -13 & -6 \end{vmatrix} \begin{matrix} \\ \leftarrow \text{第 2 行} - 2 \times \text{第 1 行} \\ \leftarrow \text{第 3 行} - 3 \times \text{第 1 行} \end{matrix}$$

$$= \begin{vmatrix} -9 & 1 \\ -13 & -6 \end{vmatrix} \quad (\text{第 1 列での展開})$$

$$= (-9)(-6) - 1(-13) = 67$$

このように，行列式を計算するには，定義式どおりに行なうよりも，その性質 1)～8) を使ってできるだけ簡単な形にしてから展開するのが賢い．

逆行列の計算．余因子 C_{jk} は，

$$C_{11} = \begin{vmatrix} 5 & 9 \\ 8 & 6 \end{vmatrix} = -42, \quad C_{21} = -\begin{vmatrix} 7 & 4 \\ 8 & 6 \end{vmatrix} = -10, \quad C_{31} = \begin{vmatrix} 7 & 4 \\ 5 & 9 \end{vmatrix} = 43$$

$$C_{12} = -\begin{vmatrix} 2 & 9 \\ 3 & 6 \end{vmatrix} = 15, \quad C_{22} = \begin{vmatrix} 1 & 4 \\ 3 & 6 \end{vmatrix} = -6, \quad C_{32} = -\begin{vmatrix} 1 & 4 \\ 2 & 9 \end{vmatrix} = -1$$

$$C_{13} = \begin{vmatrix} 2 & 5 \\ 3 & 8 \end{vmatrix} = 1, \quad C_{23} = -\begin{vmatrix} 1 & 7 \\ 3 & 8 \end{vmatrix} = 13, \quad C_{33} = \begin{vmatrix} 1 & 7 \\ 2 & 5 \end{vmatrix} = -9$$

である．これらを(2.10)に代入して，

$$A^{-1} = \frac{1}{D}\begin{pmatrix} C_{11} & C_{21} & C_{31} \\ C_{12} & C_{22} & C_{32} \\ C_{13} & C_{23} & C_{33} \end{pmatrix} = \frac{1}{67}\begin{pmatrix} -42 & -10 & 43 \\ 15 & -6 & -1 \\ 1 & 13 & -9 \end{pmatrix}$$

実際に，この行列が逆行列であることを検算してみよう．

$$AA^{-1} = \begin{pmatrix} 1 & 7 & 4 \\ 2 & 5 & 9 \\ 3 & 8 & 6 \end{pmatrix} \cdot \frac{1}{67}\begin{pmatrix} -42 & -10 & 43 \\ 15 & -6 & -1 \\ 1 & 13 & -9 \end{pmatrix}$$

$$= \frac{1}{67}\begin{pmatrix} 67 & 0 & 0 \\ 0 & 67 & 0 \\ 0 & 0 & 67 \end{pmatrix} = \begin{pmatrix} 1 & 0 & 0 \\ 0 & 1 & 0 \\ 0 & 0 & 1 \end{pmatrix} = I$$

$$A^{-1}A = \frac{1}{67}\begin{pmatrix} -42 & -10 & 43 \\ 15 & -6 & -1 \\ 1 & 13 & -9 \end{pmatrix}\begin{pmatrix} 1 & 7 & 4 \\ 2 & 5 & 9 \\ 3 & 8 & 6 \end{pmatrix}$$

$$= \frac{1}{67}\begin{pmatrix} 67 & 0 & 0 \\ 0 & 67 & 0 \\ 0 & 0 & 67 \end{pmatrix} = \begin{pmatrix} 1 & 0 & 0 \\ 0 & 1 & 0 \\ 0 & 0 & 1 \end{pmatrix} = I$$

計算間違いは誰でもするのだから，検算をする習慣(特に逆行列等の計算では)を身につけたい．To err is human, to forgive divine.

問　題 2-4

[1] 次の行列の行列式と逆行列を求めよ．

(1) $\begin{pmatrix} 1 & 2 & -4 \\ 2 & 3 & 7 \\ 3 & 3 & 2 \end{pmatrix}$　　(2) $\begin{pmatrix} 2 & 3 & 4 \\ -1 & -4 & 7 \\ 3 & -1 & -3 \end{pmatrix}$

[2] 次の行列式を計算せよ．

(1) $\begin{vmatrix} 6 & 1 & 5 \\ 2 & 4 & 7 \\ 8 & 3 & 9 \end{vmatrix}$　　(2) $\begin{vmatrix} 1 & -2 & -3 & 2 \\ 2 & 1 & -1 & 4 \\ -2 & 3 & 2 & -5 \\ -4 & -3 & 2 & -3 \end{vmatrix}$

(3) $\begin{vmatrix} 1 & 1 & 1 \\ a & b & c \\ a^2 & b^2 & c^2 \end{vmatrix}$　　(4) $\begin{vmatrix} 1+x_1 & 1 & 1 & 1 \\ 1 & 1+x_2 & 1 & 1 \\ 1 & 1 & 1+x_3 & 1 \\ 1 & 1 & 1 & 1+x_4 \end{vmatrix}$

[3] 次の行列で，逆行列が存在するならば，それを求めよ．

(1) $\begin{pmatrix} 1 & 2 & 1 \\ 2 & 3 & 2 \\ 2 & 4 & 3 \end{pmatrix}$　　(2) $\begin{pmatrix} 1 & 2 & 3 \\ 4 & 5 & 6 \\ 7 & 8 & 9 \end{pmatrix}$

[4] 次のことを示せ．

(1) 直交行列の行列式は 1 または -1 である．

(2) 直交行列の積は直交行列である．

(3) ユニタリー行列の行列式は絶対値 1 である．

(4) ユニタリー行列の積はユニタリー行列である．

[5] ベクトル積 $\boldsymbol{B}\times\boldsymbol{C}$ とスカラー 3 重積 $\boldsymbol{A}\cdot(\boldsymbol{B}\times\boldsymbol{C})$ を行列式を使って表わせ．

2-5　連立1次方程式を解く

n 個の未知数 $x_1, x_2, \cdots, x_n$ に対する n 個の1次方程式(**連立1次方程式**)

$$\begin{aligned} a_{11}x_1+a_{12}x_2+\cdots+a_{1n}x_n &= b_1 \\ a_{21}x_1+a_{22}x_2+\cdots+a_{2n}x_n &= b_2 \\ &\cdots\cdots \\ a_{n1}x_1+a_{n2}x_2+\cdots+a_{nn}x_n &= b_n \end{aligned} \tag{2.11a}$$

について考える．(2.11a)は行列を使って，

$$\begin{pmatrix} a_{11} & a_{12} & \cdots & a_{1n} \\ a_{21} & a_{22} & \cdots & a_{2n} \\ \cdots & \cdots & \cdots & \cdots \\ a_{n1} & a_{n2} & \cdots & a_{nn} \end{pmatrix} \begin{pmatrix} x_1 \\ x_2 \\ \vdots \\ x_n \end{pmatrix} = \begin{pmatrix} b_1 \\ b_2 \\ \vdots \\ b_n \end{pmatrix}$$

$$AX = B \tag{2.11b}$$

と書ける．行列 A が正則，すなわち，逆行列 A^{-1} が存在するならば，(2.11)は一意的に解くことができて，$X=A^{-1}B$，あるいは

$$x_k = \sum_{l=1}^{n}(A^{-1})_{kl}b_l = \frac{1}{D}\sum_{l=1}^{n} C_{lk}b_l = \frac{D_k}{D} \tag{2.12}$$

$D_k=\sum_{l=1}^{n}C_{lk}\,b_l$ は，行列式 $D=\det A$ の k 列目を列ベクトル B で置き換えたものである．(2.12)を**クラメルの公式**という．

連立方程式(2.11)の解の分類．

1)　$D\neq0, B\neq0$.　少なくとも1つの x_k が0でない一意的な解がある．

2)　$D\neq0, B=0$.　自明な解 $x_1=x_2=\cdots=x_n=0$ だけが解である．

3)　$D=0, B=0$.　自明な解以外に無限個の解が存在する．

4)　$D=0, B\neq0$.　すべての D_k が0のときにだけ無限個の解が存在し，そうでなければ解はない．

くりかえすと，$AX=0$ で，自明でない解を持つためには，$D=0$ でなければならない．

例題 2.6 次の連立1次方程式を解け.

1) $3x_1-2x_2+2x_3=10$
$x_1+3x_2-5x_3=-2$
$4x_1+x_2+2x_3=3$

2) $3x_1-2x_2+2x_3=0$
$x_1+3x_2-5x_3=0$
$4x_1+x_2+2x_3=0$

3) $x_1+2x_2+3x_3=0$
$4x_1+5x_2+6x_3=0$
$7x_1+8x_2+9x_3=0$

4) $x_1+2x_2+3x_3=1$
$4x_1+5x_2+6x_3=3$
$7x_1+8x_2+9x_3=2$

［解］ おのおのの連立方程式は，行列の記号を使って，$AX=B$ と書ける．$D=\det A$ とする．

1) クラメルの公式(2.12)を用いる．D の k 列目を列ベクトル B で置き換えたものを D_k と書く．

$$D=\begin{vmatrix}3&-2&2\\1&3&-5\\4&1&2\end{vmatrix}=55,\quad D_1=\begin{vmatrix}10&-2&2\\-2&3&-5\\3&1&2\end{vmatrix}=110$$

$$D_2=\begin{vmatrix}3&10&2\\1&-2&-5\\4&3&2\end{vmatrix}=-165,\quad D_3=\begin{vmatrix}3&-2&10\\1&3&-2\\4&1&3\end{vmatrix}=-55$$

よって，

$$x_1=\frac{D_1}{D}=\frac{110}{55}=2,\quad x_2=\frac{D_2}{D}=-\frac{165}{55}=-3,\quad x_3=\frac{D_3}{D}=-\frac{55}{55}=-1$$

2) 前問より，$D=55$．クラメルの公式を用いる．

$$D_1=\begin{vmatrix}0&-2&2\\0&3&-5\\0&1&2\end{vmatrix}=0,\quad D_2=\begin{vmatrix}3&0&2\\1&0&-5\\4&0&2\end{vmatrix}=0$$

同様に，$D_3=0$ である．よって，$x_1=D_1/D=0$，$x_2=D_2/D=0$，$x_3=D_3/D=0$，すなわち，自明な解 $x_1=x_2=x_3=0$ だけが解である．

3) $$D=\begin{vmatrix}1&2&3\\4&5&6\\7&8&9\end{vmatrix}=\begin{vmatrix}1&2&3\\0&-3&-6\\0&-6&-12\end{vmatrix}=\begin{vmatrix}-3&-6\\-6&-12\end{vmatrix}=0$$

$D=0$，$B=0$ であるから，自明な解以外に無限個の解が存在する(分類3))．この連立方程式で，2番目の式を2倍したものから1番目の式を引くと，3番目の式を得る．すなわち，独立な式は2つしかない．可能な解は，$x_3=a$ (a は任意)とおけば，$x_1=a$，$x_2=-2a$.

4)　前問より，$D=0$．また，$D_1=9\neq 0$，$D_2=-18\neq 0$，$D_3=9\neq 0$．よって，解はない(分類 4))．2 番目の式を 2 倍したものから 1 番目の式を引くと，$7x_1+8x_2+9x_3=5$．これは，3 番目の式 $7x_1+8x_2+9x_3=2$ と両立しない．教訓．問題には必ず解があると思ってはいけない．

問　題 2-5

[1]　次の連立方程式を解け．

(1)　$3x_1+x_2=5$
　　$5x_1-2x_2=1$

(2)　$3x_1+x_2=0$
　　$5x_1-2x_2=0$

(3)　$x_1-x_2-2x_3=-2$
　　$3x_1-x_2+x_3=6$
　　$x_1-3x_2-4x_3=-4$

(4)　$x_1-x_2-2x_3=0$
　　$3x_1-x_2+x_3=0$
　　$x_1-3x_2-4x_3=0$

[2]　次の連立方程式を解け．

(1)　$2x_1+5x_2-3x_3=0$
　　$x_1-2x_2+x_3=0$
　　$7x_1+4x_2-3x_3=0$

(2)　$2x_1+5x_2-3x_3=3$
　　$x_1-2x_2+x_3=2$
　　$7x_1+4x_2-3x_3=-4$

(3)　$2x_1+5x_2-3x_3=3$
　　$x_1-2x_2+x_3=2$
　　$7x_1+4x_2-3x_3=12$

[3]　次の連立方程式を解け．

$x_1+x_2+x_3=1$
$ax_1+bx_2+cx_3=d$
$a^2x_1+b^2x_2+c^2x_3=d^2$

ただし，a, b, c は互いに異なるものとする．

2-6　行列の固有値と行列の対角化

固有値と固有ベクトル　$n\times n$ 行列 $A=(a_{jk})$ に対して，

$$AX = \lambda X \tag{2.13}$$

を満足する数 λ および列ベクトル $X(X\neq 0)$ が存在するとき，λ を**固有値**，X を固有値 λ に対する**固有ベクトル**という．(2.13)は，I を単位行列として，

$$(A-\lambda I)X = 0 \tag{2.14}$$

と書くことができる．この式を満足する自明でない解$(X\neq 0)$が存在するための必要十分条件は，係数から作られる行列式が 0，すなわち，

$$D(\lambda) = \det(A-\lambda I)$$
$$= \begin{vmatrix} a_{11}-\lambda & a_{12} & \cdots & a_{1n} \\ a_{21} & a_{22}-\lambda & \cdots & a_{2n} \\ \cdots & \cdots & \cdots & \cdots \\ a_{n1} & a_{n2} & \cdots & a_{nn}-\lambda \end{vmatrix} = 0 \tag{2.15}$$

(2.15)は λ に対する n 次方程式であり，**固有方程式**または**特性方程式**とよばれる．

行列の対角化　行列 $A=(a_{jk})$ は，$n\times n$ の実対称行列$(A^{\mathrm{T}}=A)$とする．固有値 $\lambda_k\ (k=1, 2, \cdots, n)$はすべて相異なる(縮退していないという)として，それに対応する固有ベクトルを v_k とかく，

$$Av_k = \lambda_k v_k \qquad (k = 1, 2, \cdots, n) \tag{2.16}$$

(2.16)を**固有値方程式**とよぶ．列ベクトル v_k を横に並べて，

$$V = (v_1, v_2, \cdots, v_n) = \begin{pmatrix} v_{11} & v_{12} & \cdots & v_{1n} \\ v_{21} & v_{22} & \cdots & v_{2n} \\ \cdots & \cdots & \cdots & \cdots \\ v_{n1} & v_{n2} & \cdots & v_{nn} \end{pmatrix}$$

をつくる．行列 V は直交行列で，$V^{-1}AV$ は固有値を対角要素とし，他の要素はすべて 0 である対角行列 Λ となる．

$$V^{-1}AV = \Lambda = \begin{pmatrix} \lambda_1 & 0 & \cdots & 0 \\ 0 & \lambda_2 & \cdots & 0 \\ \cdots & \cdots & \cdots & \cdots \\ 0 & 0 & \cdots & \lambda_n \end{pmatrix} \tag{2.17}$$

すなわち，実対称行列 A は固有ベクトル v_k から作った直交行列 V によって対角行列 Λ に変換される．これを**行列の対角化**という．エルミット行列 A の場合は，ユニタリー行列 U によって，$U^\dagger AU$ は対角行列になる．

2次形式の標準化　2次形式

$$\begin{aligned} Q = a_{11}x_1{}^2 &+ (a_{12}+a_{21})x_1x_2 + \cdots + (a_{1n}+a_{n1})x_1x_n \\ &+ a_{22}x_2{}^2 + \cdots + (a_{2n}+a_{n2})x_2x_n \\ &\cdots\cdots \\ &+ a_{nn}x_n{}^2 \end{aligned} \tag{2.18}$$

は，$n\times n$ の実対称行列 A と列ベクトル X:

$$A = \begin{pmatrix} a_{11} & a_{12} & \cdots & a_{1n} \\ a_{21} & a_{22} & \cdots & a_{2n} \\ \cdots & \cdots & \cdots & \cdots \\ a_{n1} & a_{n2} & \cdots & a_{nn} \end{pmatrix}, \quad a_{ij} = a_{ji}, \quad X = \begin{pmatrix} x_1 \\ x_2 \\ \vdots \\ x_n \end{pmatrix}$$

を使って，

$$Q = X^{\mathrm{T}} A X$$

と書ける．行列の対角化で導入した直交行列 V を用いて，変換 $X=VY$ を行なうと，(2.17)を使って，

$$\begin{aligned} Q &= (VY)^{\mathrm{T}}A(VY) = Y^{\mathrm{T}}V^{\mathrm{T}}AVY = Y^{\mathrm{T}}\Lambda Y \\ &= \lambda_1 y_1{}^2 + \lambda_2 y_2{}^2 + \cdots + \lambda_n y_n{}^2 \end{aligned} \tag{2.19}$$

を得る．このように，y_1y_2, y_2y_3 等の項を含まないものを**標準形**という．変換 $X=VY$ によって，2次形式(2.18)は標準形(2.19)に変換された．

(2.18)で，係数 a_{ij} は対称 $a_{ij}=a_{ji}$ にとれる．もし対称でないならば，$(a_{ij}+a_{ji})/2$ をあらためて a_{ij} とおけばよい．

例題 2.7 実対称行列 $A=(a_{jk})$ が相異なる固有値 $\lambda_1, \lambda_2, \cdots, \lambda_n$ を持つとき，固有ベクトル v_k から作られる直交行列によって対角化されることを示せ.

［解］ 固有ベクトル v_k を横に並べて，行列

$$V = (v_1, v_2, \cdots, v_n) = \begin{pmatrix} v_{11} & v_{12} & \cdots & v_{1n} \\ v_{21} & v_{22} & \cdots & v_{2n} \\ \cdots & \cdots & \cdots & \cdots \\ v_{n1} & v_{n2} & \cdots & v_{nn} \end{pmatrix} \tag{1}$$

をつくる. 固有値方程式

$$Av_k = \lambda_k v_k \qquad (k=1, 2, \cdots, n) \tag{2}$$

より，

$$\sum_{l=1}^{n} a_{jl}v_{lk} = \lambda_k v_{jk} = v_{jk}\lambda_k \tag{3}$$

だから，行列 V は

$$AV = V\Lambda, \qquad \Lambda = \begin{pmatrix} \lambda_1 & 0 & \cdots & 0 \\ 0 & \lambda_2 & \cdots & 0 \\ \cdots & \cdots & \cdots & \cdots \\ 0 & 0 & \cdots & \lambda_n \end{pmatrix} \tag{4}$$

をみたす.

まず，V は直交行列にとれることを示す. (4)の転置を考えると，$A^{\mathrm{T}}=A$, $\Lambda^{\mathrm{T}}=\Lambda$, $(AV)^{\mathrm{T}}=V^{\mathrm{T}}A$, $(V\Lambda)^{\mathrm{T}}=\Lambda V^{\mathrm{T}}$ であるから，

$$V^{\mathrm{T}}A = \Lambda V^{\mathrm{T}} \tag{5}$$

(4)の左から V^{T} をかけた式と，(5)の右から V をかけた式を比べて，$V^{\mathrm{T}}V\Lambda=\Lambda V^{\mathrm{T}}V$ を得る. この式の両辺の (j, k) 成分は，

$$\lambda_k(V^{\mathrm{T}}V)_{jk} = \lambda_j(V^{\mathrm{T}}V)_{jk} \tag{6}$$

$\lambda_j \neq \lambda_k\ (j \neq k)$ と仮定したので，(6)より，

$$(V^{\mathrm{T}}V)_{jk} = 0 \qquad (j \neq k) \tag{7}$$

(6)で $j=k$ としたものは単なる恒等式である. したがって，行列 $V^{\mathrm{T}}V$ の対角要素 $(V^{\mathrm{T}}V)_{jj}=\sum_{k=1}^{n}(v_{kj})^2$ は任意であり 0 にならないから，大きさを 1 に選ぶことができる. よって，

$$(V^{\mathrm{T}}V)_{jj} = 1 \qquad (j=1, 2, \cdots, n) \tag{8}$$

(7)と(8)より，$V^{\mathrm{T}}V=I$, すなわち V は直交行列である.

したがって，(4)の左から V^{T} をかけると，

$$V^{\mathrm{T}}AV = V^{\mathrm{T}}V\Lambda = I\Lambda = \Lambda \tag{9}$$

すなわち，実対称行列 A は直交行列 V によって対角化された．行列 A がエルミット行列の場合には，ユニタリー行列 U によって，$U^{\dagger}AU$ を対角行列にすることができる．

問題 2-6

[1] 次の行列の固有値と固有ベクトルを求めよ．

(1) $\begin{pmatrix} 2 & 2 \\ 1 & 3 \end{pmatrix}$　(2) $\begin{pmatrix} a & b \\ -b & a \end{pmatrix}$　(3) $\begin{pmatrix} 2 & 1+i \\ 1-i & 2 \end{pmatrix}$

(4) $\begin{pmatrix} 2 & 0 & -2 \\ 0 & 4 & 0 \\ -2 & 0 & 5 \end{pmatrix}$　(5) $\begin{pmatrix} -2 & 2 & -3 \\ 2 & 1 & -6 \\ -1 & -2 & 0 \end{pmatrix}$

[2] (1) 実対称行列 $A=\begin{pmatrix} 1 & 0 & 1 \\ 0 & 1 & 1 \\ 1 & 1 & 0 \end{pmatrix}$ を対角化せよ．

(2) 2次形式 $Q=x_1{}^2+x_2{}^2+2x_1x_3+2x_2x_3$ を標準形になおせ．

[3] (1) エルミット行列 $A=\begin{pmatrix} 4 & 2+\sqrt{3}\,i \\ 2-\sqrt{3}\,i & -2 \end{pmatrix}$ を対角化せよ．

(2) エルミット2次形式 $Q=4x_1{}^*x_1+(2+\sqrt{3}\,i)x_1{}^*x_2+(2-\sqrt{3}\,i)x_2{}^*x_1-2x_2{}^*x_2$ を標準形になおせ．$*$ は複素共役を表わす．

[4] 次のことを示せ．

(1) エルミット行列の固有値は実数である．この特別な場合として，実対称行列の固有値は実数である．

(2) ユニタリー行列の固有値の絶対値は1である．この特別な場合として，直交行列の固有値の絶対値は1である．

(3) エルミット行列の固有値を $\lambda_1, \lambda_2, \cdots, \lambda_n$ とする．それに対する固有ベクトルを $X_1, X_2, \cdots, X_n$ とすると，$\lambda_i \neq \lambda_j$ ならば，$X_i{}^{\dagger}X_j=0$，すなわち，直交している．

2–7　座標変換とベクトル，テンソル

座標軸の平行移動　座標系 O-xyz の各座標軸を平行移動して，新しい座標系 O′-$x'y'z'$ をつくる(図 2–5)．点 P の O に関する位置ベクトルを $\boldsymbol{r}=\overrightarrow{\mathrm{OP}}$，O′ に関する位置ベクトルを $\boldsymbol{r}'=\overrightarrow{\mathrm{O'P}}$，そして $\boldsymbol{b}=\overrightarrow{\mathrm{OO'}}=(b_1, b_2, b_3)$ とする．座標軸の平行移動を表わす座標変換の式は，

$$\boldsymbol{r}' = \boldsymbol{r}-\boldsymbol{b}, \qquad \text{成分では}\quad x' = x-b_1,\ \ y' = y-b_2,\ \ z' = z-b_3 \tag{2.20}$$

座標軸の平行移動によって，ベクトルの成分は変わらない．

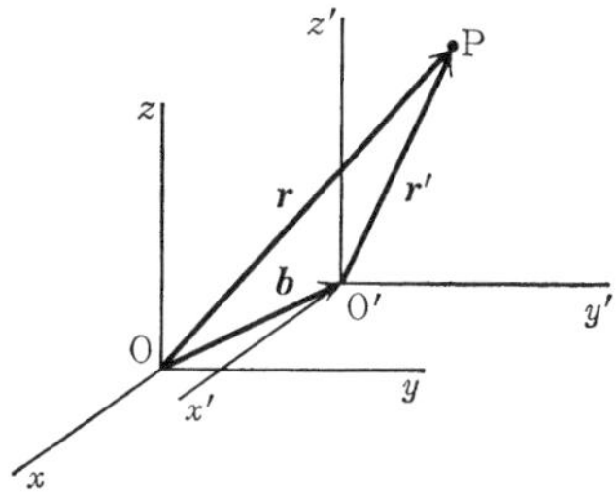

図 2–5　座標軸の平行移動

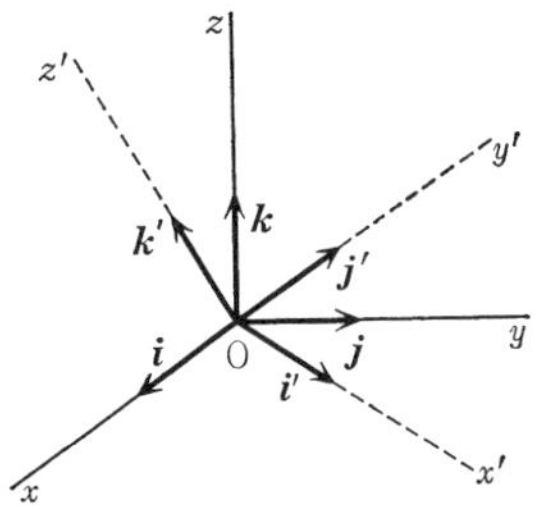

図 2–6　座標軸の回転

座標軸の回転　座標系 O-xyz を原点のまわりに回転させて，新しい座標系 O-$x'y'z'$ をつくる(図 2–6)．これらの座標系での直交単位ベクトルをそれぞれ，$\boldsymbol{i}, \boldsymbol{j}, \boldsymbol{k}$ と $\boldsymbol{i}', \boldsymbol{j}', \boldsymbol{k}'$ とする．点 P の O-xyz に関する座標を (x, y, z)，O-$x'y'z'$ に関する座標を (x', y', z') と書くと，座標軸の回転を表わす座標変換の式は，

$$\begin{pmatrix} x' \\ y' \\ z' \end{pmatrix} = A\begin{pmatrix} x \\ y \\ z \end{pmatrix} = \begin{pmatrix} a_{11} & a_{12} & a_{13} \\ a_{21} & a_{22} & a_{23} \\ a_{31} & a_{32} & a_{33} \end{pmatrix}\begin{pmatrix} x \\ y \\ z \end{pmatrix} \tag{2.21}$$

ここで，行列 A は直交行列である．同様に，ベクトル $\boldsymbol{V}$ の O-xyz での成分を (V_x, V_y, V_z)，O-$x'y'z'$ での成分を (V_x', V_y', V_z') とすると，座標軸の回転に関してのベクトルの変換を表わす式は，

$$\begin{pmatrix} V_x' \\ V_y' \\ V_z' \end{pmatrix} = A \begin{pmatrix} V_x \\ V_y \\ V_z \end{pmatrix} \tag{2.22}$$

一般の座標変換　直角座標系 O-xyz から他の直角座標系 O′-$x'y'z'$ への変換は，一般に，座標軸の平行移動と回転の組み合わせである．

$$\begin{aligned} x' &= a_{11}x + a_{12}y + a_{13}z - b_1 \\ y' &= a_{21}x + a_{22}y + a_{23}z - b_2 \\ z' &= a_{31}x + a_{32}y + a_{33}z - b_3 \end{aligned} \tag{2.23}$$

一般の座標変換(2.23)によって，ベクトルの成分は，(2.22)のように変換する．

スカラーとベクトル　(2.22)をベクトルの定義として用いることができる．すなわち，ある量 $\boldsymbol{V}$ の成分 (V_x, V_y, V_z) が，座標の変換(2.21)または(2.23)によって，(2.22)のように変換されるとき，この量を**ベクトル**とよぶ．また，それらの変換によって変わらない量を**スカラー**という．この定義を一般化してテンソルが導入される．

テンソル　これからは，座標 (x, y, z) を (x_1, x_2, x_3)，ベクトルの成分 (V_x, V_y, V_z) を (V_1, V_2, V_3) 等と書くことにする．座標変換

$$x_i' = \sum_{j=1}^{3} a_{ij}x_j \qquad (A=(a_{jk}) \text{ は直交行列}) \tag{2.24}$$

に際して，その成分が $V_i' = \sum_{j=1}^{3} a_{ij}V_j$ と変換するならば，$\boldsymbol{V}=(V_1, V_2, V_3)$ はベクトルである．

変換(2.24)に際して，

$$T_{rs}' = \sum_{i=1}^{3}\sum_{j=1}^{3} a_{ri}a_{sj}T_{ij} \qquad (r, s=1, 2, 3) \tag{2.25}$$

と変換するならば，T_{ij} $(i, j=1, 2, 3)$ の組を**テンソル**という．記述を簡単にするために，T_{ij} を成分とするテンソルを単に T_{ij}，v_j を成分とするベクトルを単に v_j，と書くことにする．

テンソルの性質

1)　2つのテンソルを T_{ij}，S_{ij} とすれば，$T_{ij} \pm S_{ij}$ はテンソル．

2) λをスカラー，T_{ij}をテンソルとすれば，λT_{ij}はテンソル．

3) 2つのベクトルu_i, v_jの積$T_{ij} \equiv u_i v_j$はテンソル．

4) すべての成分が0のテンソルを**ゼロテンソル**という．

5) クロネッカーのデルタδ_{ij}は**単位テンソル**である．

6) T_{ij}をテンソル，v_jをベクトルとすれば，$\sum_{j=1}^{3} T_{ij}v_j$, $\sum_{i=1}^{3} T_{ij}v_i$はともにベクトル．

7) 6)の逆も成り立つ．任意のベクトルv_jに対して，$\sum_{j=1}^{3} T_{ij}v_j$または$\sum_{i=1}^{3} T_{ij}v_i$がベクトルならば，T_{ij}はテンソル．

高階のテンソル　一般にn階テンソル$T_{i_1 i_2 \cdots i_n}$は，その成分の変換性

$$T'_{r_1 r_2 \cdots r_n} = \sum_{i_1} \sum_{i_2} \cdots \sum_{i_n} a_{r_1 i_1} a_{r_2 i_2} \cdots a_{r_n i_n} T_{i_1 i_2 \cdots i_n} \tag{2.26}$$

で定義される．ベクトルは1階テンソル，スカラーは0階テンソルである．

対称テンソルと反対称テンソル　テンソルT_{ij}の成分に対して，$T_{ij} = T_{ji}$が成り立つならば，このテンソルを**対称テンソル**という．一方，$T_{ij} = -T_{ji}$が成り立つとき，**反対称テンソル**または**交代テンソル**という．対称テンソル(反対称テンソル)である性質は，座標変換によって変わらない．

One Point ――**テンソルの縮約**

$\sum_{i=1}^{3} T_{ii}$のように，テンソルの同じ添字について和をとることを**縮約**という．一般に，1つの文字について縮約すると，テンソルの階数は2つだけ下がる．例えば，3階のテンソルT_{ijk}に対して，$\sum_{j=1}^{3} T_{ijj}$は1階のテンソル，すなわち，ベクトルである．

テンソルは$T_{i_1 i_2 \cdots i_n}$のように添字が繁雑であるし，また和$\sum_{i_1=1}^{3} \sum_{i_2=1}^{3}$等と書く(印刷も同様)のが面倒になる．したがって，同じ添字について和をとるときには，和記号を省略する簡便法(アインシュタインによる)が相対論等でよく用いられる．

例題 2.8 座標軸の回転によって，点 P の座標 (x, y, z) は新しい座標 (x', y', z') に，

$$\begin{pmatrix} x' \\ y' \\ z' \end{pmatrix} = A\begin{pmatrix} x \\ y \\ z \end{pmatrix} \qquad (A=(a_{jk})\text{は直交行列})$$

と変換されることを示せ．

［解］ はじめに，直交単位ベクトルはどのように変換されるかを調べる．直角座標系 O–xyz での直交単位ベクトルを $\boldsymbol{i}, \boldsymbol{j}, \boldsymbol{k}$，そして，その座標系を回転して得られた直角座標系 O–$x'y'z'$ での直交単位ベクトルを $\boldsymbol{i}', \boldsymbol{j}', \boldsymbol{k}'$ とする．ベクトルの組 $\boldsymbol{i}, \boldsymbol{j}, \boldsymbol{k}$ は基本ベクトルを構成するので，その組で $\boldsymbol{i}', \boldsymbol{j}', \boldsymbol{k}'$ を表わせる．行列記号で，

$$\begin{pmatrix} \boldsymbol{i}' \\ \boldsymbol{j}' \\ \boldsymbol{k}' \end{pmatrix} = \begin{pmatrix} a_{11} & a_{12} & a_{13} \\ a_{21} & a_{22} & a_{23} \\ a_{31} & a_{32} & a_{33} \end{pmatrix}\begin{pmatrix} \boldsymbol{i} \\ \boldsymbol{j} \\ \boldsymbol{k} \end{pmatrix} \tag{1}$$

9 つの係数 a_{jk} は独立ではない．まず，$\boldsymbol{i}'\cdot\boldsymbol{i}'=1$ より，

$$(a_{11}\boldsymbol{i}+a_{12}\boldsymbol{j}+a_{13}\boldsymbol{k})\cdot(a_{11}\boldsymbol{i}+a_{12}\boldsymbol{j}+a_{13}\boldsymbol{k}a) = a_{11}{}^2+a_{12}{}^2+a_{13}{}^2 = 1 \tag{2}$$

同様にして，$\boldsymbol{j}'\cdot\boldsymbol{j}'=1$，$\boldsymbol{k}'\cdot\boldsymbol{k}'=1$ より，

$$a_{21}{}^2+a_{22}{}^2+a_{23}{}^2 = 1, \qquad a_{31}{}^2+a_{32}{}^2+a_{33}{}^2 = 1 \tag{3}$$

次に，$\boldsymbol{i}'\cdot\boldsymbol{j}'=0$ より，

$$(a_{11}\boldsymbol{i}+a_{12}\boldsymbol{j}+a_{13}\boldsymbol{k})\cdot(a_{21}\boldsymbol{i}+a_{22}\boldsymbol{j}+a_{23}\boldsymbol{k}) = a_{11}a_{21}+a_{12}a_{22}+a_{13}a_{23} = 0 \tag{4}$$

同様にして，$\boldsymbol{j}'\cdot\boldsymbol{k}'=0$，$\boldsymbol{k}'\cdot\boldsymbol{i}'=0$ より，

$$a_{21}a_{31}+a_{22}a_{32}+a_{23}a_{33} = 0, \qquad a_{31}a_{11}+a_{32}a_{12}+a_{33}a_{13} = 0 \tag{5}$$

(2)～(4)の 6 個の関係式はクロネッカーのデルタ記号 δ_{jk} ($j=k$ ならば $\delta_{jk}=1$, $j\neq k$ ならば $\delta_{jk}=0$)を使って，

$$\sum_{k=1}^{3} a_{jk}a_{lk} = \delta_{jl} \quad \text{すなわち} \quad AA^{\mathrm{T}} = I \tag{6}$$

よって，行列 A は直交行列である．

行列 A は直交行列だから，(1)の左から A^{T} をかけると，

$$\begin{pmatrix} \boldsymbol{i} \\ \boldsymbol{j} \\ \boldsymbol{k} \end{pmatrix} = A^{\mathrm{T}}\begin{pmatrix} \boldsymbol{i}' \\ \boldsymbol{j}' \\ \boldsymbol{k}' \end{pmatrix} = \begin{pmatrix} a_{11} & a_{21} & a_{31} \\ a_{12} & a_{22} & a_{32} \\ a_{13} & a_{23} & a_{33} \end{pmatrix}\begin{pmatrix} \boldsymbol{i}' \\ \boldsymbol{j}' \\ \boldsymbol{k}' \end{pmatrix} \tag{7}$$

以上を使って，座標の変換式を導く．(7)を

$$\boldsymbol{r} = x\boldsymbol{i}+y\boldsymbol{j}+z\boldsymbol{k} = x'\boldsymbol{i}'+y'\boldsymbol{j}'+z'\boldsymbol{k}' \tag{8}$$

に代入して，

$$x(a_{11}\boldsymbol{i}'+a_{21}\boldsymbol{j}'+a_{31}\boldsymbol{k}')+y(a_{12}\boldsymbol{i}'+a_{22}\boldsymbol{j}'+a_{32}\boldsymbol{k}')+z(a_{13}\boldsymbol{i}'+a_{23}\boldsymbol{j}'+a_{33}\boldsymbol{k}')$$
$$= x'\boldsymbol{i}'+y'\boldsymbol{j}'+z'\boldsymbol{k}' \tag{9}$$

ベクトル $\boldsymbol{i}', \boldsymbol{j}', \boldsymbol{k}'$ の係数をそれぞれ等しいとおいて，

$$x' = a_{11}x+a_{12}y+a_{13}z,\quad y' = a_{21}x+a_{22}y+a_{23}z,\quad z' = a_{31}x+a_{32}y+a_{33}z \tag{10}$$

例題 2.9 テンソル T_{ij} について，つぎの量は座標変換 $x_i'=\sum_{j=1}^{3}a_{ij}x_j$ ($A=(a_{ij})$ は直交行列) によって変わらない量，すなわち，スカラーであることを示せ．

1) $\mathrm{tr}\,T=\sum_{i=1}^{3}T_{ii}$,　2) $\det T=|T_{ij}|$,　3) $T^2=\sum_{i=1}^{3}\sum_{j=1}^{3}T_{ij}{}^2$

［解］ 座標変換により，テンソルの成分は次のように変換する．

$$T_{rs}{}' = \sum_{i=1}^{3}\sum_{j=1}^{3}a_{ri}a_{sj}T_{ij} \qquad (r, s=1, 2, 3) \tag{1}$$

1) T' のトレースを計算する．(1)を用いて，

$$\mathrm{tr}\,T' = \sum_{k=1}^{3}T'_{kk} = \sum_{k=1}^{3}\sum_{i=1}^{3}\sum_{j=1}^{3}a_{ki}a_{kj}T_{ij} = \sum_{i=1}^{3}\sum_{j=1}^{3}\Big(\sum_{k=1}^{3}a_{ki}a_{kj}\Big)T_{ij} \tag{2}$$

$A=(a_{jk})$ は直交行列だから，$AA^{\mathrm{T}}=A^{\mathrm{T}}A=I$，すなわち，$\sum_{k=1}^{3}a_{ki}a_{kj}=\delta_{ij}$．これを，上の式に代入して，

$$\mathrm{tr}\,T' = \sum_{i=1}^{3}\sum_{j=1}^{3}\delta_{ij}T_{ij} = \sum_{i=1}^{3}T_{ii} = \mathrm{tr}\,T \tag{3}$$

よって，$\mathrm{tr}\,T$ はスカラーである．

2) テンソルの変換式(1)は，行列記号で，

$$T' = ATA^{\mathrm{T}} = ATA^{-1} \tag{4}$$

両辺の行列式をとると，

$$|T'| = |ATA^{-1}| = |A||T||A^{-1}| = |A||A|^{-1}|T| = |T| \tag{5}$$

よって，$\det T$ はスカラー．$|A^{-1}|=|A|^{-1}$ を用いた($1=|AA^{-1}|=|A||A^{-1}|$ より明らか)．

3) (1)を用いて，

$$T'^2 = \sum_{r=1}^{3}\sum_{s=1}^{3}T'_{rs}{}^2 = \sum_{r=1}^{3}\sum_{s=1}^{3}\Big(\sum_{i=1}^{3}\sum_{j=1}^{3}a_{ri}a_{sj}T_{ij}\Big)\Big(\sum_{k=1}^{3}\sum_{l=1}^{3}a_{rk}a_{sl}T_{kl}\Big)$$
$$= \sum_{i=1}^{3}\sum_{j=1}^{3}\sum_{k=1}^{3}\sum_{l=1}^{3}\Big(\sum_{r=1}^{3}a_{ri}a_{rk}\Big)\Big(\sum_{s=1}^{3}a_{sj}a_{sl}\Big)T_{ij}T_{kl}$$

$A=(a_{jk})$は直交行列だから，$\sum_{r=1}^{3} a_{ri}a_{rk}=\delta_{ik}$，$\sum_{s=1}^{3} a_{sj}a_{sl}=\delta_{jl}$．よって，

$$T'^2 = \sum_{i=1}^{3}\sum_{j=1}^{3}\sum_{k=1}^{3}\sum_{l=1}^{3} \delta_{ik}\delta_{jl}T_{ij}T_{kl} = \sum_{i=1}^{3}\sum_{j=1}^{3} T_{ij}T_{ij} = T^2 \tag{6}$$

よって，T^2 はスカラーである．

問　題 2-7

[1]　座標変換 $x_i'=\sum_j a_{ij}x_j$ の係数から作られた行列式を，

$$D = \begin{vmatrix} a_{11} & a_{12} & a_{13} \\ a_{21} & a_{22} & a_{23} \\ a_{31} & a_{32} & a_{33} \end{vmatrix}$$

とすれば，

$$a_{11} = \begin{vmatrix} a_{22} & a_{23} \\ a_{32} & a_{33} \end{vmatrix}, \quad a_{12} = -\begin{vmatrix} a_{21} & a_{23} \\ a_{31} & a_{33} \end{vmatrix}, \quad a_{13} = \begin{vmatrix} a_{21} & a_{22} \\ a_{31} & a_{32} \end{vmatrix}$$

$$a_{21} = -\begin{vmatrix} a_{12} & a_{13} \\ a_{32} & a_{33} \end{vmatrix}, \quad a_{22} = \begin{vmatrix} a_{11} & a_{13} \\ a_{31} & a_{33} \end{vmatrix}, \quad a_{23} = -\begin{vmatrix} a_{11} & a_{12} \\ a_{31} & a_{32} \end{vmatrix}$$

$$a_{31} = \begin{vmatrix} a_{12} & a_{13} \\ a_{22} & a_{23} \end{vmatrix}, \quad a_{32} = -\begin{vmatrix} a_{11} & a_{13} \\ a_{21} & a_{23} \end{vmatrix}, \quad a_{33} = \begin{vmatrix} a_{11} & a_{12} \\ a_{21} & a_{22} \end{vmatrix}$$

すなわち，a_{ij} はその余因子に等しいことを示せ．また，$D=1$ を示せ．

[2]　次のことを示せ．

(1)　2つのベクトルの内積 $\sum_i u_iv_i$ はスカラーである．

(2)　2つのベクトルの外積 $u_2v_3-u_3v_2$，$u_3v_1-u_1v_3$，$u_1v_2-u_2v_1$ はベクトルである．

[3]　次のことを示せ．

(1)　スカラー関数 $f(x_1, x_2, x_3)$ に対して，$\partial f/\partial x_i$ はベクトルである(勾配)．

(2)　ベクトル関数 $A_i(x_1, x_2, x_3)$ に対して，$\sum_i \partial A_i/\partial x_i$ はスカラーである(発散)．

(3)　ベクトル関数 $A_i(x_1, x_2, x_3)$ に対して，$\partial A_3/\partial x_2-\partial A_2/\partial x_3$，$\partial A_1/\partial x_3-\partial A_3/\partial x_1$，$\partial A_2/\partial x_1-\partial A_1/\partial x_2$ はベクトルである(回転)．

[4]　剛体が原点Oのまわりに角速度 ω_i で回転しているとき，角運動量 L_i は，$L_i=\sum_j I_{ij}\omega_j$ と書ける．**慣性テンソル** I_{ij} は対称テンソルである．

(1)　慣性テンソル I_{ij} は対角化できることを示せ．

(2)　このとき，角運動量 L_i と角速度 ω_i はどのような関係をみたすか．また，回転の運動エネルギー $T=\frac{1}{2}\sum_i \sum_j I_{ij}\omega_i\omega_j$ はどのような形になるか．

3

常微分方程式

未知関数とその導関数を含む方程式を微分方程式という．大まかにいうと，「微分方程式を作り，それを解く」のが，現代科学の基本方針である．応用分野は多様であっても，決まった同じ形の方程式が登場することが多い．それらを何回も解いているうちに，微分方程式を見ただけで解の様子が頭に浮かんでくるようになる．そうなると，微分方程式は本当に楽しい．

3-1　常微分方程式と1階微分方程式

常微分方程式　微分方程式は独立変数の数によって，常微分方程式と偏微分方程式に分けられる．**常微分方程式**では独立変数は1つである．一方，**偏微分方程式**では独立変数は2つ以上あり，方程式に現われる導関数は偏微分になる．この章では常微分方程式だけを扱うので，単に微分方程式とよぶことにする．

微分方程式に含まれる導関数の最高階のものが n 階導関数であるとき，それを**n 階微分方程式**という．また，未知関数およびその導関数について1次の項しか含まないものを**線形**，そうでないものを**非線形**とよぶ．

微分方程式の解　微分方程式をみたす関数を**解**という．n 階微分方程式の一般解は，n 個の任意定数を含む解である．一般解における任意定数を特別な値にして得られる解を**特解**という．まず，**1階微分方程式**について述べる．

1. 変数分離形

$$\frac{dy}{dx} = f(x)g(y) \tag{3.1}$$

$g(y) \neq 0$ として，

$$\frac{dy}{g(y)} = f(x)dx$$

両辺を積分すれば，一般解

$$\int \frac{1}{g(y)}dy = \int f(x)dx + C \qquad (C\text{ は任意定数}) \tag{3.2}$$

を得る．$g(y_0)=0$ となる定数 y_0 があれば，$y=y_0$ は(3.1)の解である．

2. 線形微分方程式

$$\frac{dy}{dx} + p(x)y = q(x) \tag{3.3}$$

$$\frac{dy}{dx} + p(x)y = 0 \tag{3.4}$$

(3.4)を(3.3)の**同次**(または**斉次**(せいじ))**方程式**という．これに対して，(3.3)は**非同**

次(または**非斉次**)**方程式**とよばれる．(3.4)は変数分離形で，一般解は

$$y = Ce^{-\int p(x)dx} \qquad (C\text{ は任意定数}) \tag{3.5}$$

非同次方程式(3.3)は**定数変化法**を使って積分できる．

$$y = C(x)e^{-\int p(x)dx} \tag{3.6}$$

とおいて，(3.3)に代入すると

$$\frac{dC(x)}{dx} = q(x)e^{\int p(x)dx}$$

これを解いて，(3.6)に代入する．(3.3)の一般解は，

$$y = e^{-\int p(x)dx}\left(\int q(x)e^{\int p(x)dx}+C\right) \qquad (C\text{ は任意定数}) \tag{3.7}$$

3. 完全形　1階微分方程式

$$p(x, y)dx+q(x, y)dy = 0 \tag{3.8}$$

において，左辺がある関数 $u(x, y)$ の全微分になっているならば，**完全形**という．完全形であるならば，(3.8)は $du(x, y)=0$ と書けるので，一般解は

$$u(x, y) = C \qquad (C\text{ は任意定数}) \tag{3.9}$$

(3.8)が完全形であるための必要十分条件は

$$\frac{\partial p(x, y)}{\partial y} = \frac{\partial q(x, y)}{\partial x} \tag{3.10}$$

完全形でないときでも，適当な関数 $\lambda(x, y)$ を選んで，$\lambda(x, y)p(x, y)dx+\lambda(x, y)q(x, y)dy=0$ を完全形にできる．このような $\lambda(x, y)$ を**積分因子**という．

One Point ——**変数分離形**

変数分離形(3.1)を積分するとき，dy と dx を分けて式を変形した．このことは，ライプニッツの記号 $\dfrac{dy}{dx}$ が，(1) 導関数 $y'(x)$，(2) 微分 dy と微分 dx の比，の2つの意味を持っていることを用いている．

例題3.1　次の1階微分方程式の一般解を求めよ．そして，括弧内の条件をみたす特解を求めよ．

1)　$(1+x)\dfrac{dy}{dx}+y=0$　$(y(1)=4)$,　　2)　$\dfrac{dy}{dx}-y=x$　$(y(0)=2)$

3)　$(2xy+x\cos x+\sin x)dx+(x^2+1)dy=0$　$(y(0)=3)$

［**解**］ 1)　変数分離形である．方程式を

$$\frac{dy}{y}+\frac{dx}{x+1} = 0$$

と書いて，両辺を積分する．

$$\log|y|+\log|x+1| = C_1 \quad (C_1 \text{は任意定数})$$

新たに，任意定数を $C_1=\log|C|$ とおく．

$$y(x+1) = C \quad \text{または} \quad y = \frac{C}{x+1}$$

方程式は1階で任意定数を1つ含むので，これは一般解である．$x=1, y=4$ とおくと，$C=8$．よって，$y(1)=4$ をみたす特解は $y=8/(x+1)$．

2)　右辺を0とおいた同次方程式 $dy/dx-y=0$ は変数分離形なので，すぐに解けて $y=Ce^x$．定数変化法を用いる．

$$y(x) = C(x)e^x \tag{1}$$

とおき，微分方程式 $dy/dx-x=y$ に代入すると，

$$\frac{dC}{dx} = xe^{-x}$$

よって，

$$C(x) = \int xe^{-x}dx = -(1+x)e^{-x}+C \tag{2}$$

これを(1)に代入して，一般解

$$y(x) = -(1+x)+Ce^x \qquad (C\text{は任意定数}) \tag{3}$$

を得る．一般解で $x=0$, $y=2$ とおくと，$C=3$．よって，$y(0)=2$ をみたす特解は，$y=-(1+x)+3e^x$．一般解(3)は，同次方程式の一般解 Ce^x と非同次方程式の特解 $-(1+x)$ の和に書かれていることに注意しよう．

3)　$\dfrac{\partial}{\partial y}(2xy+x\cos x+\sin x)=2x=\dfrac{\partial}{\partial x}(x^2+1)$

であるから，解くべき微分方程式は完全形である．よって，必ず $d(\cdots)=0$ の形にかける．実際，

$$(2xy+x\cos x+\sin x)dx+(x^2+1)dy = d(x^2y+x\sin x)-x^2dy+(x^2+1)dy$$
$$= d(x^2y+x\sin x+y) = 0$$

したがって，一般解は

$$(x^2+1)y+x\sin x = C \qquad (C\text{は任意定数})$$

$x=0$，$y=3$ とおくと，$C=3$．よって，$y(0)=3$ をみたす特解は

$$y = -\frac{x\sin x}{x^2+1}+\frac{3}{x^2+1}$$

例題 3.2 右図の RC 回路を流れる電流を $I(t)$ とする．キルヒホッフの法則により，電流 $I(t)$ は微分方程式

$$R\frac{dI}{dt}+\frac{1}{C}I = \frac{dV}{dt}$$

をみたす．

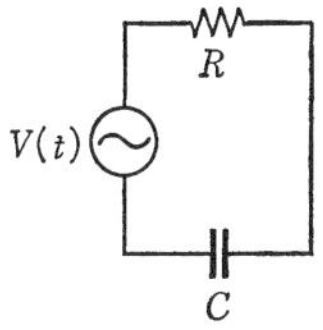

RC 回路

1) この微分方程式の一般解を求めよ．

2) 交流電圧 $V(t)=V_0\sin\omega t$ のときの一般解を求めよ．また，充分時間が経った後の様子を述べよ．

［解］ 1) 同次方程式 $RdI/dt+I/C=0$ の一般解は，A を任意定数として，$I(t)=Ae^{-t/RC}$ である．定数変化法を用いる．

$$I(t) = A(t)e^{-t/RC} \tag{1}$$

とおき，非同次方程式 $RdI/dt+I/C=dV/dt$ に代入すると，$A(t)$ に対する式として，

$$\frac{dA}{dt} = \frac{1}{R}\frac{dV}{dt}e^{t/RC}$$

を得る．これを積分して，

$$A(t) = \int\frac{1}{R}\frac{dV}{dt}e^{t/RC}dt+B \qquad (B\text{は任意定数}) \tag{2}$$

よって，一般解は，(1)と(2)より，

$$I(t) = Be^{-t/RC}+\frac{1}{R}e^{-t/RC}\int e^{t/RC}\frac{dV}{dt}dt \tag{3}$$

2) $V(t)=V_0\sin\omega t$ だから，$dV/dt=V_0\omega\cos\omega t$．これを，(3)に代入して

$$I(t) = Be^{-t/RC}+\frac{1}{R}e^{-t/RC}\int e^{t/RC}V_0\omega\cos\omega t dt$$

$$= Be^{-t/RC} + \frac{\omega V_0 C}{1+(\omega RC)^2}\{\cos\omega t + \omega RC\sin\omega t\}$$

$$= Be^{-t/RC} + \frac{\omega V_0 C}{\sqrt{1+(\omega RC)^2}}\sin(\omega t - \delta) \tag{4}$$

ここで，$\delta = -\tan^{-1}(1/\omega RC)$．(4)は任意定数 B を含み，一般解である．時間とともに第1項は速やかに減少して，定常的な正弦振動がのこる．すなわち，初期条件の影響は，充分時間が経つとなくなってしまう．加えられた交流電圧 $V_0\sin\omega t$ と比べて，定常的な正弦振動の位相は δ だけ遅れていることに注意しよう．

問　題 3-1

[1] 次の微分方程式の一般解を求めよ．以下で，a, b, c は定数である．

(1) $\dfrac{dy}{dx} = x(2-y)$　　(2) $y^2\dfrac{dy}{dx} = -x^2$

(3) $\dfrac{dy}{dx} + ay = b$　　(4) $\dfrac{dy}{dx} = 1-y^2$

(5) $\dfrac{dy}{dx} - \dfrac{2y}{x} = x^2$　　(6) $\dfrac{dy}{dx} + 4y = e^{3x}$

(7) $\dfrac{dy}{dx} + (\tan x)y = 2x\cos x$　　(8) $\dfrac{dy}{dx} + ay = 2a\cos ax$

(9) $(ax+by)dx + (bx+cy)dy = 0$　　(10) $\{x+(x^2+y^2)x^3\}dx + ydy = 0$

(11) $ydx + (-2x+4y^4+y^3)dy = 0$

[2] $dy/dx = f(y/x)$ の形の微分方程式を**同次形**という．未知関数を y から $u=y/x$ に変換すれば，変数分離形となり，解けることを示せ．

[3] 放射性原子核は，その数に比例して崩壊する．半減期(1/2 に減少する時間)を T とすると，時刻 t にはどれだけ存在するかを調べよ．

[4] 物体の温度は，周囲との温度差に比例して変化する(**ニュートンの冷却の法則**)．25°C に保たれた部屋で実験するとしよう．ある物体が 90°C から 60°C になるのに 30 分かかったとすると，1時間後には何度になっているか．

3-2　2階微分方程式

階数の引き下げ　2階微分方程式は，次の場合にはその階数を引き下げ，1階微分方程式にすることができる．1階方程式に対しては，前節の方法が利用できる．2階方程式の一般解は，2つの任意定数を含む．

1)　$F(x, y', y'')=0$，すなわち微分方程式に y が含まれていないとき，$y'=p$ とおくと，$y''=dp/dx$ であるから，

$$F(x, p, p') = 0 \tag{3.11}$$

これは，p について1階の微分方程式である．(3.11)を積分して，$p=\varphi(x, C)$ (C は任意定数) が得られたとする．$p=dy/dx$ だから，一般解は

$$y = \int \varphi(x, C)dx + C' \qquad (C, C' \text{ は任意定数}) \tag{3.12}$$

2)　$F(y, y', y'')=0$，すなわち微分方程式に x が含まれていないとき，$y'=p$ とおくと，$y''=dp/dx=dp/dy\cdot dy/dx=pdp/dy$ であるから，

$$F\left(y, p, p\frac{dp}{dy}\right) = 0 \tag{3.13}$$

これは，y を独立変数として p に対する1階微分方程式である．(3.13)を積分して，$p=dy/dx=\varphi(y, C)$ (C は任意定数) が得られたとすれば，一般解は

$$x = \int \frac{dy}{\varphi(y, C)} + C' \qquad (C, C' \text{ は任意定数}) \tag{3.14}$$

まったく同じ方法が高階方程式に対して応用でき，その階数を1階下げられることは明らかであろう．

2階線形微分方程式　未知関数 $y(x)$ とその導関数 $y'(x), y''(x)$ について，線形(1次)の微分方程式

$$L(y) \equiv y'' + p(x)y' + q(x)y = f(x) \tag{3.15}$$

を**2階線形微分方程式**という．$f(x)\equiv 0$ のときは同次(斉次)方程式，$f(x)\not\equiv 0$ のときは非同次(非斉次)方程式とよばれる．$f(x)$ は非同次(非斉次)項という．

2階同次線形方程式　2階同次線形方程式

$$L(y) \equiv y''+p(x)y'+q(x)y = 0 \tag{3.16}$$

について考える．y_1 と y_2 が解ならば，C_1 と C_2 を任意定数として，$y=C_1y_1+C_2y_2$ も解である．すなわち，解の1次結合もまた解である(**重ね合わせの原理**)．

微分方程式(3.16)の2つの解を y_1, y_2 とする．少なくとも一方が0でない定数 C_1 と C_2 とに対して，$C_1y_1+C_2y_2=0$ が恒等的に成り立つならば，y_1 と y_2 は**1次従属**であるという．$C_1=C_2=0$ の場合に限って $C_1y_1+C_2y_2=0$ が成立するとき，**1次独立**という．解 y_1 と y_2 が1次独立であるための必要十分条件は，

$$\varDelta(x) = \begin{vmatrix} y_1 & y_2 \\ y_1' & y_2' \end{vmatrix} = y_1y_2'-y_1'y_2 \neq 0 \tag{3.17}$$

行列式 $\varDelta(x)$ は，**ロンスキー行列式**または**ロンスキアン**とよばれる．1次独立な y_1, y_2 を**基本解**，その組 $\{y_1, y_2\}$ を**解の基本系**という．

解の基本系 $\{y_1, y_2\}$ を使って，一般解は $y=C_1y_1+C_2y_2$ と表わされる．そして，任意定数 C_1, C_2 を適当に選ぶことにより，初期条件 $y(x_0)=y_0$，$y'(x_0)=y_0'$ をみたす解をただ1つ作ることができる(解の一意性)．

2階非同次線形方程式　2階非同次線形方程式

$$L(y) = y''+p(x)y'+q(x)y = f(x) \tag{3.18}$$

について考える．同次方程式 $L(y)=0$ の2つの独立な解 y_1, y_2 が求められたとする．定数変化法により，(3.18)の一般解は，A_1 と A_2 を任意定数として，

$$y(x) = A_1y_1+A_2y_2-y_1\int\frac{f(x)y_2}{\varDelta}dx+y_2\int\frac{f(x)y_1}{\varDelta}dx \tag{3.19}$$

と求まる．(3.19)は2つの部分からなっている．初めの2項は同次方程式の一般解であり，非同次項 $f(x)$ をまったく含まない．後の2項は非同次方程式の特解である．一般に，非同次線形微分方程式の一般解は，同次方程式の一般解に非同次方程式の特解を加えたものである．

例題3.3　次の微分方程式を解け．m は定数とする．

1)　$y''+3y'=6x$,　　2)　$y''-\dfrac{2}{y-2}y'^2=0$,　　3)　$m\dfrac{d^2y}{dt^2}=F(y)$

［解］　1)　微分方程式には y が含まれていない．$y'=p$ とおく．与えられた方程式は

$$p'+3p = 6x \tag{1}$$

これは1階方程式である．定数変化法を用いる．$p(x)=C(x)e^{-3x}$ とおいて，(1)式に代入すると，$dC/dx=6xe^{3x}$．よって，$C(x)=\left(2x-\dfrac{2}{3}\right)e^{3x}+C_1$，すなわち，

$$p(x) = \frac{dy}{dx} = 2x-\frac{2}{3}+C_1e^{-3x} \tag{2}$$

もう一度積分して，一般解 $y(x)=x^2-\dfrac{2}{3}x-\dfrac{1}{3}C_1e^{-3x}+C_2$ (C_1, C_2 は任意定数) を得る．

2)　微分方程式には x が含まれていない．$y'=p$ とおくと，$y''=dp/dx=dp/dy\cdot dy/dx=pdp/dy$ だから，与えられた方程式は

$$p\frac{dp}{dy}-\frac{2}{y-2}p^2 = 0 \tag{3}$$

(3)は，$dp/p-2dy/(y-2)=0$ と変数分離形であるので，

$$\log|p|-2\log|y-2| = C, \qquad p = \frac{dy}{dx} = C_1(y-2)^2 \tag{4}$$

(4)は再び変数分離形であるので積分できて，$-1/(y-2)=C_1x+C_2$．すなわち，

$$y(x) = 2-\frac{1}{C_1x+C_2} \qquad (C_1, C_2 \text{ は任意定数})$$

3)　$v=dy/dt$ とおくと，$d^2y/dt^2=vdv/dy$ であるから，与えられた方程式は，

$$mv\frac{dv}{dy} = F(y) \tag{5}$$

これを積分すると

$$\frac{1}{2}mv^2-\int^y F(y)dy = \text{定数} = E \tag{6}$$

$V(y)=-\displaystyle\int^y F(y)dy$ とおくと，上の式は $\dfrac{1}{2}mv^2+V(y)=E$．$v=dy/dt$ と書きなおして積分すると，一般解は

$$\sqrt{\frac{m}{2}}\int^y \frac{dy}{\sqrt{E-V(y)}} = \pm(t+C) \qquad (E, C \text{ は任意定数}) \tag{7}$$

と表わされる．この問題は，1次元の力学であり，$V(y)$ は**ポテンシャル・エネルギー**とよばれる．

例題 3.4 2 階非同次(非斉次)方程式

$$L(y) \equiv y''+p(x)y'+q(x)y = f(x) \tag{1}$$

の一般解は，同次(斉次)方程式の 2 つの独立な解 y_1, y_2 を使って，

$$y(x) = A_1y_1+A_2y_2-y_1\int\frac{f(x)y_2}{\varDelta}dx+y_2\int\frac{f(x)y_1}{\varDelta}dx \tag{2}$$

$$\varDelta(x) = y_1y_2'-y_1'y_2 \tag{3}$$

と求められることを示せ.

［**解**］ 定数変化法を用いる. $y(x)=C_1(x)y_1(x)+C_2(x)y_2(x)$ とおく. 未知関数は $C_1(x)$ と $C_2(x)$ の 2 つであり，微分方程式(1)は 1 つの条件しか与えないので，条件

$$y_1C_1'(x)+y_2C_2'(x) = 0 \tag{4}$$

をつけ加える. $y(x)=C_1(x)y_1(x)+C_2(x)y_2(x)$ を微分して，(4)を用いると，

$$y' = C_1y_1'+C_2y_2'$$
$$y'' = C_1y_1''+C_2y_2''+C_1'y_1'+C_2'y_2'$$

これらを微分方程式に代入すると，

$$\begin{aligned} y''+p(x)y'+q(x)y &= C_1\{y_1''+p(x)y_1'+q(x)y_1\}+C_2\{y_2''+p(x)y_2'+q(x)y_2\} \\ &\quad +y_1'C_1'+y_2'C_2' \\ &= f(x) \end{aligned} \tag{5}$$

ところが，y_1, y_2 は同次方程式の解であるから，上の式で，｛ ｝内はともに 0 である. よって，(5)より，

$$y_1'C_1'(x)+y_2'C_2'(x) = f(x) \tag{6}$$

仮定により，y_1 と y_2 は独立な解であるから，$\varDelta=y_1y_2'-y_1'y_2$ は 0 でない. したがって，連立方程式(4)と(6)より，

$$C_1'(x) = \frac{1}{\varDelta}\begin{vmatrix} 0 & y_2 \\ f(x) & y_2' \end{vmatrix} = -\frac{1}{\varDelta}f(x)y_2(x)$$

$$C_2'(x) = \frac{1}{\varDelta}\begin{vmatrix} y_1 & 0 \\ y_1' & f(x) \end{vmatrix} = \frac{1}{\varDelta}f(x)y_1(x)$$

上の式を積分すると，

$$\left.\begin{aligned} C_1(x) &= -\int\frac{f(x)y_2(x)}{\varDelta}dx+A_1 \qquad (A_1\text{ は任意定数}) \\ C_2(x) &= \int\frac{f(x)y_1(x)}{\varDelta}dx+A_2 \qquad (A_2\text{ は任意定数}) \end{aligned}\right\} \tag{7}$$

(7)を $y(x)=C_1(x)y_1(x)+C_2(x)y_2(x)$ に代入すれば，証明すべき公式(2)を得る.

問　題 3-2

[1] 次の微分方程式の一般解を求めよ.

(1) $y''=a\sqrt{1+y'^2}$ 　(a は定数)　　(2) $xy''+y'=2e^x(1+x)$

(3) $3yy''=y'^2$　　(4) $\dfrac{d^6y}{dx^6}-\dfrac{1}{x}\dfrac{d^5y}{dx^5}=0$

[2] 次の非同次方程式の一般解を求めよ. (　)内は, 同次方程式の独立な解を表わす.

(1) $y''-\dfrac{3}{x}y'+\dfrac{3}{x^2}y=x^3$ 　　$(x,\ x^3)$

(2) $y''+\dfrac{1}{x}y'-\dfrac{1}{x^2}y=x^3+2x$ 　　$\left(x,\ \dfrac{1}{x}\right)$

(3) $xy''-(3x+1)y'+(2x+1)y=x^2e^{3x}$ 　　$(e^x,\ (x-1)e^{2x})$

[3] 抵抗が(1)速度に比例する場合, (2)速度の 2 乗に比例する場合, 物体の落下の様子を調べよ. 質量を m, 重力加速度を g, 抵抗係数を k とすると, 運動方程式はそれぞれ,

(1) $m\ddot{y}=mg-k\dot{y}$, 　(2) $m\ddot{y}=mg-k\dot{y}^2$

で与えられる.

[4] 2 階線形微分方程式 $y''+p(x)y'+q(x)y=f(x)$ の一般解は, 同次方程式の独立な解 y_1, y_2 を使い, **グリーン関数**とよばれる 2 変数関数

$$G(x,z)=\begin{cases} y_1(x)y_2(z)/\Delta(z) & (a\leqq x\leqq z\leqq b) \\ y_1(z)y_2(x)/\Delta(z) & (a\leqq z\leqq x\leqq b)\end{cases}$$

を定義することによって,

$$y(x)=C_1y_1(x)+C_2y_2(x)+\int_a^b G(x,z)f(z)dz$$

と与えられることを示せ. ただし, $\Delta(x)=y_1(x)y_2'(x)-y_1'(x)y_2(x)$ である.

3-3　定数係数の2階線形微分方程式

定数係数の2階同次線形方程式　微分方程式

$$y''(x)+2ay'(x)+by(x) = 0 \qquad (a, b \text{は定数}) \tag{3.20}$$

において，$y(x)=e^{\lambda x}$ とおくと，

$$\lambda^2+2a\lambda+b = 0 \tag{3.21}$$

を得る．これを，**特性方程式**という．特性方程式の根の性質により，微分方程式(3.20)の解は，次の3つの場合に分類される．

1)　相異なる実根 λ_1, λ_2 の場合．$y_1=e^{\lambda_1 x}$ と $y_2=e^{\lambda_2 x}$ は1次独立な解であり，解の基本系をつくる．一般解は，$y=C_1e^{\lambda_1 x}+C_2e^{\lambda_2 x}$.

2)　複素共役な根 $\lambda_1=k+il$, $\lambda_2=\lambda_1{}^*=k-il$ の場合．$y_1=e^{\lambda_1 x}$ と $y_2=e^{\lambda_2 x}$ は1次独立な解であり，解の基本系をつくる．一般解は,

$$\begin{aligned} y &= C_1e^{(k+il)x}+C_2e^{(k-il)x} \\ &= Ae^{kx}\cos lx+Be^{kx}\sin lx \end{aligned}$$

3)　重根 $\lambda_1=\lambda_2$ の場合．特性方程式(3.21)は，$b=a^2$ のとき，重根 $\lambda_1=\lambda_2=-a$ を持つ．1次独立な解は，$y_1=e^{-ax}$ と $y_2=xe^{-ax}$ であり，解の基本系をつくる．一般解は，$y(x)=(C_1+C_2x)e^{-ax}$.

定数係数の2階非同次線形方程式　微分方程式

$$y''+2ay'+by = f(x) \qquad (a, b \text{は定数}) \tag{3.22}$$

の一般解は，同次方程式(3.20)の2つの独立な解 y_1 と y_2 を使い，

$$y(x) = A_1y_1+A_2y_2-y_1\int\frac{f(x)y_2}{\varDelta}dx+y_2\int\frac{f(x)y_1}{\varDelta}dx \tag{3.23}$$

ただし，$\varDelta=y_1y_2'-y_1'y_2$.

例題3.5　次の線形微分方程式の一般解を求めよ．

1)　$y''-4y=0$,　　2)　$y''-4y=e^{2x}$,　　3)　$y''+4y=0$

［**解**］　1)　$y=e^{\lambda x}$ とおいて，与えられた方程式に代入すると，

$$(\lambda^2-4)e^{\lambda x} = 0$$

$e^{\lambda x}\neq 0$ だから，特性方程式 $\lambda^2-4=0$ を得る．2つの根 $\lambda_1=2$, $\lambda_2=-2$ に対応して，解 $y_1=e^{2x}$, $y_2=e^{-2x}$ が求まる．ロンスキー行列式

$$\Delta(y_1, y_2) \equiv y_1y_2'-y_1'y_2 = e^{2x}(-2)e^{-2x}-2e^{2x}e^{-2x} = -4 \neq 0$$

であるから，y_1 と y_2 は1次独立な解であり，解の基本系をつくる．一般解は，

$$y(x) = C_1e^{2x}+C_2e^{-2x} \qquad (C_1, C_2 \text{ は任意定数})$$

2)　同次方程式 $y''-4y=0$ は，上で解かれていて，その独立な解は，$y_1=e^{2x}$, $y_2=e^{-2x}$ である．また，上で計算したように，ロンスキー行列式は $\Delta=y_1y_2'-y_1'y_2=-4$．よって，与えられた非同次方程式の一般解は，$f(x)=e^{2x}$ として，

$$\begin{aligned}
y(x) &= A_1y_1+A_2y_2-y_1\int\frac{f(x)y_2}{\Delta}dx+y_2\int\frac{f(x)y_1}{\Delta}dx \\
&= A_1e^{2x}+A_2e^{-2x}-e^{2x}\int^x\frac{e^{2x}e^{-2x}}{-4}dx+e^{-2x}\int^x\frac{e^{2x}e^{2x}}{-4}dx \\
&= A_1e^{2x}+A_2e^{-2x}+\frac{1}{4}xe^{2x}-\frac{1}{16}e^{2x} \\
&= C_1e^{2x}+C_2e^{-2x}+\frac{1}{4}xe^{2x} \qquad (C_1, C_2 \text{ は任意定数})
\end{aligned}$$

任意定数の書きかえを行なったことに注意する．

3)　特性方程式は $\lambda^2+4=0$．複素共役な2根 $\lambda_1=2i$, $\lambda_2=-2i$ を得る．$y_1=e^{2ix}$, $y_2=e^{-2ix}$ は1次独立な解であり，解の基本系をつくる．一般解は，

$$y(x) = C_1e^{2ix}+C_2e^{-2ix} \qquad (C_1, C_2 \text{ は任意定数})$$

また，オイラーの公式 $e^{iax}=\cos ax+i\sin ax$ を用いると，

$$\begin{aligned}
y(x) &= C_1(\cos 2x+i\sin 2x)+C_2(\cos 2x-i\sin 2x) \\
&= A\cos 2x+B\sin 2x \qquad (A, B \text{ は任意定数})
\end{aligned}$$

と書ける．はじめから，$y_1=\cos 2x$, $y_2=\sin 2x$ が解の基本系であると考えて，一般解を書いてもよい．

問　題 3-3

[1] 次の微分方程式の一般解を求めよ.

(1) $y''-2y'-3y=0$　　(2) $y''-2y'+3y=0$

(3) $y''+y=0$　　(4) $y''-4y'+4y=0$

[2] 次の微分方程式の一般解を求めよ.

(1) $y''-5y'+6y=(2x+3)e^{3x}$　　(2) $y''+a^2y=\cos bx \quad (a \neq b)$

(3) $y''-2y'+y=x+2\sin x$　　(4) $y''+4y=4\cos 2x$

(5) $x^2y''-2y=3\left(x^2-\dfrac{1}{x}\right)$

[3] $y''+p(x)y'+q(x)y=0$ の 1 つの解 $y_1(x)$ がわかった場合，一般解は,

$$y(x) = c_1y_1\int\frac{1}{{y_1}^2}e^{-\int p(x)dx}dx+c_2y_1$$

で与えられることを示せ. c_1 と c_2 は任意定数.

One Point ——初期値問題

微分方程式を具体的な問題に応用するときは，あらかじめ与えられた条件をみたす特解が必要となる. 例えば，時間 $t=0$ で質点の位置と速度を与え，その後の位置と速度をニュートンの運動方程式によって調べる. このように，独立変数の 1 点 $(t=0)$ で従属変数やその導関数の値(初期条件)が与えられたとき，それをみたす解を $t>0$ で求める問題を**初期値問題**という. 初期値問題はコーシー(A. L. Cauchy)によって系統的に調べられたので，**コーシー問題**ともよばれる. n 階微分方程式の一般解は n 個の任意定数を持つから，これらを選ぶことによって，初期条件をみたす解をつくることができる.

Coffee Break　現代解析学の父

コーシー(A. L. Cauchy, 1789–1859)は，フランス革命の年にパリで生まれた．1793～1794年のフランス革命の恐怖を避けるために，一家はアルクイユ村に移った．隣人にはラプラスがいたという．

1805年16歳のときエコール・ポリテクニクに入学し，2年後に土木学校に移った．卒業して土木技師になり運河や橋の工事，さらにシェルブール要塞の構築に従事した．シェルブール行きのかばんのなかには，ラプラスの『天体力学』，ラグランジュの『解析関数論』を含めて計4冊の本しか入っていなかったという．1813年に健康を害し，パリに戻り数学に専念することとなった．1816年にアカデミーの会員になり，またエコール・ポリテクニクの教授となった．弱冠27歳のときである．1830年の7月革命には新政権への忠誠宣誓を拒否し，国外に亡命することとなる．トリノ大学数理物理学の教授，プラハでシャルル10世の皇太子の家庭教師を勤め，1838年ついにパリに戻り，エコール・ポリテクニクの教授に復職した．そして，1848年から1852年までソルボンヌ大学の教授を勤めた．少し略歴の紹介が長くなったのは，当時の政治的動乱がコーシーの人生に与えた影響を記してみたかったからである．

コーシーの業績は「現代解析学の父」とよばれるにふさわしい．関数，無限小，連続，定積分，級数の収束を定義し，解析学の基礎づけを行なった．いわゆる ε–δ 法を導入している．微分方程式への貢献では，解の存在定理を論じ，微分方程式論を築きはじめた．コーシーのもっとも大きな貢献は複素関数論である．積分公式，留数定理を証明し，1851年に「正則」の概念を確立した．

コーシーは，8冊の書と789編にのぼる論文を発表した．Comptes rendueには毎週彼の論文が掲載され，「4頁以内」という制限が設けられたのは，彼の投稿に対処するためであったと伝えられる．また不幸なことに，2人の若き天才ガロアとアーベルの論文を失くしてしまった失敗がある．

3-4 振動

単振動 バネ定数を k，質点の質量を m，平衡点からの変位を x で表わす．バネにつながれた質点に対する運動方程式は

$$m\ddot{x}+kx = 0 \tag{3.24}$$

特性方程式は $m\lambda^2+k=0$ であり，$\omega_0=\sqrt{k/m}$ として，$\lambda=\pm i\omega_0$ が根である．よって，2つの独立な解は，$e^{i\omega_0 t}$ と $e^{-i\omega_0 t}$，または $\cos\omega_0 t$ と $\sin\omega_0 t$ であり，(3.24)の一般解は

$$\begin{aligned} x(t) &= A\cos\omega_0 t+B\sin\omega_0 t \\ &= C\sin(\omega_0 t+\delta) \qquad (C=\sqrt{A^2+B^2},\ \tan\delta=A/B) \end{aligned} \tag{3.25}$$

2行目の表式で，C を**振幅**，δ を**初期位相**という．

コイル L とコンデンサー C を直列につないだ LC の回路は，(3.24)と同じ形の方程式を与える．回路を流れる電流を $I(t)$ とすれば，$L\ddot{I}+I/C=0$ で，$\omega_0=1/\sqrt{LC}$ として，一般解は(3.25)と全く同じである．

減衰振動 (3.24)で，速度に比例する摩擦力(摩擦係数 b)がはたらくとすると，運動方程式は

$$m\ddot{x} = -kx-b\dot{x} \tag{3.26}$$

$\gamma=b/2m$，$\omega_0=\sqrt{k/m}$ とおくと，特性方程式は $m(\lambda^2+2\gamma\lambda+\omega_0{}^2)=0$ であり，その根は $\lambda=-\gamma\pm\sqrt{\gamma^2-\omega_0{}^2}$．一般解は

i) $\gamma>\omega_0$(過減衰) $x(t) = e^{-\gamma t}(C_1 e^{t\sqrt{\gamma^2-\omega_0{}^2}}+C_2 e^{-t\sqrt{\gamma^2-\omega_0{}^2}})$

ii) $\gamma=\omega_0$(臨界減衰) $x(t) = e^{-\gamma t}(C_1+tC_2)$

iii) $\gamma<\omega_0$(減衰振動) $x(t) = e^{-\gamma t}(C_1\cos t\sqrt{\omega_0{}^2-\gamma^2}+C_2\sin t\sqrt{\omega_0{}^2-\gamma^2})$

抵抗 R，コイル L，コンデンサー C を直列につないだ RLC 回路は，(3.26)と同じ形の方程式を与える．回路を流れる電流を $I(t)$ とすれば，$L\ddot{I}+R\dot{I}+I/C=0$．したがって，$R>2\sqrt{L/C}$ のとき過減衰，$R=2\sqrt{L/C}$ のとき臨界減衰，$R<2\sqrt{L/C}$ のとき減衰振動になる．

例題 3.6 1) 外力 $F(t)=F_0\sin\omega t$ が作用する場合の単振動の運動方程式(**強制振動**)

$$m\ddot{x}+kx = F_0\sin\omega t \tag{1}$$

の一般解を求めよ. ただし, $\omega\neq\omega_0=\sqrt{k/m}$.

2) $\omega=\omega_0$ の場合の一般解を求めよ.

［**解**］ 1) (1)式の同次方程式 $m\ddot{x}+kx=0$ の 2 つの独立な解は, $x_1(t)=\cos\omega_0 t$, $x_2(t)=\sin\omega_0 t$ である. 非同次方程式(1), すなわち, $\ddot{x}+\omega_0{}^2x=(F_0/m)\sin\omega t$ の一般解は, 定数変化法によって得られた公式(3.19)により,

$$x(t) = A_1x_1+A_2x_2-x_1\int\frac{f(t)x_2}{\Delta}dt+x_2\int\frac{f(t)x_1}{\Delta}dt \tag{2}$$

$$\Delta(t) = x_1\dot{x}_2-\dot{x}_1x_2, \qquad f(t) = (F_0/m)\sin\omega t$$

で与えられる.

$$\Delta(t) = x_1\dot{x}_2-\dot{x}_1x_2 = \omega_0$$

$$\int\frac{f(t)x_1}{\Delta}dt = -\frac{F_0}{2m\omega_0}\left\{\frac{\cos(\omega+\omega_0)t}{\omega+\omega_0}+\frac{\cos(\omega-\omega_0)t}{\omega-\omega_0}\right\}$$

$$\int\frac{f(t)x_2}{\Delta}dt = \frac{F_0}{2m\omega_0}\left\{\frac{\sin(\omega-\omega_0)t}{\omega-\omega_0}-\frac{\sin(\omega+\omega_0)t}{\omega+\omega_0}\right\}$$

これらを, (2)に代入して整理すると,

$$x(t) = A_1\cos\omega_0 t+A_2\sin\omega_0 t+\frac{F_0}{m(\omega_0{}^2-\omega^2)}\sin\omega t \tag{3}$$

第3項は, 分母に $(\omega_0{}^2-\omega^2)$ があるので, $\omega\approx\omega_0$ のときには振幅が非常に大きくなる. これを, **共鳴**または共振という.

2) 定数変化法を使って,

$$\ddot{x}+\omega_0{}^2x = (F_0/m)\sin\omega_0 t \tag{4}$$

を解く. $x_1(t)=\cos\omega_0 t$, $x_2(t)=\sin\omega_0 t$ として, $x(t)=C_1(t)x_1+C_2(t)x_2$ とおく. 求める未知関数は $C_1(t), C_2(t)$ の 2 つであるが, 条件式は(4)の 1 つしかないので,

$$\dot{C}_1(t)x_1(t)+\dot{C}_2(t)x_2(t) = 0 \tag{5}$$

という条件をつける. $x(t)=C_1(t)x_1+C_2(t)x_2$ を(4)に代入し, (5)と $x_1(t), x_2(t)$ の具体形を用いると,

$$-\dot{C}_1(t)x_2(t)+\dot{C}_2(t)x_1(t) = (F_0/m\omega_0)\sin\omega_0 t \tag{6}$$

連立方程式(5)と(6)から, $\dot{C}_1(t), \dot{C}_2(t)$ を求め, それらを積分して

$$C_1(t) = -\frac{F_0}{2m\omega_0}t+\frac{F_0}{4m\omega_0{}^2}\sin 2\omega_0 t+C_1$$

$$C_2(t) = -\frac{F_0}{4m\omega_0^2}\cos 2\omega_0 t + C_2 \qquad (C_1, C_2 \text{は任意定数}) \tag{7}$$

よって，(4)の一般解は，

$$x(t) = \left(C_1 - \frac{F_0}{2m\omega_0}t\right)\cos\omega_0 t + \left(C_2 + \frac{F_0}{4m\omega_0^2}\right)\sin\omega_0 t \tag{8}$$

この解は，振幅が時間に比例して増大する振動(**共鳴振動**)を表わしている．

問　題 3-4

[1] 次の微分方程式の一般解を求めよ．

(1) $\ddot{x}+\omega_0^2 x=0$　　(2) $\ddot{x}+\omega_0^2 x=\cos\omega t$　$(\omega\neq\omega_0)$

(3) $\ddot{x}+\omega^2 x=\cos\omega t$　　(4) $\ddot{x}+6\dot{x}+13x=0$

(5) $\ddot{x}+6\dot{x}+9x=0$　　(6) $\ddot{x}+6\dot{x}+8x=0$

(7) $\ddot{x}+8\dot{x}+20x=\cos\omega t$

[2] 次の初期値問題を解き，$x(t)$ を図示せよ．

(1) $\ddot{x}+\frac{1}{5}\dot{x}+9\frac{1}{100}x=0$　　$\left(x(0)=2,\ \dot{x}(0)=-\frac{1}{5}\right)$

(2) $\ddot{x}+2\dot{x}+10x=0$　　$(x(0)=2,\ \dot{x}(0)=-2)$

(3) $\ddot{x}+\frac{2}{5}\dot{x}+\frac{1}{25}x=0$　　$(x(0)=2,\ \dot{x}(0)=0)$

(4) $\ddot{x}+2\dot{x}+\frac{3}{4}x=0$　　$(x(0)=2,\ \dot{x}(0)=0)$

[3] (1) 図の RCL 直列回路で，コンデンサーの両極板に帯電している電気量を $\pm Q(t)$ とする，スイッチSがつながっているとき，$Q(t)$ は微分方程式 $L\ddot{Q}+R\dot{Q}+(1/C)Q=0$ をみたすことを示せ．

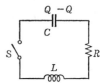

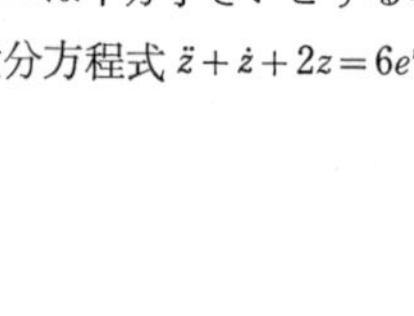

(2) コンデンサーに $\pm Q_0$ が帯電した状態で，$t=0$ にスイッチを入れる．回路に流れる電流 $I(t)$ を求めよ．ただし，抵抗 R は十分小さいとする．

[4] 次のようにして，$\ddot{x}+\dot{x}+2x=6\cos t$ の特解を求めよ．微分方程式 $\ddot{z}+\dot{z}+2z=6e^{it}$ に $z=Ae^{it}$ を代入して A を求め，特解 $x_p(t)=\mathrm{Re}\, z$ を得る．

3-5 連成振動

2つ以上の振動子が互いに作用を及ぼして行なう振動を**連成振動**という．運動方程式を

$$m_i\ddot{x}_i = -\sum_{j=1}^{n} k_{ij}x_j \qquad (i=1, 2, \cdots, n) \tag{3.27}$$

$$k_{ij} = k_{ji} \tag{3.28}$$

とする．単振動の解を仮定して，$x_j = a_j\cos(\omega t+\alpha)$，または，$x_j = a_j e^{i\omega t}$ を(3.27)に代入すると，a_j に対する連立方程式

$$\sum_{j=1}^{n}(k_{ij}-\omega^2 m_i\delta_{ij})a_j = 0 \qquad (i=1, 2, \cdots, n) \tag{3.29}$$

を得る．ここで，δ_{ij} はクロネッカーのデルタ記号．この方程式が自明でない解を持つためには，係数の作る行列式は0，すなわち，

$$|k_{ij}-\omega^2 m_i\delta_{ij}| = 0 \tag{3.30}$$

でなければならない．(3.30)は，ω^2 について n 次方程式で，その根を ω_α ($\alpha=1, 2, \cdots, n$)，$\omega=\omega_\alpha$ に対応する(3.29)の解を $a_j = a_j{}^{(\alpha)}$ とする．ω_α は固有値方程式(3.29)の固有値，$a_j{}^{(\alpha)}$ は対応する固有ベクトルの j 成分である．$x_j(t) = \sum_{\alpha=1}^{n} a_j{}^{(\alpha)} q_\alpha(t)$ とおき，(3.27)に代入し，(3.29)で $\omega=\omega_\alpha$，$a_j = a_j{}^{(\alpha)}$ とした式を用いると，

$$m_i\sum_{\alpha=1}^{n}\ddot{q}_\alpha a_i{}^{(\alpha)} = -\sum_{j=1}^{n}k_{ij}\sum_{\alpha=1}^{n}a_j{}^{(\alpha)}q_\alpha = -m_i\sum_{\alpha=1}^{n}\omega_\alpha{}^2 q_\alpha a_i{}^{(\alpha)} \tag{3.31}$$

固有ベクトル $a_i{}^{(\alpha)}$ は直交し $\left(\sum_{i=1}^{n} m_i a_i{}^{(\alpha)} a_i{}^{(\beta)} = \delta_{\alpha\beta}\right)$，1次独立であるから，

$$\ddot{q}_\alpha = -\omega_\alpha{}^2 q_\alpha \qquad (\alpha=1, 2, \cdots, n) \tag{3.32}$$

このように，単振動に帰着させる座標 q_α を**基準座標**，対応する角振動数 ω_α を**基準角振動数**という．

例題 3.7 2つの LC 回路が，右図のようにつながれている．インダクタンスを流れる電流をそれぞれ $I_1(t), I_2(t)$ とすると，

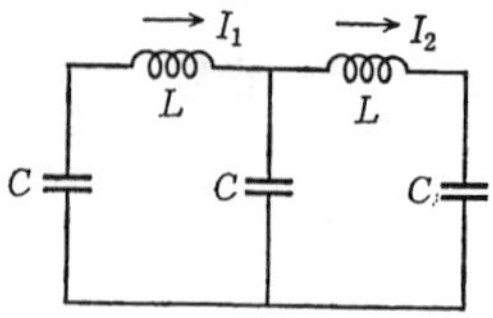

$$L\frac{d^2I_1}{dt^2} = -\frac{2}{C}I_1+\frac{1}{C}I_2, \qquad L\frac{d^2I_2}{dt^2} = \frac{1}{C}I_1-\frac{2}{C}I_2$$

この微分方程式を基準(規準)座標をみつけることによって解け．

［解］ $\omega_0=1/\sqrt{LC}$ とおく．与えられた微分方程式は，行列を使って，

$$\ddot{I} = -\omega_0{}^2AI \tag{1}$$

$$I = \begin{pmatrix} I_1 \\ I_2 \end{pmatrix}, \qquad A = \begin{pmatrix} 2 & -1 \\ -1 & 2 \end{pmatrix} \tag{2}$$

と書ける(I は単位行列ではないことに注意する)．対称行列 A を対角化し，基準座標を求める．行列 A の固有方程式は

$$D(\lambda) = \begin{vmatrix} 2-\lambda & -1 \\ -1 & 2-\lambda \end{vmatrix} = (\lambda-1)(\lambda-3) = 0 \tag{3}$$

よって，固有値は $\lambda_1=1$, $\lambda_2=3$ である．$\lambda_1=1$ に対する固有ベクトルは，

$$\begin{pmatrix} 2 & -1 \\ -1 & 2 \end{pmatrix}\begin{pmatrix} v_1{}^{(1)} \\ v_2{}^{(1)} \end{pmatrix} = \begin{pmatrix} v_1{}^{(1)} \\ v_2{}^{(1)} \end{pmatrix}$$

より，$v_1{}^{(1)}=v_2{}^{(1)}$．規格化(大きさを1)して，

$$v^{(1)} = \begin{pmatrix} v_1{}^{(1)} \\ v_2{}^{(1)} \end{pmatrix} = \frac{1}{\sqrt{2}}\begin{pmatrix} 1 \\ 1 \end{pmatrix} \tag{4}$$

同様に，$\lambda_2=3$ に対する固有ベクトルは，

$$v^{(2)} = \begin{pmatrix} v_1{}^{(2)} \\ v_2{}^{(2)} \end{pmatrix} = \frac{1}{\sqrt{2}}\begin{pmatrix} 1 \\ -1 \end{pmatrix} \tag{5}$$

行列 $V=(v^{(1)}, v^{(2)})$ は直交行列 ($V^{\mathrm{T}}=V^{-1}$) であり，行列 A は

$$V^{\mathrm{T}}AV = \begin{pmatrix} 1/\sqrt{2} & 1/\sqrt{2} \\ 1/\sqrt{2} & -1/\sqrt{2} \end{pmatrix}\begin{pmatrix} 2 & -1 \\ -1 & 2 \end{pmatrix}\begin{pmatrix} 1/\sqrt{2} & 1/\sqrt{2} \\ 1/\sqrt{2} & -1/\sqrt{2} \end{pmatrix}$$

$$= \begin{pmatrix} 1 & 0 \\ 0 & 3 \end{pmatrix} = \Lambda \tag{6}$$

と対角化される．この直交行列 V を使って新しい変数

$$Y = V^{\mathrm{T}}I, \qquad Y = \begin{pmatrix} y_1 \\ y_2 \end{pmatrix} \tag{7}$$

を導入すれば，

$$\ddot{Y} = V^{\mathrm{T}}\ddot{I} = V^{\mathrm{T}}(-\omega_0{}^2AI) = -\omega_0{}^2\Lambda Y \tag{8}$$

すなわち，y_1, y_2 は基準座標である．a, b, α, β を任意定数として，(8)の一般解は，

$$\begin{aligned} y_1 &= a\cos(\omega_1 t+\alpha) \qquad (\omega_1=\omega_0=1/\sqrt{LC}) \\ y_2 &= b\cos(\omega_2 t+\beta) \qquad (\omega_2=\sqrt{3}\,\omega_0=\sqrt{3/LC}) \end{aligned} \tag{9}$$

$I=VY$ より，元の従属変数では，

$$\begin{aligned} I_1 &= \frac{a}{\sqrt{2}}\cos(\omega_1 t+\alpha)+\frac{b}{\sqrt{2}}\cos(\omega_2 t+\beta) \\ I_2 &= \frac{a}{\sqrt{2}}\cos(\omega_1 t+\alpha)-\frac{b}{\sqrt{2}}\cos(\omega_2 t+\beta) \end{aligned} \tag{10}$$

問　題 3-5

[1]　バネでつながれた質量 m の2つの質点がある(右図)．つり合いの付近でバネの方向に振動させる．両側のバネのバネ定数を a，中央のバネのバネ定数を k とする．質点の平衡からのずれを，それぞれ x_1, x_2 で表わすと，運動方程式は，

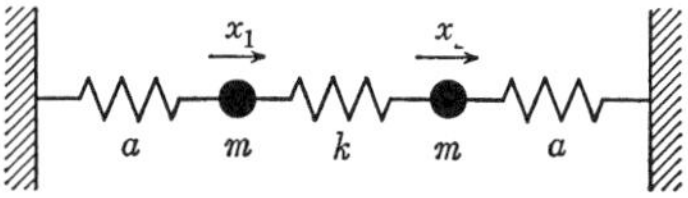

$$m\ddot{x}_1 = -ax_1+k(x_2-x_1), \qquad m\ddot{x}_2 = -ax_2-k(x_2-x_1)$$

で与えられる．

(1)　基準座標 q_1, q_2，基準角振動数 ω_1, ω_2 を求めよ．

(2)　基準振動の振動の様子を図示せよ．

(3)　基準座標では，運動エネルギー $K=\frac{1}{2}m(\dot{x}_1{}^2+\dot{x}_2{}^2)$，ポテンシャルエネルギー $U=\frac{1}{2}a(x_1{}^2+x_2{}^2)+\frac{1}{2}k(x_1-x_2)^2$ はどのように表わされるか．

[2]　2つのコイルの自己インダクタンスを L，コイル間の相互インダクタンスを M，2つのコンデンサーの電気容量をいずれも C とする．電流 I_1, I_2 を図のようにとると，次の微分方程式が成り立つ．

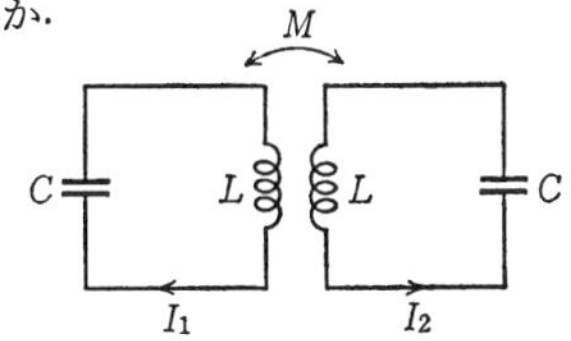

$$L\frac{d^2I_1}{dt^2}+M\frac{d^2I_2}{dt^2} = -\frac{1}{C}I_1, \qquad L\frac{d^2I_2}{dt^2}+M\frac{d^2I_1}{dt^2} = -\frac{1}{C}I_2$$

電流の基準振動を求めよ．

Coffee Break　ランダウの記号

本書では用いなかったが，無限小や無限大の様子，近似式の剰余等を表わすのに便利な記号がある．すでに使っている読者も多いかもしれない．

$x \to 0$ のとき，$|f(x)/g(x)|$ が x によらない定数で上から押えられる(**有界**という)とき，$f(x)$ と $g(x)$ は「同じ**位数**(order)にある」といって，

$$f(x) = O(g(x))$$

とかく．$f(x)/g(x) \to 0$ のときは，$f(x)$ は $g(x)$ よりも「低い位数にある」といって，

$$f(x) = o(g(x))$$

とかく．

例えば，級数 $f(x) = a_0 + a_1x + a_2x^2 + \cdots$ のとき，

$$f(x) = a_0 + a_1x + O(x^2)$$

というように用いる．この式は，$x \to 0$ のとき，$|\{f(x) - a_0 - a_1x\}/x^2|$ が有界であることを意味している．$x \to 0$ ではなく，$x \to \infty$ などの場合にも同じ記号が使われる．

これらの記号 O(大文字オー)，o(小文字オー)を**ランダウの記号**という．このランダウは，数学者のランダウ(E. Landau, 1877–1938)であり，物理学者のランダウ(L. D. Landau, 1908–1968)ではない．

物理の世界では，上で述べたような数学的意味でなくても，よくオーダーという言葉を用いる．例えば，銅や鉄などの電気抵抗率は $1 \sim 10 \times 10^{-8}\ \Omega \cdot \mathrm{m}$ であり，同じオーダーであるという．ところが，石英ガラスの電気抵抗率は $10^{16}\ \Omega \cdot \mathrm{m}$ 程度で全くオーダーが違う．

4

ベクトルの微分とベクトル微分演算子

物理現象を記述し議論するには，ベクトル量の時間発展や空間変化を取り扱わなければならない．そのために，微分法をベクトル関数やベクトル場に拡張する．ベクトル微分演算子とスカラー関数，または，ベクトル微分演算子とベクトル関数，の組み合わせによって，勾配，発散，回転等が得られる．これらの計算に慣れるとともに，物理的イメージをしっかりとつかんでもらいたい．

4-1 ベクトルの微分

ベクトル関数とその微分 ベクトル $\boldsymbol{A}$ が変数 t の関数であるとき，$\boldsymbol{A}(t)$ と書き，**ベクトル関数**とよぶ．$\boldsymbol{A}(t)$ の t に関する微分は，

$$\dot{\boldsymbol{A}}(t)=\frac{d\boldsymbol{A}}{dt}=\lim_{\Delta t\to 0}\frac{\boldsymbol{A}(t+\Delta t)-\boldsymbol{A}(t)}{\Delta t} \tag{4.1}$$

で与えられる．高階導関数も同様に定義される．ベクトル関数 $\boldsymbol{A}(t)$ を成分で書けば $\boldsymbol{A}(t)=A_x(t)\boldsymbol{i}+A_y(t)\boldsymbol{j}+A_z(t)\boldsymbol{k}$ で，$\boldsymbol{i},\boldsymbol{j},\boldsymbol{k}$ は一定なベクトルであるから，

$$\frac{d\boldsymbol{A}}{dt}=\frac{dA_x}{dt}\boldsymbol{i}+\frac{dA_y}{dt}\boldsymbol{j}+\frac{dA_z}{dt}\boldsymbol{k} \tag{4.2}$$

スカラー関数 $\phi(t)$，ベクトル関数 $\boldsymbol{A}(t),\boldsymbol{B}(t)$ の積の微分公式は，

1) $\dfrac{d}{dt}(\phi\boldsymbol{A})=\phi\dfrac{d\boldsymbol{A}}{dt}+\dfrac{d\phi}{dt}\boldsymbol{A},$ 2) $\dfrac{d}{dt}(\boldsymbol{A}\cdot\boldsymbol{B})=\boldsymbol{A}\cdot\dfrac{d\boldsymbol{B}}{dt}+\dfrac{d\boldsymbol{A}}{dt}\cdot\boldsymbol{B}$

3) $\dfrac{d}{dt}(\boldsymbol{A}\times\boldsymbol{B})=\boldsymbol{A}\times\dfrac{d\boldsymbol{B}}{dt}+\dfrac{d\boldsymbol{A}}{dt}\times\boldsymbol{B}$

運動の記述（運動学） 曲線 C 上のある点から測った弧の長さを s とする．点Pの位置ベクトルは $\boldsymbol{r}(s)$ で与えられる（図4-1）．このとき，$\boldsymbol{t}(s)=d\boldsymbol{r}(s)/ds$ は，曲線の点Pにおける**単位接線ベクトル**となる．また，曲線PQは，QがPに十分近ければ円の一部とみなせるので，その中心Mを**曲率中心**，$\kappa=d\theta/ds$ を**曲率**，$\rho=1/\kappa$ を**曲率半径**という．$d\boldsymbol{t}/ds$ と同じ向きの単位ベクトルを $\boldsymbol{n}$ とすれば，

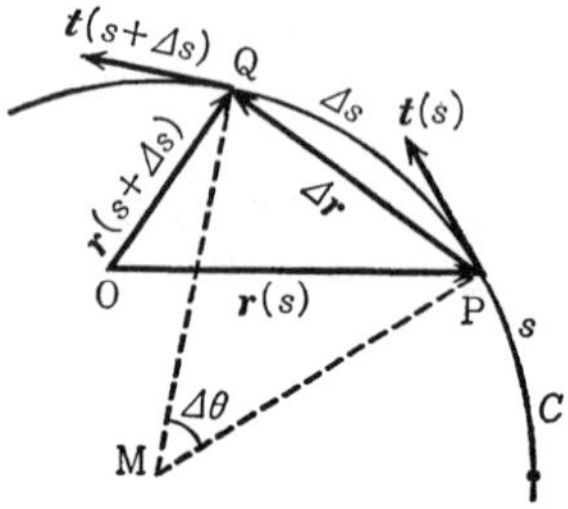

図 4-1

$$\frac{d\boldsymbol{t}}{ds}=\frac{d\theta}{ds}\,\frac{d\boldsymbol{t}}{d\theta}=\kappa\boldsymbol{n}=\frac{1}{\rho}\boldsymbol{n}$$

であり，$\boldsymbol{n}$ を曲線の点Pにおける**主法線ベクトル**という．

例題4.1　質点が時間 t につれて，空間曲線 $\boldsymbol{r}(s)$ 上を運動している（s は曲線上のある点から曲線に沿って測った弧の長さ）．曲線の単位接線ベクトルを $\boldsymbol{t}(s)$，主法線ベクトルを $\boldsymbol{n}(s)$ とすると，質点の速度ベクトル $\boldsymbol{v}(t)$，加速度ベクトル $\boldsymbol{a}(t)$ は，それぞれ

$$\boldsymbol{v} = v\boldsymbol{t}, \qquad \boldsymbol{a} = \frac{dv}{dt}\boldsymbol{t}+\frac{v^2}{\rho}\boldsymbol{n}$$

と書けることを示せ．ただし，$v=ds/dt$，そして

$$\rho = \frac{1}{\kappa} = \left|\frac{d^2\boldsymbol{r}(s)}{ds^2}\right|^{-1} = \left\{\left(\frac{d^2x(s)}{ds^2}\right)^2+\left(\frac{d^2y(s)}{ds^2}\right)^2+\left(\frac{d^2z(s)}{ds^2}\right)^2\right\}^{-1/2}$$

［解］　弧の長さ，すなわち質点の運動した道のり s は，時間 t の関数である．よって，合成関数の微分規則により，速度ベクトル $\boldsymbol{v}$ は，

$$\boldsymbol{v} = \frac{d\boldsymbol{r}}{dt} = \frac{ds}{dt}\frac{d\boldsymbol{r}}{ds} = v\boldsymbol{t} \tag{1}$$

で与えられる．$v=ds/dt$ は，速度 $\boldsymbol{v}$ の大きさ，すなわち速さである．

加速度ベクトル $\boldsymbol{a}$ は，(1)を t で微分して，関係式

$$\frac{d\boldsymbol{t}}{ds} = \kappa\boldsymbol{n} = \frac{1}{\rho}\boldsymbol{n} \tag{2}$$

を用いることにより，

$$\boldsymbol{a} = \frac{d\boldsymbol{v}}{dt} = \frac{dv}{dt}\boldsymbol{t}+v\frac{d\boldsymbol{t}}{dt} = \frac{dv}{dt}\boldsymbol{t}+v\frac{ds}{dt}\frac{d\boldsymbol{t}}{ds} = \frac{dv}{dt}\boldsymbol{t}+\frac{v^2}{\rho}\boldsymbol{n} \tag{3}$$

となる．よって，加速度ベクトル $\boldsymbol{a}$ の接線成分 a_{t}，法線成分 a_{n} は，それぞれ

$$a_{\mathrm{t}} = \frac{dv}{dt} = \frac{d^2s}{dt^2}, \qquad a_{\mathrm{n}} = \kappa v^2 = \frac{v^2}{\rho} \tag{4}$$

また，$d\boldsymbol{t}/ds=\kappa\boldsymbol{n}$ で，$\boldsymbol{n}$ は単位ベクトルであるから，曲率 κ は $d\boldsymbol{t}/ds$ の大きさに等しい．したがって，

$$\begin{aligned}\kappa &= \frac{1}{\rho} = \left|\frac{d\boldsymbol{t}}{ds}\right| = \left|\frac{d^2\boldsymbol{r}(s)}{ds^2}\right| \\ &= \left\{\left(\frac{d^2x(s)}{ds^2}\right)^2+\left(\frac{d^2y(s)}{ds^2}\right)^2+\left(\frac{d^2z(s)}{ds^2}\right)^2\right\}^{1/2}\end{aligned} \tag{5}$$

問題 4-1

[1] 次のことを示せ.

(1) $\dfrac{d}{dt}(\boldsymbol{A}\cdot\boldsymbol{B})=\dfrac{d\boldsymbol{A}}{dt}\cdot\boldsymbol{B}+\boldsymbol{A}\cdot\dfrac{d\boldsymbol{B}}{dt}$　　(2) $\dfrac{d}{dt}(\boldsymbol{A}\times\boldsymbol{B})=\dfrac{d\boldsymbol{A}}{dt}\times\boldsymbol{B}+\boldsymbol{A}\times\dfrac{d\boldsymbol{B}}{dt}$

(3) $\dfrac{d}{dt}\boldsymbol{A}^2=2\boldsymbol{A}\cdot\dfrac{d\boldsymbol{A}}{dt}$　　(4) $\dfrac{d}{dt}\left(\boldsymbol{A}\times\dfrac{d\boldsymbol{A}}{dt}\right)=\boldsymbol{A}\times\dfrac{d^2\boldsymbol{A}}{dt^2}$

[2] 大きさが一定のベクトル $\boldsymbol{A}(t)$ では，$\boldsymbol{A}$ と $\dot{\boldsymbol{A}}(t)$ は必ず垂直であることを示せ

[3] 質点(質量 m)に対する運動方程式 $m\ddot{\boldsymbol{r}}=\boldsymbol{F}(\boldsymbol{r})$ において，$\boldsymbol{F}(\boldsymbol{r})=\boldsymbol{r}f(r)$ $(r=|\boldsymbol{r}|)$ の形の力 $\boldsymbol{F}$ を**中心力**という. 中心力ならば，角運動量ベクトル $\boldsymbol{L}=\boldsymbol{r}\times\boldsymbol{p}=\boldsymbol{r}\times(m\dot{\boldsymbol{r}})$は一定であることを示せ.

[4] ラセン運動(a, u, ω は定数)

$$\boldsymbol{r}(t) = a\cos\omega t\,\boldsymbol{i}+a\sin\omega t\,\boldsymbol{j}+ut\boldsymbol{k} \qquad (a>0)$$

において，速度ベクトル $\boldsymbol{v}(t)$，加速度ベクトル $\boldsymbol{a}(t)$を計算せよ. また，この運動の曲率半径 ρ を求めよ.

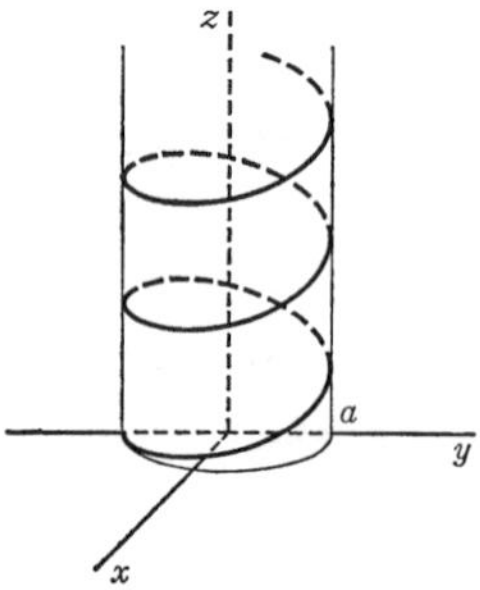

One Point ――空間曲線

単位接線ベクトル $\boldsymbol{t}$ と(単位)主法線ベクトル $\boldsymbol{n}$ のベクトル積 $\boldsymbol{b}=\boldsymbol{t}\times\boldsymbol{n}$ を，(単位)**従法線ベクトル**という. $\boldsymbol{t}$, $\boldsymbol{n}$, $\boldsymbol{b}$ は曲線の各点で互いに直交している単位ベクトルで，この順で右手系をなす. 例題 4.1 では，「加速度 $\boldsymbol{a}$ は，接線ベクトル $\boldsymbol{t}$ と主法線ベクトル $\boldsymbol{n}$ の決定する平面(接触平面という)内にあり，従法線方向の成分をもたない」ことを示した.

一般に，空間曲線 $\boldsymbol{r}(s)$ に対して，

$$\frac{d\boldsymbol{t}}{ds}=\frac{1}{\rho}\boldsymbol{n}, \quad \frac{d\boldsymbol{n}}{ds}=-\frac{1}{\rho}\boldsymbol{t}+\tau\boldsymbol{b}, \quad \frac{d\boldsymbol{b}}{ds}=-\tau\boldsymbol{n}$$

が成り立つ(ρ は曲率半径，τ はねじれ率)，これをフルネ-セレーの公式という.

4-2 2次元(平面)極座標

2次元極座標 2次元極座標ρ, ϕは，2次元直角座標x, yを用いて，

$$x = \rho\cos\phi, \qquad y = \rho\sin\phi \qquad (\rho>0,\ 0\leqq\phi<2\pi) \tag{4.3}$$

または，

$$\rho = \sqrt{x^2+y^2}, \qquad \tan\phi = y/x \tag{4.4}$$

で定義される(図4-2(a))．

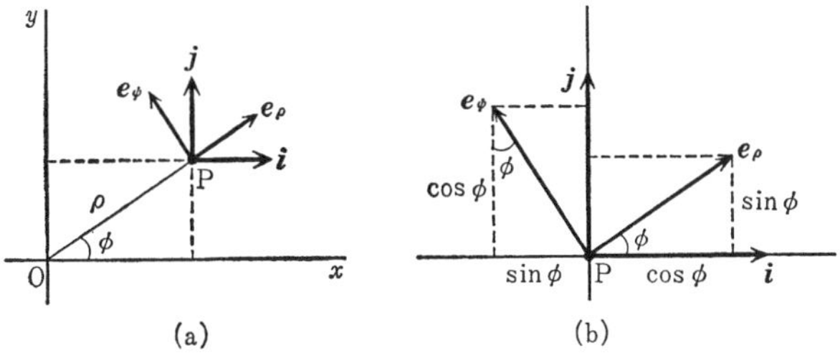

図4-2

原点Oと点Pを結んで延長した方向をρ方向(動径方向)，これに直角にϕの増す向きにとった方向をϕ方向(方位角方向)という．ρ方向の単位ベクトルを$\boldsymbol{e}_\rho$，ϕ方向の単位ベクトルを$\boldsymbol{e}_\phi$とする．定義より，$\boldsymbol{e}_\rho\cdot\boldsymbol{e}_\rho=\boldsymbol{e}_\phi\cdot\boldsymbol{e}_\phi=1$，$\boldsymbol{e}_\rho\cdot\boldsymbol{e}_\phi=0$．直角座標の単位ベクトル$\boldsymbol{i}, \boldsymbol{j}$との関係は(図4-2(b))，

$$\boldsymbol{e}_\rho = \cos\phi\,\boldsymbol{i}+\sin\phi\,\boldsymbol{j}, \qquad \boldsymbol{e}_\phi = -\sin\phi\,\boldsymbol{i}+\cos\phi\,\boldsymbol{j} \tag{4.5a}$$

または，

$$\boldsymbol{i} = \cos\phi\,\boldsymbol{e}_\rho-\sin\phi\,\boldsymbol{e}_\phi, \qquad \boldsymbol{j} = \sin\phi\,\boldsymbol{e}_\rho+\cos\phi\,\boldsymbol{e}_\phi \tag{4.5b}$$

ベクトル$\boldsymbol{A}$のx, y成分をA_x, A_y，ρ, ϕ成分をA_ρ, A_ϕとする．

$$\boldsymbol{A} = A_x\boldsymbol{i}+A_y\boldsymbol{j} = A_\rho\boldsymbol{e}_\rho+A_\phi\boldsymbol{e}_\phi \tag{4.6}$$

(4.5)と(4.6)より，**ベクトル成分の変換公式**を得る．

$$A_\rho = A_x\cos\phi+A_y\sin\phi, \qquad A_\phi = -A_x\sin\phi+A_y\cos\phi \tag{4.7}$$

$$A_x = A_\rho\cos\phi-A_\phi\sin\phi, \qquad A_y = A_\rho\sin\phi+A_\phi\cos\phi \tag{4.8}$$

例題 4.2　平面上を運動する質点の速度ベクトル $\boldsymbol{v}(t)$, 加速度ベクトル $\boldsymbol{a}(t)$ は，2次元極座標では，

$$\boldsymbol{v} = v_\rho \boldsymbol{e}_\rho + v_\phi \boldsymbol{e}_\phi, \qquad v_\rho = \dot{\rho},\ \ v_\phi = \rho\dot{\phi}$$

$$\boldsymbol{a} = a_\rho \boldsymbol{e}_\rho + a_\phi \boldsymbol{e}_\phi, \qquad a_\rho = \ddot{\rho} - \rho\dot{\phi}^2,\ \ a_\phi = \rho\ddot{\phi} + 2\dot{\rho}\dot{\phi}$$

と書けることを示せ．

［解］　2次元極座標での単位ベクトル $\boldsymbol{e}_\rho, \boldsymbol{e}_\phi$ と，直角座標 x, y での単位ベクトル $\boldsymbol{i}, \boldsymbol{j}$ との関係は，

$$\boldsymbol{e}_\rho = \cos\phi\,\boldsymbol{i} + \sin\phi\,\boldsymbol{j}, \qquad \boldsymbol{e}_\phi = -\sin\phi\,\boldsymbol{i} + \cos\phi\,\boldsymbol{j} \tag{1}$$

平面上を運動する質点の位置ベクトル $\boldsymbol{r}(t)$ は，それぞれの座標系で，

$$\boldsymbol{r}(t) = x(t)\boldsymbol{i} + y(t)\boldsymbol{j} = \rho(t)\boldsymbol{e}_\rho(t) \tag{2}$$

と表わされる．

直角座標での単位ベクトルは時間によって変わらないが，2次元極座標での単位ベクトルは時間変化する，

$$\begin{aligned} \frac{d}{dt}\boldsymbol{e}_\rho &= -\dot{\phi}\sin\phi\,\boldsymbol{i} + \dot{\phi}\cos\phi\,\boldsymbol{j} = \dot{\phi}\boldsymbol{e}_\phi \\ \frac{d}{dt}\boldsymbol{e}_\phi &= -\dot{\phi}\cos\phi\,\boldsymbol{i} - \dot{\phi}\sin\phi\,\boldsymbol{j} = -\dot{\phi}\boldsymbol{e}_\rho \end{aligned} \tag{3}$$

この公式を使って，$\boldsymbol{v}(t), \boldsymbol{a}(t)$ を2次元極座標系で表わす．

(2)式を時間 t で微分して，(3)式を用いると，

$$\boldsymbol{v}(t) = \dot{\boldsymbol{r}}(t) = \dot{\rho}(t)\boldsymbol{e}_\rho(t) + \rho(t)\dot{\boldsymbol{e}}_\rho(t) = \dot{\rho}\boldsymbol{e}_\rho + \rho\dot{\phi}\boldsymbol{e}_\phi \tag{4}$$

したがって，速度の ρ 成分を v_ρ, ϕ 成分を v_ϕ とすれば，

$$\boldsymbol{v} = v_\rho\boldsymbol{e}_\rho + v_\phi\boldsymbol{e}_\phi, \qquad v_\rho = \dot{\rho}, \qquad v_\phi = \rho\dot{\phi} \tag{5}$$

加速度ベクトルを求めるために，(4)をもう一度 t で微分する．

$$\begin{aligned} \boldsymbol{a}(t) = \dot{\boldsymbol{v}}(t) &= \ddot{\rho}\boldsymbol{e}_\rho + \dot{\rho}\dot{\boldsymbol{e}}_\rho + (\rho\ddot{\phi} + \dot{\rho}\dot{\phi})\boldsymbol{e}_\phi + \rho\dot{\phi}\dot{\boldsymbol{e}}_\phi \\ &= \ddot{\rho}\boldsymbol{e}_\rho + \dot{\rho}\dot{\phi}\boldsymbol{e}_\phi + (\rho\ddot{\phi} + \dot{\rho}\dot{\phi})\boldsymbol{e}_\phi - \rho\dot{\phi}^2\boldsymbol{e}_\rho \\ &= (\ddot{\rho} - \rho\dot{\phi}^2)\boldsymbol{e}_\rho + (\rho\ddot{\phi} + 2\dot{\rho}\dot{\phi})\boldsymbol{e}_\phi \end{aligned}$$

したがって，加速度の ρ 成分を a_ρ, ϕ 成分を a_ϕ とすれば，

$$\boldsymbol{a} = a_\rho\boldsymbol{e}_\rho + a_\phi\boldsymbol{e}_\phi, \qquad a_\rho = \ddot{\rho} - \rho\dot{\phi}^2, \qquad a_\phi = \rho\ddot{\phi} + 2\dot{\rho}\dot{\phi} \tag{6}$$

問　題 4-2

[1]　ベクトル $\boldsymbol{A}$ の直角座標での x, y 成分を A_x, A_y とし，2次元極座標での ρ, ϕ 成分を A_ρ, A_ϕ とする．ベクトルの変換公式

$$\begin{cases} A_\rho = A_x \cos\phi + A_y \sin\phi \\ A_\phi = -A_x \sin\phi + A_y \cos\phi \end{cases}$$

$$\begin{cases} A_x = A_\rho \cos\phi - A_\phi \sin\phi \\ A_y = A_\rho \sin\phi + A_\phi \cos\phi \end{cases}$$

を示せ．

[2]　半径 R の円周上を一定の速さで運動する質点の位置ベクトルは，直角座標では，$\boldsymbol{r}(t) = R\cos\omega t\,\boldsymbol{i} + R\sin\omega t\,\boldsymbol{j}$ で与えられる．2次元極座標を使って，位置ベクトル $\boldsymbol{r}(t)$，速度ベクトル $\boldsymbol{v}(t)$，加速度ベクトル $\boldsymbol{a}(t)$ を表わせ．

[3]　(1)　ニュートンの運動方程式

$$ma_x = F_x, \qquad ma_y = F_y$$

を，2次元極座標で表わせ．

(2)　質点に働く力 $\boldsymbol{F}$ が，$\boldsymbol{F} = f(\rho)\boldsymbol{e}_\rho$，すなわち，中心力のとき，

$$\frac{d}{dt}L = 0, \qquad L = m\rho^2\dot{\phi}$$

であることを示せ．また，この L の物理的意味を述べよ．

(3)　運動エネルギー $K = \dfrac{m}{2}\boldsymbol{v}^2$ を2次元極座標での成分を使って表わせ．

One Point ――3次元極座標

この節の結果を，3次元空間の場合に拡張すると，次のようになる．ベクトル $\boldsymbol{A}$ の直角座標での x, y, z 成分を A_x, A_y, A_z，極座標での r, θ, ϕ 成分を A_r, A_θ, A_ϕ と表わす．ベクトル成分の変換公式は，

$$A_r = A_x \sin\theta\cos\phi + A_y \sin\theta\sin\phi + A_z \cos\phi$$

$$A_\theta = A_x \cos\theta\cos\phi + A_y \cos\theta\sin\phi - A_z \sin\phi$$

$$A_\phi = -A_x \sin\phi + A_y \cos\phi$$

上の式で，$A_z = 0$，$\theta = \pi/2$，$r = \rho$ とおけば，(4.7)が得られる．

4-3　運動座標系

並進運動　空間に固定された座標系O-xyzと，並進運動している座標系O′-$x'y'z'$を考える(図4-3)．$t=0$でO-xyzとO′-$x'y'z'$は一致しており，それ以後も各座標軸は平行に保たれているとする．動点P(t)の，O-xyzに関する位置ベクトルを$\boldsymbol{r}(t)$，O′-$x'y'z'$に関する位置ベクトルを$\boldsymbol{r}'(t)$とする．$\boldsymbol{r}_0(t)=\overrightarrow{\mathrm{OO'}}$とすれば，

$$\boldsymbol{r}(t) = \boldsymbol{r}'(t)+\boldsymbol{r}_0(t) \tag{4.9}$$

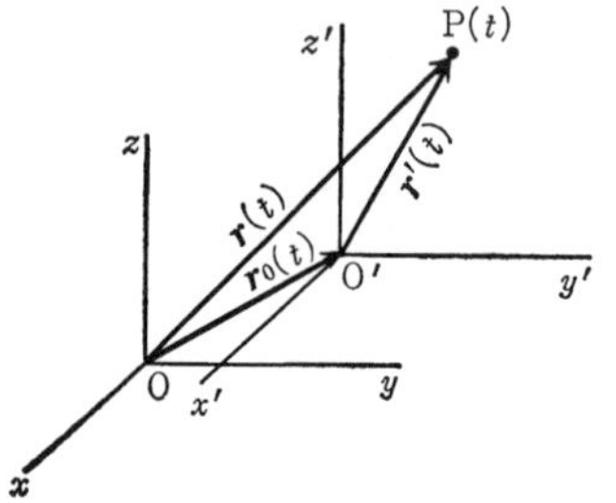

図4-3

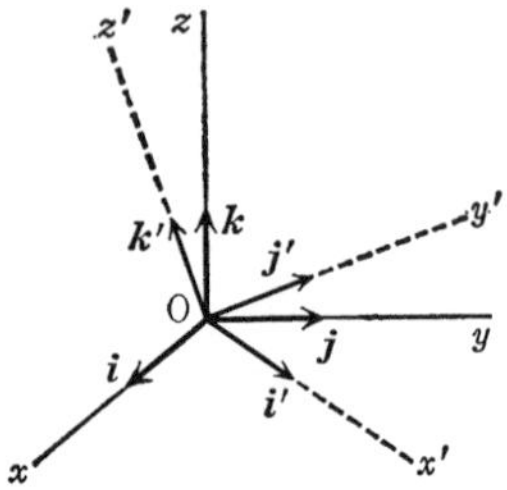

図4-4

回転座標系　空間に固定された座標系O-xyzの単位直交ベクトルを$\boldsymbol{i}, \boldsymbol{j}, \boldsymbol{k}$，原点のまわりに回転する座標系O-$x'y'z'$の単位直交ベクトルを$\boldsymbol{i}'(t), \boldsymbol{j}'(t), \boldsymbol{k}'(t)$とする(図4-4)．単位直交ベクトル$\boldsymbol{i}'(t), \boldsymbol{j}'(t), \boldsymbol{k}'(t)$の時間変化は，交代行列$B$ ($B^{\mathrm{T}}=-B$)を使って，

$$\frac{d}{dt}\begin{pmatrix}\boldsymbol{i}'\\ \boldsymbol{j}'\\ \boldsymbol{k}'\end{pmatrix} = B\begin{pmatrix}\boldsymbol{i}'\\ \boldsymbol{j}'\\ \boldsymbol{k}'\end{pmatrix}, \qquad B = \begin{pmatrix}0 & \omega_3 & -\omega_2\\ -\omega_3 & 0 & \omega_1\\ \omega_2 & -\omega_1 & 0\end{pmatrix} \tag{4.10}$$

と書ける．この$\omega_1, \omega_2, \omega_3$を成分とするベクトル$\boldsymbol{\omega}=\omega_1\boldsymbol{i}'+\omega_2\boldsymbol{j}'+\omega_3\boldsymbol{k}'$を，回転座標系O-$x'y'z'$の**角速度ベクトル**という．ベクトル積を用いれば，(4.10)は

$$\frac{d\boldsymbol{i}'}{dt} = \boldsymbol{\omega}\times\boldsymbol{i}', \qquad \frac{d\boldsymbol{j}'}{dt} = \boldsymbol{\omega}\times\boldsymbol{j}', \qquad \frac{d\boldsymbol{k}'}{dt} = \boldsymbol{\omega}\times\boldsymbol{k}' \tag{4.11}$$

となる．

例題 4.3 1) 回転座標系での単位直交ベクトル(基本ベクトル)を $\boldsymbol{i}'(t), \boldsymbol{j}'(t), \boldsymbol{k}'(t)$ とする．次の式を示せ．

$$\frac{d\boldsymbol{i}'}{dt} = \omega_3\boldsymbol{j}' - \omega_2\boldsymbol{k}', \qquad \frac{d\boldsymbol{j}'}{dt} = -\omega_3\boldsymbol{i}' + \omega_1\boldsymbol{k}', \qquad \frac{d\boldsymbol{k}'}{dt} = \omega_2\boldsymbol{i}' - \omega_1\boldsymbol{j}' \tag{1}$$

2) ベクトル関数 $\boldsymbol{V}(t)$ の，空間固定座標系 O-xyz での成分を V_x, V_y, V_z，回転座標系での成分を V_x', V_y', V_z' と書く．固定(fixed)座標系での時間微分を

$$\left(\frac{d\boldsymbol{V}}{dt}\right)_{\mathrm{f}} = \frac{dV_x}{dt}\boldsymbol{i} + \frac{dV_y}{dt}\boldsymbol{j} + \frac{dV_z}{dt}\boldsymbol{k} \tag{2}$$

回転(rotating)座標系での時間微分を

$$\left(\frac{d\boldsymbol{V}}{dt}\right)_{\mathrm{r}} = \frac{dV'_x}{dt}\boldsymbol{i}' + \frac{dV'_y}{dt}\boldsymbol{j}' + \frac{dV'_z}{dt}\boldsymbol{k}' \tag{3}$$

と定義する．次の関係式を示せ．

$$\left(\frac{d\boldsymbol{V}}{dt}\right)_{\mathrm{f}} = \left(\frac{d\boldsymbol{V}}{dt}\right)_{\mathrm{r}} + \boldsymbol{\omega}\times\boldsymbol{V} \qquad (\boldsymbol{\omega} = \omega_1\boldsymbol{i}' + \omega_2\boldsymbol{j}' + \omega_3\boldsymbol{k}') \tag{4}$$

［解］ 1) $\boldsymbol{i}'(t)\cdot\boldsymbol{i}'(t) = 1$ の両辺を t で微分して，$d\boldsymbol{i}'/dt\cdot\boldsymbol{i}' = 0$，したがって，$d\boldsymbol{i}'/dt$ は $\boldsymbol{i}'$ に垂直であるから，

$$\frac{d\boldsymbol{i}'}{dt} = a\boldsymbol{j}' + b\boldsymbol{k}' \qquad (a, b \text{ は定数}) \tag{5}$$

同様にして，c, e, l, m を定数として，

$$\frac{d\boldsymbol{j}'}{dt} = c\boldsymbol{i}' + e\boldsymbol{k}', \qquad \frac{d\boldsymbol{k}'}{dt} = l\boldsymbol{i}' + m\boldsymbol{j}' \tag{6}$$

ところが，$\boldsymbol{i}'\cdot\boldsymbol{j}' = 0$ の両辺を微分して，$d\boldsymbol{i}'/dt\cdot\boldsymbol{j}' + \boldsymbol{i}'\cdot d\boldsymbol{j}'/dt = 0$ だから，上の式を代入して，$a + c = 0$．また，$\boldsymbol{j}'\cdot\boldsymbol{k}' = 0$ と $\boldsymbol{k}'\cdot\boldsymbol{i}' = 0$ を微分して得られる関係式から，$e + m = 0$ と $l + b = 0$ を得る．ここで，$a = \omega_3$，$b = -\omega_2$，$e = \omega_1$ とおけば，$c = -\omega_3$，$l = \omega_2$，$m = -\omega_1$ で，(5)，(6)より，(1)が成り立つことがわかる．

2) $\boldsymbol{V}(t) = V_x\boldsymbol{i} + V_y\boldsymbol{j} + V_z\boldsymbol{k} = V_x'\boldsymbol{i}' + V_y'\boldsymbol{j}' + V_z'\boldsymbol{k}'$ を t で微分する．

$$\begin{aligned}&\frac{dV_x}{dt}\boldsymbol{i} + \frac{dV_y}{dt}\boldsymbol{j} + \frac{dV_z}{dt}\boldsymbol{k} \\ &\quad = \left[\frac{dV_x'}{dt}\boldsymbol{i}' + \frac{dV_y'}{dt}\boldsymbol{j}' + \frac{dV_z'}{dt}\boldsymbol{k}'\right] + \left[V_x'\frac{d\boldsymbol{i}'}{dt} + V_y'\frac{d\boldsymbol{j}'}{dt} + V_z'\frac{d\boldsymbol{k}'}{dt}\right]\end{aligned} \tag{7}$$

(7)の左辺は定義より，$(d\boldsymbol{V}/dt)_{\mathrm{f}}$．また，右辺の最初の[　]内は $(d\boldsymbol{V}/dt)_{\mathrm{r}}$．

いま，$\boldsymbol{\omega} = \omega_1\boldsymbol{i}' + \omega_2\boldsymbol{j}' + \omega_3\boldsymbol{k}'$ とおくと，(1)より

$$\frac{d\boldsymbol{i}'}{dt} = \boldsymbol{\omega}\times\boldsymbol{i}', \qquad \frac{d\boldsymbol{j}'}{dt} = \boldsymbol{\omega}\times\boldsymbol{j}', \qquad \frac{d\boldsymbol{k}'}{dt} = \boldsymbol{\omega}\times\boldsymbol{k}' \tag{8}$$

であるから，結局，(7)は

$$\begin{aligned}\left(\frac{d\boldsymbol{V}}{dt}\right)_{\mathrm{f}} &= \left(\frac{d\boldsymbol{V}}{dt}\right)_{\mathrm{r}} + V_x'(\boldsymbol{\omega}\times\boldsymbol{i}') + V_y'(\boldsymbol{\omega}\times\boldsymbol{j}') + V_z'(\boldsymbol{\omega}\times\boldsymbol{k}') \\ &= \left(\frac{d\boldsymbol{V}}{dt}\right)_{\mathrm{r}} + \boldsymbol{\omega}\times(V_x'\boldsymbol{i}' + V_y'\boldsymbol{j}' + V_z'\boldsymbol{k}') = \left(\frac{d\boldsymbol{V}}{dt}\right)_{\mathrm{r}} + \boldsymbol{\omega}\times\boldsymbol{V}\end{aligned}$$

問　題 4-3

[1]　ニュートンの運動方程式 $m\ddot{\boldsymbol{r}}=\boldsymbol{F}$ が成り立つ座標系を**慣性系**という．

(1)　慣性系 O–xyz に対して並進運動している座標系 O′–$x'y'z'$ の原点を，$\boldsymbol{r}_0(t)=\overrightarrow{\mathrm{OO'}}$ とする，O′–$x'y'z'$ 系についての運動方程式をかけ．

(2)　$\boldsymbol{r}_0(t)=at^2\boldsymbol{i}+bt^2\boldsymbol{j}+ct^3\boldsymbol{k}$ (a, b, c は定数) のとき，O′–$x'y'z'$ 系についての運動方程式を求めよ．

[2]　空間固定座標系 O–xyz での単位直交ベクトルを $\boldsymbol{i}, \boldsymbol{j}, \boldsymbol{k}$，回転座標系 O–$x'y'z'$ での単位直交ベクトルを $\boldsymbol{i}', \boldsymbol{j}', \boldsymbol{k}'$ と表わす．いま，

$$\boldsymbol{i}' = \cos\omega t\,\boldsymbol{i}+\sin\omega t\,\boldsymbol{j}, \qquad \boldsymbol{j}' = -\sin\omega t\,\boldsymbol{i}+\cos\omega t\,\boldsymbol{j}, \qquad \boldsymbol{k}' = \boldsymbol{k}$$

であるとする．O–$x'y'z'$ 系の角速度ベクトル $\boldsymbol{\omega}$ を求めよ．

[3]　(1)　ニュートンの運動方程式 $md^2\boldsymbol{r}/dt^2=\boldsymbol{F}$ を回転座標系で表わすと，

$$m\left(\frac{d^2\boldsymbol{r}}{dt^2}\right)_{\mathrm{r}} = \boldsymbol{F}-m\left(\frac{d\boldsymbol{\omega}}{dt}\right)_{\mathrm{r}}\times\boldsymbol{r}-2m\boldsymbol{\omega}\times\left(\frac{d\boldsymbol{r}}{dt}\right)_{\mathrm{r}}+m\omega^2\boldsymbol{r}_{\perp}$$

$$\boldsymbol{r}_{\perp} = \boldsymbol{r}-(\boldsymbol{\omega}\cdot\boldsymbol{r})\boldsymbol{\omega}/\omega^2$$

となることを示せ．

(2)　問[2]で与えられた回転座標系 O–$x'y'z'$ での運動方程式を求めよ．

4-4 ベクトル場とベクトル演算子

ベクトル場 空間の各点 (x, y, z) に，スカラー関数 ϕ，ベクトル関数 $\boldsymbol{A}$ を指定するとき，**スカラー場** $\phi(x, y, z)$，**ベクトル場** $\boldsymbol{A}(x, y, z)$ が与えられたという．$\phi(x, y, z)$，$\boldsymbol{A}(x, y, z)$ を略して，$\phi(\boldsymbol{r})$，$\boldsymbol{A}(\boldsymbol{r})$ と書くこともある．

ナブラ演算子 偏微分 $\partial/\partial x, \partial/\partial y, \partial/\partial z$ を x, y, z 成分とするベクトル演算子 ∇ を，**ナブラ演算子**という．

$$\nabla = \boldsymbol{i}\frac{\partial}{\partial x}+\boldsymbol{j}\frac{\partial}{\partial y}+\boldsymbol{k}\frac{\partial}{\partial z} \tag{4.12}$$

関数 $\phi(x, y, z)$ の**勾配**(gradient)は，

$$\mathrm{grad}\,\phi = \nabla\phi = \frac{\partial\phi}{\partial x}\boldsymbol{i}+\frac{\partial\phi}{\partial y}\boldsymbol{j}+\frac{\partial\phi}{\partial z}\boldsymbol{k} \tag{4.13}$$

で定義される．$\nabla\phi$ は，曲面 $\phi(x, y, z)=a$ に垂直，すなわち，曲面の法線ベクトルである．

ベクトル $\boldsymbol{A}(x, y, z)$ の**発散**(divergence)は，

$$\mathrm{div}\,\boldsymbol{A} = \nabla\cdot\boldsymbol{A} = \frac{\partial A_x}{\partial x}+\frac{\partial A_y}{\partial y}+\frac{\partial A_z}{\partial z} \tag{4.14}$$

で定義される．流体の各点での速度を $\boldsymbol{v}(x, y, z)$ とすると，$\nabla\cdot\boldsymbol{v}$ は単位時間に単位体積から流れ出る流体量を表わす．

ベクトル $\boldsymbol{A}(x, y, z)$ の**回転**(rotation)は，

$$\begin{aligned}\mathrm{rot}\,\boldsymbol{A} &= \nabla\times\boldsymbol{A}\\ &= \left(\frac{\partial A_z}{\partial y}-\frac{\partial A_y}{\partial z}\right)\boldsymbol{i}+\left(\frac{\partial A_x}{\partial z}-\frac{\partial A_z}{\partial x}\right)\boldsymbol{j}+\left(\frac{\partial A_y}{\partial x}-\frac{\partial A_x}{\partial y}\right)\boldsymbol{k}\end{aligned} \tag{4.15}$$

で定義される．剛体が原点を通る軸のまわりに一定角速度 $\boldsymbol{\omega}$ で回転しているとき，剛体内の各点の速度は $\boldsymbol{v}=\boldsymbol{\omega}\times\boldsymbol{r}$ であり，$\nabla\times\boldsymbol{v}=2\boldsymbol{\omega}$ である．

ナブラ演算子を2回くりかえして得られる演算子

$$\nabla^2 = \mathrm{div\ grad} = \nabla\cdot\nabla = \frac{\partial^2}{\partial x^2}+\frac{\partial^2}{\partial y^2}+\frac{\partial^2}{\partial z^2} \tag{4.16}$$

を**ラプラスの演算子**(**ラプラシアン**)という．

例題 4.4 1) $\phi(x, y, z)=c=$ 一定，は曲面を表わす．この曲面 S と $\nabla\phi$ は垂直であることを示せ．

2) $\phi(x, y, z)=1/r \quad (r=\sqrt{x^2+y^2+z^2})$ のとき，$\nabla\phi$ を求めよ．

［**解**］ 1) 曲面 S の上に曲線 C をとる（右図）．この曲線を，s をパラメタとして，$\boldsymbol{r}(s)=x(s)\boldsymbol{i}+y(s)\boldsymbol{j}+z(s)\boldsymbol{k}$ で表わす．曲線 C は曲面の上にあるから，

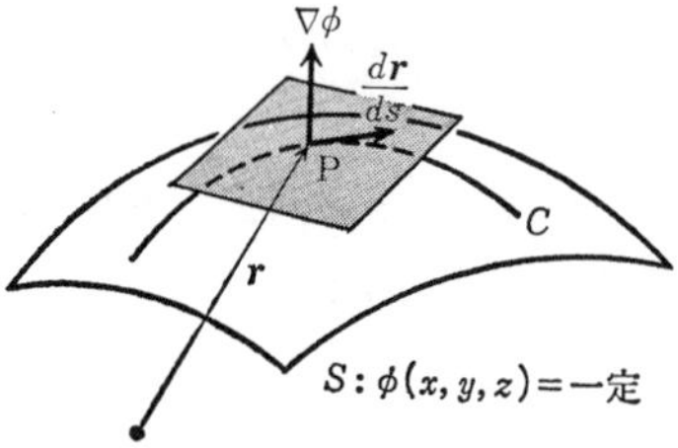

$$\phi(x(s), y(s), z(s)) = c \tag{1}$$

両辺を s で微分する（合成関数の微分）と，

$$\begin{aligned}\frac{d\phi}{ds} &= \frac{\partial\phi}{\partial x}\frac{dx}{ds}+\frac{\partial\phi}{\partial y}\frac{dy}{ds}+\frac{\partial\phi}{\partial z}\frac{dz}{ds}\\ &= \left(\frac{\partial\phi}{\partial x}\boldsymbol{i}+\frac{\partial\phi}{\partial y}\boldsymbol{j}+\frac{\partial\phi}{\partial z}\boldsymbol{k}\right)\cdot\left(\frac{dx}{ds}\boldsymbol{i}+\frac{dy}{ds}\boldsymbol{j}+\frac{dz}{ds}\boldsymbol{k}\right)\\ &= \nabla\phi\cdot\frac{d\boldsymbol{r}}{ds} = 0\end{aligned} \tag{2}$$

ベクトル $\boldsymbol{t}=d\boldsymbol{r}/ds$ は，点Pにおける曲線 C に対する接線ベクトルである（4-1 節）．曲面 S の上で，点Pを通る曲線 C をあるゆる方向にとると，ベクトル $\boldsymbol{t}$ の集まりは点Pで曲面に接する平面（接平面）を与える．よって，(2)式，すなわち，$\nabla\phi\cdot\boldsymbol{t}=0$ は $\nabla\phi$ と接平面が垂直であることを示す．したがって，$\nabla\phi$ は曲面 $\phi(x, y, z)=c$ に垂直である．

2) 勾配の定義より，

$$\nabla\left(\frac{1}{r}\right) = \frac{\partial}{\partial x}\left(\frac{1}{r}\right)\boldsymbol{i}+\frac{\partial}{\partial y}\left(\frac{1}{r}\right)\boldsymbol{j}+\frac{\partial}{\partial z}\left(\frac{1}{r}\right)\boldsymbol{k} \tag{3}$$

$r=\sqrt{x^2+y^2+z^2}$ であるから，

$$\frac{\partial}{\partial x}\left(\frac{1}{r}\right) = \frac{\partial}{\partial x}(x^2+y^2+z^2)^{-1/2} = -\frac{1}{2}\cdot 2x(x^2+y^2+z^2)^{-3/2} = -\frac{x}{r^3}$$

同様にして，

$$\frac{\partial}{\partial y}\left(\frac{1}{r}\right) = -\frac{y}{r^3}, \qquad \frac{\partial}{\partial z}\left(\frac{1}{r}\right) = -\frac{z}{r^3}$$

これらを，(3)に代入して，

$$\nabla\left(\frac{1}{r}\right) = -\frac{x}{r^3}\boldsymbol{i}-\frac{y}{r^3}\boldsymbol{j}-\frac{z}{r^3}\boldsymbol{k} = -\frac{1}{r^3}\boldsymbol{r}$$

$1/r=$ 一定の曲面は球面である．$\nabla(1/r)=-\boldsymbol{r}/r^3$ は，動径方向（r 方向）のベクトルで，球面に垂直になっている．

例題 4.5　次のベクトル場 $\boldsymbol{V}(x,y)$ を図示し，また，$\nabla\cdot\boldsymbol{V}, \nabla\times\boldsymbol{V}$ を計算せよ．

1)　$\boldsymbol{V}(x,y)=x\boldsymbol{i}+y\boldsymbol{j}$　　2)　$\boldsymbol{V}(x,y)=-y\boldsymbol{i}+x\boldsymbol{j}$

[解]　1) ベクトル $\boldsymbol{V}(x,y)$ は，点 $\mathrm{P}(x,y)$ の位置ベクトル $\boldsymbol{r}=x\boldsymbol{i}+y\boldsymbol{j}$ と同じである．$\boldsymbol{V}$ の大きさは $\sqrt{x^2+y^2}$，その向きは原点Oから動径方向へ外側に向かう．よって，原点を中心とする円周上で $|\boldsymbol{V}|$ は一定であり，図1の矢印のように図示される．$\nabla\cdot\boldsymbol{V}$ と $\nabla\times\boldsymbol{V}$ を計算する．x, y, z は独立変数であるから，$\partial y/\partial x$, $\partial z/\partial x$ 等は0になる．よって，

$$\nabla\cdot\boldsymbol{V} = \left(\frac{\partial}{\partial x}\boldsymbol{i}+\frac{\partial}{\partial y}\boldsymbol{j}+\frac{\partial}{\partial z}\boldsymbol{k}\right)\cdot(x\boldsymbol{i}+y\boldsymbol{j}) = \frac{\partial x}{\partial x}+\frac{\partial y}{\partial y} = 1+1 = 2$$

$$\nabla\times\boldsymbol{V} = \begin{vmatrix} \boldsymbol{i} & \boldsymbol{j} & \boldsymbol{k} \\ \partial/\partial x & \partial/\partial y & \partial/\partial z \\ x & y & 0 \end{vmatrix} = \left(0-\frac{\partial y}{\partial z}\right)\boldsymbol{i}-\left(0-\frac{\partial z}{\partial x}\right)\boldsymbol{j}+\left(\frac{\partial y}{\partial x}-\frac{\partial x}{\partial y}\right)\boldsymbol{k} = 0$$

2)　2次元極座標 ρ, ϕ を用いると (4-2節)，

$$\boldsymbol{V} = -\rho\sin\phi\,\boldsymbol{i}+\rho\cos\phi\,\boldsymbol{j} = \rho(-\sin\phi\,\boldsymbol{i}+\cos\phi\,\boldsymbol{j}) = \rho\boldsymbol{e}_\phi$$

したがって，点 $\mathrm{P}(x,y)$ でのベクトル $\boldsymbol{V}(x,y)=-y\boldsymbol{i}+x\boldsymbol{j}$ は，原点Oを中心とする円に接し，その向きは時計と逆回りである．また，その円周上で大きさ $|\boldsymbol{V}|=\sqrt{x^2+y^2}$ は一定である．よって，xy 平面上にベクトル $\boldsymbol{V}$ を矢印で示すと，図2のようになる．$\nabla\cdot\boldsymbol{V}$ と $\nabla\times\boldsymbol{V}$ は，おのおの

$$\nabla\cdot\boldsymbol{V} = \left(\frac{\partial}{\partial x}\boldsymbol{i}+\frac{\partial}{\partial y}\boldsymbol{j}+\frac{\partial}{\partial z}\boldsymbol{k}\right)\cdot(-y\boldsymbol{i}+x\boldsymbol{j}) = -\frac{\partial y}{\partial x}+\frac{\partial x}{\partial y} = 0$$

$$\nabla\times\boldsymbol{V} = \begin{vmatrix} \boldsymbol{i} & \boldsymbol{j} & \boldsymbol{k} \\ \partial/\partial x & \partial/\partial y & \partial/\partial z \\ -y & x & 0 \end{vmatrix} = \left(0-\frac{\partial x}{\partial z}\right)\boldsymbol{i}-\left(0+\frac{\partial y}{\partial z}\right)\boldsymbol{j}+\left(\frac{\partial x}{\partial x}+\frac{\partial y}{\partial y}\right)\boldsymbol{k} = 2\boldsymbol{k}$$

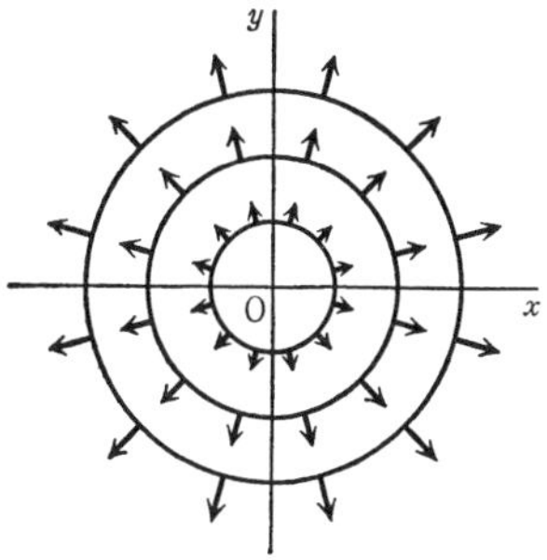

図1　矢印に注意

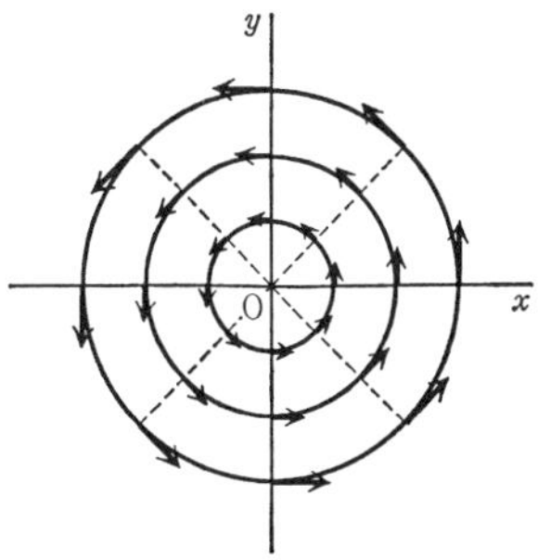

図2　矢印に注意

1) は渦なしの場，2) は発散のない場，である．

問　題 4-4

[1]　$\boldsymbol{r}=x\boldsymbol{i}+y\boldsymbol{j}+z\boldsymbol{k}$, $r=\sqrt{x^2+y^2+z^2}\neq 0$ について，次の量を計算せよ．

(1)　∇r　　(2)　$\nabla\cdot\boldsymbol{r}$　　(3)　$\nabla(1/r)$

(4)　$\nabla\cdot(\boldsymbol{r}/r^3)$　　(5)　$\nabla^2(1/r)$　　(6)　$\nabla\times\boldsymbol{r}$

[2]　$\boldsymbol{\omega}=\omega_1\boldsymbol{i}+\omega_2\boldsymbol{j}+\omega_3\boldsymbol{k}$ が一定ベクトルのとき，$\boldsymbol{v}=\boldsymbol{\omega}\times\boldsymbol{r}$, $\boldsymbol{r}=x\boldsymbol{i}+y\boldsymbol{j}+z\boldsymbol{k}$ として，$\nabla\times\boldsymbol{v}$, $\nabla\cdot\boldsymbol{v}$ を求めよ．

[3]　点 $\mathrm{P}(x, y, z)$ で単位ベクトル $\boldsymbol{u}=l_1\boldsymbol{i}+l_2\boldsymbol{j}+l_3\boldsymbol{k}$ が与えられたとき，

$$\frac{d\phi}{du}=\lim_{\Delta t\to 0}\frac{\phi(x+l_1\Delta t,\ y+l_2\Delta t,\ z+l_3\Delta t)-\phi(x, y, z)}{\Delta t}$$

を，$\phi(x, y, z)$ の点 P における $\boldsymbol{u}$ 方向への**方向微分係数**という．

(1)　$d\phi/du=\boldsymbol{u}\cdot\nabla\phi$ を示せ．

(2)　関数 $\phi(x, y, z)=x^2y^2z+xz^3+yz$ の，点 $(2, -1, 1)$ における，ベクトル $\boldsymbol{i}+2\boldsymbol{j}-2\boldsymbol{k}$ の方向への方向微分係数を求めよ．

(3)　曲面 $\phi(x, y, z)=c$ 上の点での単位法線ベクトルを $\boldsymbol{n}$(関数 ϕ が増加する向きにとる)とする．$\nabla\phi=\dfrac{d\phi}{dn}\boldsymbol{n}$ を示せ．

(4)　$\phi(x, y, z)$ の点 $\mathrm{P}(x, y, z)$ における方向微分係数が最大になる向きと，その最大値を求めよ．

One Point ——**渦なしの場と発散のない場**

ベクトル場 $\boldsymbol{B}_1$ がいたるところで $\nabla\times\boldsymbol{B}_1=0$ をみたすとき，この場を**渦なしの場**という．このとき，$\boldsymbol{B}_1=\nabla\phi$ であるような $\phi(x, y, z)$ が存在する．また，ベクトル場 $\boldsymbol{B}_2$ がいたるところで $\nabla\cdot\boldsymbol{B}_2=0$ をみたすとき，この場を**発散のない場**という．このとき，$\boldsymbol{B}_2=\nabla\times\boldsymbol{A}$ であるような $\boldsymbol{A}(x, y, z)$ が存在する．一般のベクトル場 $\boldsymbol{B}$ は，渦なしの場と発散のない場に分解される(ヘルムホルツの定理)，すなわち，$\boldsymbol{B}=\nabla\phi+\nabla\times\boldsymbol{A}$.

4-5　公式と応用

ベクトル微分演算子(ナブラ演算子)

$$\nabla = \boldsymbol{i}\frac{\partial}{\partial x}+\boldsymbol{j}\frac{\partial}{\partial y}+\boldsymbol{k}\frac{\partial}{\partial z} \tag{4.17}$$

を含んだ公式をまとめる．以下で，ϕ と ψ はスカラー関数，$\boldsymbol{A}$ と $\boldsymbol{B}$ はベクトル関数である．

[**I**]

1)　$\nabla(\phi+\psi) = \nabla\phi+\nabla\psi$

2)　$\nabla(\phi\psi) = \phi\nabla\psi+\psi\nabla\phi$

3)　$\nabla\cdot(\boldsymbol{A}+\boldsymbol{B}) = \nabla\cdot\boldsymbol{A}+\nabla\cdot\boldsymbol{B}$

4)　$\nabla\times(\boldsymbol{A}+\boldsymbol{B}) = \nabla\times\boldsymbol{A}+\nabla\times\boldsymbol{B}$

5)　$\nabla\cdot(\phi\boldsymbol{A}) = (\nabla\phi)\cdot\boldsymbol{A}+\phi(\nabla\cdot\boldsymbol{A})$

6)　$\nabla\times(\phi\boldsymbol{A}) = (\nabla\phi)\times\boldsymbol{A}+\phi(\nabla\times\boldsymbol{A})$

7)　$\nabla\cdot(\boldsymbol{A}\times\boldsymbol{B}) = \boldsymbol{B}\cdot(\nabla\times\boldsymbol{A})-\boldsymbol{A}\cdot(\nabla\times\boldsymbol{B})$

8)　$\nabla\times(\boldsymbol{A}\times\boldsymbol{B}) = (\boldsymbol{B}\cdot\nabla)\boldsymbol{A}-\boldsymbol{B}(\nabla\cdot\boldsymbol{A})-(\boldsymbol{A}\cdot\nabla)\boldsymbol{B}+\boldsymbol{A}(\nabla\cdot\boldsymbol{B})$

9)　$\nabla(\boldsymbol{A}\cdot\boldsymbol{B}) = (\boldsymbol{B}\cdot\nabla)\boldsymbol{A}+(\boldsymbol{A}\cdot\nabla)\boldsymbol{B}+\boldsymbol{B}\times(\nabla\times\boldsymbol{A})+\boldsymbol{A}\times(\nabla\times\boldsymbol{B})$

[**II**]

10)　$\nabla\times(\nabla\phi) = \mathrm{rot}(\mathrm{grad}\,\phi) = 0$

11)　$\nabla\cdot(\phi\nabla\psi) = \nabla\phi\cdot\nabla\psi+\phi\nabla^2\psi$

12)　$\nabla^2(\phi\psi) = \phi\nabla^2\psi+2\nabla\phi\cdot\nabla\psi+\psi\nabla^2\phi$

13)　$\nabla\cdot(\phi\nabla\psi-\psi\nabla\phi) = \phi\nabla^2\psi-\psi\nabla^2\phi$

14)　$\nabla\cdot(\nabla\times\boldsymbol{A}) = \mathrm{div}(\mathrm{rot}\,\boldsymbol{A}) = 0$

15)　$\nabla\times(\nabla\times\boldsymbol{A}) = \mathrm{rot}(\mathrm{rot}\,\boldsymbol{A}) = \nabla(\nabla\cdot\boldsymbol{A})-\nabla^2\boldsymbol{A}$

上に掲げた公式は，一度は自分で確かめておくとよい．公式の両辺は，ともにスカラー量であるか，ともにベクトル量である．また，[II]は微分階数が2階であることに注意しよう．特に，10)と14)は有用である．

例題 4.6　次の式を証明せよ.

1)　$\nabla\cdot(\boldsymbol{A}\times\boldsymbol{B})=\boldsymbol{B}\cdot(\nabla\times\boldsymbol{A})-\boldsymbol{A}\cdot(\nabla\times\boldsymbol{B})$

2)　$\nabla\times(\boldsymbol{A}\times\boldsymbol{B})=(\boldsymbol{B}\cdot\nabla)\boldsymbol{A}-(\boldsymbol{A}\cdot\nabla)\boldsymbol{B}+\boldsymbol{A}(\nabla\cdot\boldsymbol{B})-\boldsymbol{B}(\nabla\cdot\boldsymbol{A})$

3)　$\nabla(\boldsymbol{A}\cdot\boldsymbol{B})=(\boldsymbol{B}\cdot\nabla)\boldsymbol{A}+(\boldsymbol{A}\cdot\nabla)\boldsymbol{B}+\boldsymbol{A}\times(\nabla\times\boldsymbol{B})+\boldsymbol{B}\times(\nabla\times\boldsymbol{A})$

［解］　小さな添字でベクトルの成分を表わす.

1)
$$\nabla\cdot(\boldsymbol{A}\times\boldsymbol{B})=\frac{\partial}{\partial x}(A_yB_z-A_zB_y)+\frac{\partial}{\partial y}(A_zB_x-A_xB_z)+\frac{\partial}{\partial z}(A_xB_y-A_yB_x)$$
$$=B_x\left(\frac{\partial A_z}{\partial y}-\frac{\partial A_y}{\partial z}\right)+B_y\left(\frac{\partial A_x}{\partial z}-\frac{\partial A_z}{\partial x}\right)+B_z\left(\frac{\partial A_y}{\partial x}-\frac{\partial A_x}{\partial y}\right)$$
$$-A_x\left(\frac{\partial B_z}{\partial y}-\frac{\partial B_y}{\partial z}\right)-A_y\left(\frac{\partial B_x}{\partial z}-\frac{\partial B_z}{\partial x}\right)-A_z\left(\frac{\partial B_y}{\partial x}-\frac{\partial B_x}{\partial y}\right)$$
$$=B_x(\nabla\times\boldsymbol{A})_x+B_y(\nabla\times\boldsymbol{A})_y+B_z(\nabla\times\boldsymbol{A})_z-A_x(\nabla\times\boldsymbol{B})_x-A_y(\nabla\times\boldsymbol{B})_y-A_z(\nabla\times\boldsymbol{B})_z$$
$$=\boldsymbol{B}\cdot(\nabla\times\boldsymbol{A})-\boldsymbol{A}\cdot(\nabla\times\boldsymbol{B})$$

2)
$$\nabla\times(\boldsymbol{A}\times\boldsymbol{B})=\left\{\frac{\partial}{\partial y}(\boldsymbol{A}\times\boldsymbol{B})_z-\frac{\partial}{\partial z}(\boldsymbol{A}\times\boldsymbol{B})_y\right\}\boldsymbol{i}+\left\{\frac{\partial}{\partial z}(\boldsymbol{A}\times\boldsymbol{B})_x-\frac{\partial}{\partial x}(\boldsymbol{A}\times\boldsymbol{B})_z\right\}\boldsymbol{j}$$
$$+\left\{\frac{\partial}{\partial x}(\boldsymbol{A}\times\boldsymbol{B})_y-\frac{\partial}{\partial y}(\boldsymbol{A}\times\boldsymbol{B})_x\right\}\boldsymbol{k}$$

上の式の第1項は，次のように書きなおせる.

$$\left\{B_y\frac{\partial A_x}{\partial y}+B_z\frac{\partial A_x}{\partial z}-B_x\frac{\partial A_y}{\partial y}-B_x\frac{\partial A_z}{\partial z}\right\}\boldsymbol{i}+\left\{A_x\frac{\partial B_y}{\partial y}+A_x\frac{\partial B_z}{\partial z}-A_y\frac{\partial B_x}{\partial y}-A_z\frac{\partial B_x}{\partial z}\right\}\boldsymbol{i}$$
$$=\{(\boldsymbol{B}\cdot\nabla)A_x-B_x(\nabla\cdot\boldsymbol{A})\}\,\boldsymbol{i}+\{A_x(\nabla\cdot\boldsymbol{B})-(\boldsymbol{A}\cdot\nabla)B_x\}\,\boldsymbol{i}$$

第2項，第3項を同様にして計算し，

$$\nabla\times(\boldsymbol{A}\times\boldsymbol{B})=(\boldsymbol{B}\cdot\nabla)(A_x\boldsymbol{i}+A_y\boldsymbol{j}+A_z\boldsymbol{k})-(B_x\boldsymbol{i}+B_y\boldsymbol{j}+B_z\boldsymbol{k})(\nabla\cdot\boldsymbol{A})$$
$$+(A_x\boldsymbol{i}+A_y\boldsymbol{j}+A_z\boldsymbol{k})(\nabla\cdot\boldsymbol{B})-(\boldsymbol{A}\cdot\nabla)(B_x\boldsymbol{i}+B_y\boldsymbol{j}+B_z\boldsymbol{k})$$
$$=(\boldsymbol{B}\cdot\nabla)\boldsymbol{A}-\boldsymbol{B}(\nabla\cdot\boldsymbol{A})+\boldsymbol{A}(\nabla\cdot\boldsymbol{B})-(\boldsymbol{A}\cdot\nabla)\boldsymbol{B}$$

3)
$$\nabla(\boldsymbol{A}\cdot\boldsymbol{B})=\boldsymbol{i}\frac{\partial}{\partial x}(\boldsymbol{A}\cdot\boldsymbol{B})+\boldsymbol{j}\frac{\partial}{\partial y}(\boldsymbol{A}\cdot\boldsymbol{B})+\boldsymbol{k}\frac{\partial}{\partial z}(\boldsymbol{A}\cdot\boldsymbol{B})$$
$$=\left\{\boldsymbol{i}\left(\frac{\partial\boldsymbol{A}}{\partial x}\cdot\boldsymbol{B}\right)+\boldsymbol{j}\left(\frac{\partial\boldsymbol{A}}{\partial y}\cdot\boldsymbol{B}\right)+\boldsymbol{k}\left(\frac{\partial\boldsymbol{A}}{\partial z}\cdot\boldsymbol{B}\right)\right\}+\left\{\boldsymbol{i}\left(\boldsymbol{A}\cdot\frac{\partial\boldsymbol{B}}{\partial x}\right)+\boldsymbol{j}\left(\boldsymbol{A}\cdot\frac{\partial\boldsymbol{B}}{\partial y}\right)+\boldsymbol{k}\left(\boldsymbol{A}\cdot\frac{\partial\boldsymbol{B}}{\partial z}\right)\right\}$$

上の式のはじめの｛　｝内は，

$$\boldsymbol{i}\left(\frac{\partial A_x}{\partial x}B_x+\frac{\partial A_y}{\partial x}B_y+\frac{\partial A_z}{\partial x}B_z\right)+\boldsymbol{j}\left(\frac{\partial A_x}{\partial y}B_x+\frac{\partial A_y}{\partial y}B_y+\frac{\partial A_z}{\partial y}B_z\right)$$

$$+\boldsymbol{k}\left(\frac{\partial A_x}{\partial z}B_x+\frac{\partial A_y}{\partial z}B_y+\frac{\partial A_z}{\partial z}\right)B_z$$

$$=B_x\frac{\partial}{\partial x}\boldsymbol{A}+B_y\frac{\partial}{\partial y}\boldsymbol{A}+B_z\frac{\partial}{\partial z}\boldsymbol{A}+\boldsymbol{i}\left\{B_y\left(\frac{\partial A_y}{\partial x}-\frac{\partial A_x}{\partial y}\right)-B_z\left(\frac{\partial A_x}{\partial z}-\frac{\partial A_z}{\partial x}\right)\right\}$$

$$+\boldsymbol{j}\left\{B_z\left(\frac{\partial A_z}{\partial y}-\frac{\partial A_y}{\partial z}\right)-B_x\left(\frac{\partial A_y}{\partial x}-\frac{\partial A_x}{\partial y}\right)\right\}+\boldsymbol{k}\left\{B_x\left(\frac{\partial A_x}{\partial z}-\frac{\partial A_z}{\partial x}\right)\right.$$

$$\left.-B_y\left(\frac{\partial A_z}{\partial y}-\frac{\partial A_y}{\partial z}\right)\right\}=(\boldsymbol{B}\cdot\nabla)\boldsymbol{A}+\boldsymbol{B}\times(\nabla\times\boldsymbol{A})$$

同様にして，2番目の｛ ｝内は(計算は $\boldsymbol{A}$ と $\boldsymbol{B}$ を入れかえるだけ)，$(\boldsymbol{A}\cdot\nabla)\boldsymbol{B}+\boldsymbol{A}\times(\nabla\times\boldsymbol{B})$. したがって，この2つの結果をたし合わせて，証明すべき式を得る.

問 題 4-5

[1] 次の公式を証明せよ.

(1) $\nabla\times(\nabla\phi)=0$　　(2) $\nabla\cdot(\nabla\times\boldsymbol{A})=0$

(3) $\nabla\times(\nabla\times\boldsymbol{A})=-\nabla^2\boldsymbol{A}+\nabla(\nabla\cdot\boldsymbol{A})$

[2] $\boldsymbol{r}=x\boldsymbol{i}+y\boldsymbol{j}+z\boldsymbol{k}$, $r=\sqrt{x^2+y^2+z^2}$ について，次の量を計算せよ. $\boldsymbol{p}, \boldsymbol{m}$ は定ベクトルである.

(1) ∇r^n　　(2) $\nabla\times(r^n\boldsymbol{r})$

(3) $\nabla\left(\dfrac{\boldsymbol{p}\cdot\boldsymbol{r}}{r^3}\right)$　　(4) $\nabla\times\left(\dfrac{\boldsymbol{m}\times\boldsymbol{r}}{r^3}\right)$

[3] 次のことを示せ. 関数 $\phi(x, y, z)$ が $\nabla^2\phi=0$ をみたすとき，$\boldsymbol{A}=\nabla\phi$ とおけば，$\nabla\cdot\boldsymbol{A}=0$ かつ $\nabla\times\boldsymbol{A}=0$ である.

[4] マックスウェル方程式(MKSA単位系)

$$\nabla\cdot\boldsymbol{E}=0,\ \ \nabla\cdot\boldsymbol{B}=0,\ \ \nabla\times\boldsymbol{E}=-\frac{\partial\boldsymbol{B}}{\partial t},\ \ \nabla\times\boldsymbol{B}=\varepsilon_0\mu_0\frac{\partial\boldsymbol{E}}{\partial t}$$

より，電場 $\boldsymbol{E}$ と磁場 $\boldsymbol{B}$ は，ともに波動方程式

$$\frac{\partial^2\psi}{\partial t^2}=c^2\nabla^2\psi$$

をみたすことを導け. ただし，∇^2 はラプラシアン.

Coffee Break 現代数学の王様

ガウス (C. F. Gauss, 1777–1855) は，ドイツのブラウンシュワイクにおいてレンガ職人の子として生まれた．当時の領主の援助により，1795 年から 3 年間ゲッティンゲン大学で勉学し，1799 年ヘルムシュテット大学において学位を得た．学位論文は，「代数学の基本定理」についてである．1807 年ゲッティンゲンに新設された天文台に赴任してからは，最期までその地にとどまり，母校の大学教授兼天文台長として輝かしい業績を残した．

8 歳のとき(または，10 歳ともいう)授業中に 1 から 100 までの足し算に対する答を瞬時に発見した逸話は有名である．また，「数学は科学の女王であり，数論は数学の女王である」という言葉は誰でもが知っている．むかし，次のような話を外国で耳にしたことがある(今回文献を探してみたが確認できなかった)．ある日，ガウスに手紙が届いた．友人の死亡を伝えるものであり，生年月日と死去の日付が記されていた．ガウスはその手紙のうらを使って，ある計算を始めた．その友人が何日生きたのかの計算であったという．

数論，複素数，非ユークリッド幾何学，ポテンシャル論，楕円関数，確率論，微分方程式等々，数学の各分野で重要な貢献を行ない，まさに現代数学の王様である．ガウス平面，ガウス曲率，ガウス分布，ガウス超幾何級数等，彼の名前がつけられたものは多い．天文学，電磁気学(現在，磁束密度の CGS 単位をガウスという)にも興味を持ち，「彼に比すべき史上の偉人は，ただ 2 人の先駆者アルキメデス，ニュートンあるのみ」とも言われる．

ガウスは，著書，論文のほかに，未発表の研究成果を含んだ日記や書簡を残している．日記によれば，1797 年に楕円関数の 2 重周期性を発見していた．1811 年のベッセルへの手紙の中では，コーシーの積分定理が述べられている．完全性を心がけて性急な発表をきらったために，それらの結果は正式には未発表で終ってしまった．

5

多重積分，線積分，面積分と積分定理

第 4 章では，ベクトル場の微分法について学んだ．この章の中心は，ベクトル場の積分法である．多重積分，線積分，面積分など，いろいろな種類の積分が登場する．もし分からなくなったら，「積分は積和の極限」という基本精神に戻るとよい．勾配，発散，回転なども，積分定理とともに考えると，いっそう理解しやすくなるはずである．

5-1 多重積分

2重積分 領域 R で定義された連続な関数を $F(x,y)$ とする．領域 R を，おのおのの面積が $\varDelta A_1, \varDelta A_2, \cdots, \varDelta A_n$ の n 個の小領域 $R_1, R_2, \cdots, R_n$ に分割する．小領域 R_k 内に，点 $\mathrm{P}_k(\xi_k, \eta_k)$ を選び，積和

$$\sum_{k=1}^{n} F(\mathrm{P}_k)\varDelta A_k = \sum_{k=1}^{n} F(\xi_k, \eta_k)\varDelta A_k \tag{5.1}$$

をつくる．各領域 R_k の直径(領域内の2点間の距離の最大値)が0に近づくように分割を細かくしていく．このときの極限値を

$$\iint_R F(x,y)dA = \lim_{n\to\infty}\sum_{k=1}^{n} F(\xi_k, \eta_k)\varDelta A_k \tag{5.2}$$

と書き，関数 $F(x,y)$ の領域 R における **2重積分**という．

累次積分 多くの場合，2重積分(5.2)は，積分を2回くり返すことによって計算される(累次積分)．曲線 ACB を $y=g(x)$，曲線 BDA を $y=h(x)$ で表わす(図5-1)．今度は，領域 R を各面積が $\varDelta x_i \varDelta y_j$ の長方形の領域 R_{ij} $(i=1,2,\cdots,m\,;\ j=1,2,\cdots,n)$ に分割する．領域 R_{ij} 内に点 (ξ_i, η_j) を選び，積和

$$\sum_{i=1}^{m}\sum_{j=1}^{n} F(\xi_i, \eta_j)\varDelta x_i \varDelta y_j \tag{5.3}$$

をつくる．最初に y 軸方向の積和をとり $n\to\infty$ の極限，次に x 軸方向の積和をとり $m\to\infty$ の極限を考えれば，(5.3)は

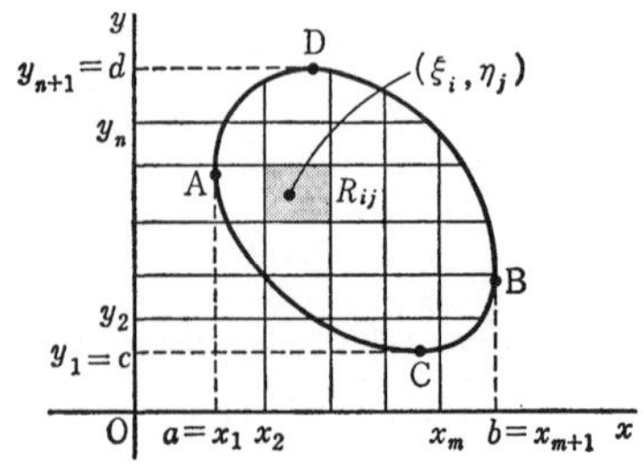

図5-1

$$\iint_R F(x, y)dxdy = \int_a^b\left[\int_{g(x)}^{h(x)} F(x, y)dy\right]dx \tag{5.4}$$

これを**累次積分**という．同様にして，x 積分と y 積分の順序を交換した累次積分を考えることができる．

3 重積分　3 次元の領域 R で定義された連続な関数 $F(x, y, z)$ を考える．領域 R を，おのおのの体積が $\varDelta V_1, \varDelta V_2, \cdots, \varDelta V_n$ の n 個の小領域 $R_1, R_2, \cdots, R_n$ に分割する．小領域 R_k 内に点 $\mathrm{P}_k(\xi_k, \eta_k, \zeta_k)$ を選び，積和 $\sum_{k=1}^{n} F(\mathrm{P}_k)\varDelta V_k = \sum_{k=1}^{n} F(\xi_k, \eta_k, \zeta_k)\varDelta V_k$ をつくる．各領域 R_k の直径が 0 に近づくように分割を細かくしていく．このときの極限値を

$$\iiint_R F(x, y, z)dV = \lim_{n\to\infty}\sum_{k=1}^{n} F(\xi_k, \eta_k, \zeta_k)\varDelta V_k \tag{5.5}$$

と書き，関数 $F(x, y, z)$ の領域 R における **3 重積分**という．実際の計算は累次積分を用いることが多い．z 積分，y 積分，x 積分の順に積分を行なうとして，

$$\iiint_R F(x, y, z)dxdydz = \int_a^b\left[\int_{f(x)}^{g(x)}\left\{\int_{h(x,y)}^{l(x,y)} F(x, y, z)dz\right\}dy\right]dx \tag{5.6}$$

積分変数の変換　$x=f(u, v)$，$y=g(u, v)$ によって，(x, y) 座標から (u, v) 座標に変換するとしよう．(x, y) 座標での領域 R に対応する，(u, v) 座標での領域を D と表わせば，

$$\begin{gathered}\iint_R F(x, y)dxdy = \iint_D F[f(u, v), g(u, v)]\,|J|\,dudv \\ J = \frac{\partial(x, y)}{\partial(u, v)} = \begin{vmatrix}\partial x/\partial u & \partial x/\partial v \\ \partial y/\partial u & \partial y/\partial v\end{vmatrix}\end{gathered} \tag{5.7}$$

J は**ヤコビの行列式**または**ヤコビアン**とよばれる．同様に，3 重積分に対して，

$$\begin{gathered}\iiint_R F(x, y, z)dxdydz = \iiint_D F[f(u, v, w), g(u, v, w), h(u, v, w)]\,|J|\,dudvdw \\ J = \frac{\partial(x, y, z)}{\partial(u, v, w)} = \begin{vmatrix}\partial x/\partial u & \partial x/\partial v & \partial x/\partial w \\ \partial y/\partial u & \partial y/\partial v & \partial y/\partial w \\ \partial z/\partial u & \partial z/\partial v & \partial z/\partial w\end{vmatrix}\end{gathered} \tag{5.8}$$

例題5.1 次の 2 重積分と 3 重積分を求めよ．

1) $\displaystyle\iint_R y\,dxdy$ （R は $y=x^2$ と $y=x^3$ で囲まれた領域，図(a)）

2) $\displaystyle\iiint_R (x^2+y^2+z^2)dxdydz$ （R は，$x+y+z=a,\ a>0,\ x=0,\ y=0,\ z=0$ で囲まれた領域，図(b)）

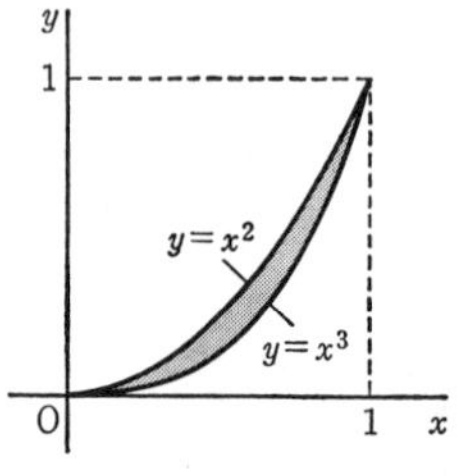

(a)

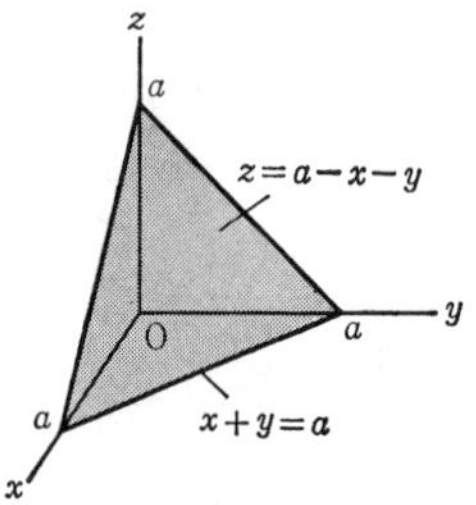

(b)

［解］ 1) y 積分，x 積分の順に計算する．x を固定すると，y の変域は $x^3\leqq y\leqq x^2$．そして，x は 0 から 1 まで変わるから，

$$I=\iint_R y\,dxdy=\int_0^1\left[\int_{x^3}^{x^2}y\,dy\right]dx=\int_0^1\left(\frac{1}{2}x^4-\frac{1}{2}x^6\right)dx=\frac{1}{35}$$

x 積分，y 積分の順に計算しても同じ結果を得る．y を固定すると，x の変域は $y^{1/2}\leqq x\leqq y^{1/3}$．そして，$y$ は 0 から 1 まで変わるから，

$$I=\int_0^1\left[\int_{y^{1/2}}^{y^{1/3}}y\,dx\right]dy=\int_0^1(y^{4/3}-y^{3/2})dy=\frac{1}{35}$$

2) 最初に，x と y を固定して，z について $z=0$ から $z=a-x-y$ まで積分する．次に，x を固定して，y について $y=0$ から $y=a-x$ まで積分する．最後に，x について $x=0$ から $x=a$ まで積分する．

$$\begin{aligned}I&=\iiint_R(x^2+y^2+z^2)dxdydz=\int_0^a\left[\int_0^{a-x}\left\{\int_0^{a-x-y}(x^2+y^2+z^2)dz\right\}dy\right]dx\\&=\int_0^a\left[\int_0^{a-x}\left\{x^2(a-x-y)+y^2(a-x-y)+\frac{1}{3}(a-x-y)^3\right\}dy\right]dx\\&=\int_0^a\left\{\frac{1}{2}x^2(a-x)^2+\frac{1}{6}(a-x)^4\right\}dx=\frac{1}{20}a^5\end{aligned}$$

以上では，z 積分，y 積分，x 積分の順に累次積分を行なった．他の順序でも同じ結果を得る．

例題5.2　直角座標系 (x, y) から，$x=f(u, v)$，$y=g(u, v)$ で表わされる曲線座標系 (u, v) へ座標変換すると，2重積分は，次のように与えられることを示せ．

$$\iint_R F(x, y)dxdy = \iint_D F[f(u, v), g(u, v)]\left|\frac{\partial(x, y)}{\partial(u, v)}\right| dudv$$

［**解**］　2重積分の定義 $\lim_{n\to\infty}\sum_{k=1}^{n} F(\mathrm{P}_k)\Delta A_k$ に戻り，uv 座標で ΔA_k がどのようになるかを調べる．xy 平面で，$u=$一定 の線と $v=$一定 の線は，一般にともに曲線となる．2組の曲線で囲まれた領域ABCD(図(a))は，Δu と Δv が小さいならば平行4辺形とみなせる．頂点A, B, C, Dの座標を，それぞれ $(x_1, y_1), (x_2, y_2), (x_3, y_3), (x_4, y_4)$ とおく(図(b))．

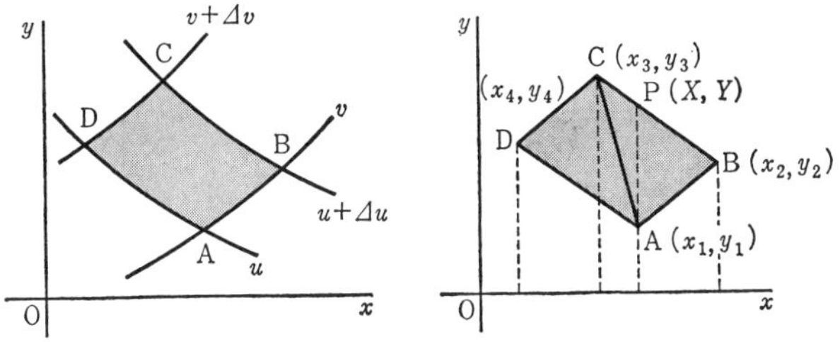

(a)　　(b)

Aを通り y 軸に平行な直線と線分BCとの交点をPとする．点Pの座標 (X, Y) は，$X=x_1$, $Y=y_2+(y_3-y_2)(x_1-x_2)/(x_3-x_2)$ で与えられる．また，線分PAの長さは，$\mathrm{PA}=Y-y_1=y_2-y_1+(y_3-y_2)(x_1-x_2)/(x_3-x_2)$ である．平行4辺形ABCDの面積 ΔA は，3角形ABCの面積の2倍であるから，

$$\begin{aligned}\Delta A &= 2\times(\triangle\mathrm{ABP}\text{の面積}+\triangle\mathrm{APC}\text{の面積})\\ &= |2\times\{\mathrm{PA}\times(x_2-x_1)/2+\mathrm{PA}\times(x_1-x_3)/2\}| = |\mathrm{PA}\times(x_2-x_3)|\\ &= |(y_3-y_2)(x_2-x_1)-(y_2-y_1)(x_3-x_2)| \qquad (1)\end{aligned}$$

Δu と Δv は小さい量なので，

$$\begin{aligned}x_2-x_1 &= (\partial x/\partial u)\Delta u, \qquad y_2-y_1 = (\partial y/\partial u)\Delta u\\ x_3-x_2 &= (\partial x/\partial v)\Delta v, \qquad y_3-y_2 = (\partial y/\partial v)\Delta v\end{aligned} \qquad (2)$$

これらを(1)に代入して，

$$\Delta A = \left|\frac{\partial x}{\partial u}\frac{\partial y}{\partial v}-\frac{\partial x}{\partial v}\frac{\partial y}{\partial u}\right|\Delta u\Delta v$$

したがって，2重積分は，曲線座標系では，

$$\iint_D F[f(u, v), g(u, v)]\left|\frac{\partial x}{\partial u}\frac{\partial y}{\partial v}-\frac{\partial x}{\partial v}\frac{\partial y}{\partial u}\right| dudv$$

問　題 5-1

[1]　x 軸，y 軸，直線 $bx+ay=ab$ $(a>0, b>0)$ で囲まれた領域を R とする(右図).

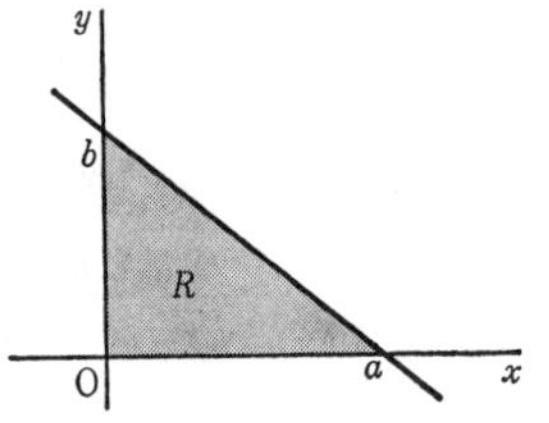

(1)　2重積分 $I=\iint_R F(x,y)dxdy$ を累次積分で表わせ.

(2)　(イ) y 積分，x 積分の順に，(ロ) x 積分，y 積分の順に，累次積分することによって，2重積分 $I=\iint_R x\,dxdy$ を求めよ.

[2]　次の多重積分を求めよ.

(1)　$\displaystyle\int_0^a\left\{\int_y^{5y}\sqrt{xy-y^2}\,dx\right\}dy$　　(2)　$\displaystyle\iint_R x^2ydxdy$　$(R：(x-2)^2+y^2\leqq 1,\ y\geqq 0)$

(3)　$\displaystyle\iint_R e^{-(x^2+y^2)}dxdy$　$(R：0\leqq x^2+y^2\leqq a^2)$　　(4)　$\displaystyle\int_0^c\left[\int_0^b\left\{\int_0^a xy^3z^5dx\right\}dy\right]dz$

(5)　$\displaystyle\iiint_R\frac{dxdydz}{(x^2+y^2+z^2)^{3/2}}$　(R は2つの球面 $x^2+y^2+z^2=a^2$, $x^2+y^2+z^2=b^2$, $a>b>0$, で囲まれた領域)

(6)　$\displaystyle\iiint_R xyzdxdydz$　$(R：x\geqq 0,\ y\geqq 0,\ z\geqq 0,\ x+y+z\leqq 1)$

[3]　次の物体(質量 M, 一様な密度 ρ)の z 軸のまわりの慣性モーメントを求めよ.

(1)　各辺の長さが $2a$, $2b$, $2c$ の直方体(図(a))

(2)　半径 a の半球(図(b))

(3)　$x^2/a^2+y^2/b^2+z^2/c^2=1$ で表わされる楕円体(図(c))

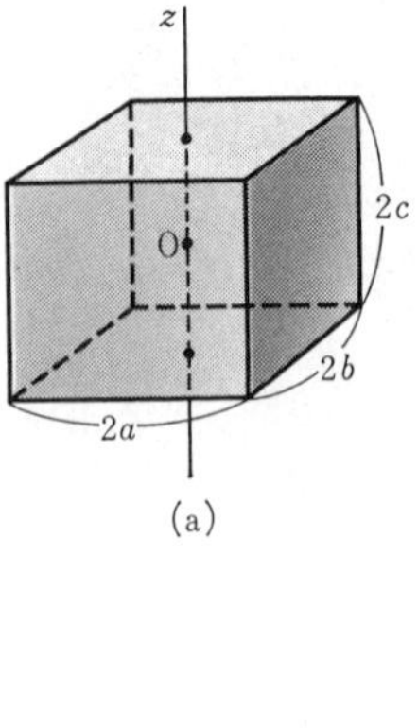

(a)

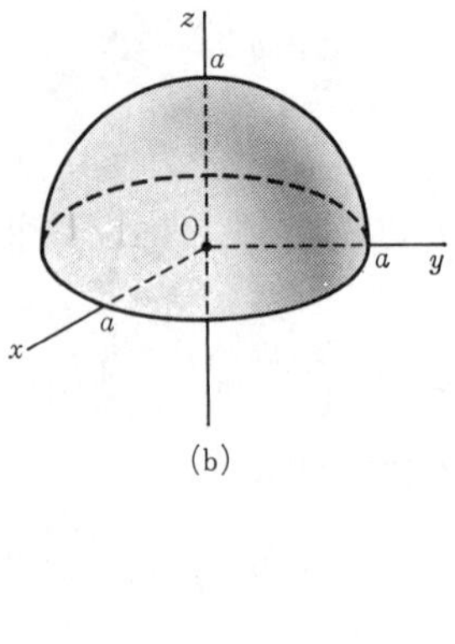

(b)

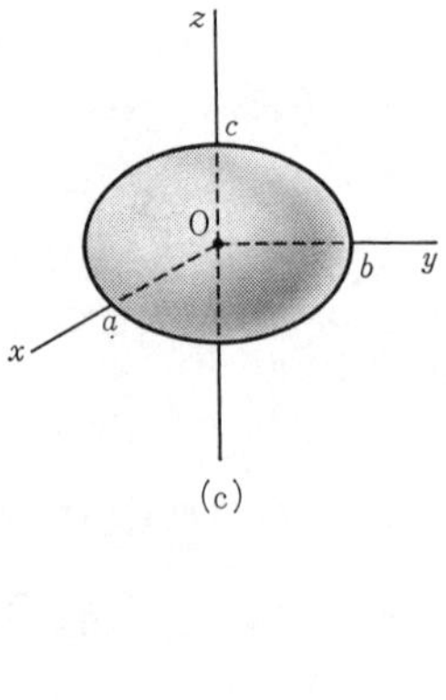

(c)

5-2　線積分と面積分

線積分　関数 $P(x, y, z)$, $Q(x, y, z)$, $R(x, y, z)$ は，向きを持った曲線 C 上のすべての点において定義された連続な関数とする(図 5-2)．いま，曲線 C 上に $n-1$ 個の点 (x_k, y_k, z_k) $(k=1, 2, \cdots, n-1)$ をとり，n 個の小区間に分ける．始点 A を $(a_1, a_2, a_3)\equiv(x_0, y_0, z_0)$，終点 B を $(b_1, b_2, b_3)\equiv(x_n, y_n, z_n)$ とかき，$\Delta x_k=x_k-x_{k-1}$, $\Delta y_k=y_k-y_{k-1}$, $\Delta z_k=z_k-z_{k-1}$ $(k=1, 2, \cdots, n)$ とおく．点 $(x_{k-1}, y_{k-1}, z_{k-1})$ と点 (x_k, y_k, z_k) の間の C 上の点を (ξ_k, η_k, ζ_k) として，積和 $\sum_{k=1}^{n}\{P(\xi_k, \eta_k, \zeta_k)\Delta x_k+Q(\xi_k, \eta_k, \zeta_k)\Delta y_k+R(\xi_k, \eta_k, \zeta_k)\Delta z_k\}$ をつくる．すべての Δx_k, Δy_k, Δz_k が 0 に近づくように分割の数 n を大きくするとき，その極限値を

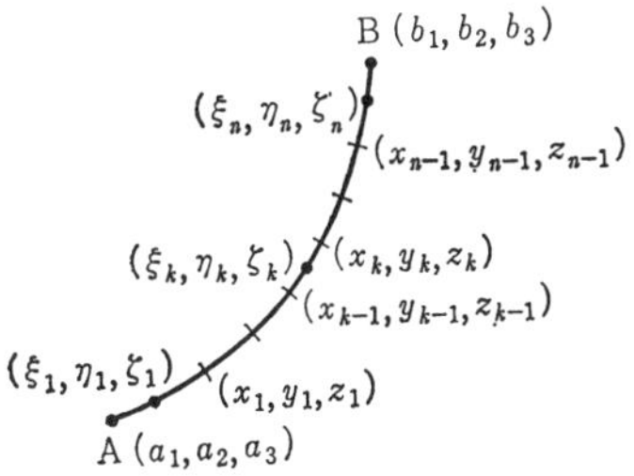

図 5-2

$$\int_C [P(x, y, z)dx+Q(x, y, z)dy+R(x, y, z)dz] \tag{5.9}$$

で表わし，**線積分**という．また，曲線 C が，弧に沿って測った道のり s で記述されるとき，

$$\int_C F(x(s), y(s), z(s))ds \tag{5.10}$$

を**弧長に関する線積分**という．

線積分は次の性質を持つ．

1)　曲線 C の逆向きの曲線を $\bar{C}$ とする．$\bar{C}=-C$ とも書く．

$$\int_{\bar{C}}[Pdx+Qdy+Rdz] = -\int_C[Pdx+Qdy+Rdz]$$

2)　曲線 C_1 と C_2 をつなぎ合わせた曲線を C とする．$C=C_1+C_2$.

$$\int_C[Pdx+Qdy+Rdz] = \int_{C_1}[Pdx+Qdy+Rdz]+\int_{C_2}[Pdx+Qdy+Rdz]$$

面積分　連続な関数 $f(x, y)$ によって $z=f(x, y)$ と表わされる曲面 S を考える

(図 5-3)．曲面 S の xy 面への射影を領域 R とする．領域 R を面積 ΔA_l ($l=1, 2, \cdots, n$) の n 個の領域に分割し，その上に立てた直方体が切りとる面積を ΔS_l とする．曲面 S 上のすべての点で 1 価連続な関数を $\phi(x, y, z)$ としよう．ΔS_l 上に点 (ξ_l, η_l, ζ_l) を選び，積和 $\sum_{l=1}^{n} \phi(\xi_l, \eta_l, \zeta_l)\Delta S_l$ をつくる．各 ΔS_l が 0 に近づくように分割の数 n を大きくするとき，その極限値を

$$\iint_S \phi(x, y, z)dS \tag{5.11}$$

と書き，S 上の $\phi(x, y, z)$ の**面積分**とよぶ.

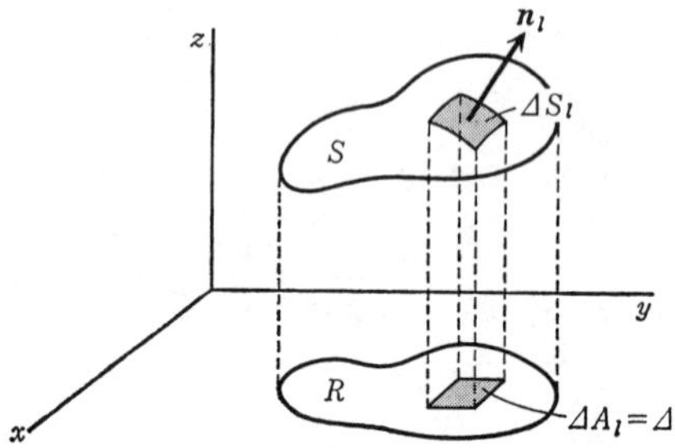

図 5-3

また，スカラー積 $\boldsymbol{A}(x, y, z)\cdot\boldsymbol{n}$ ($\boldsymbol{n}$ は曲面 S の単位法線ベクトル)の面積分

$$\iint_S \boldsymbol{A}\cdot\boldsymbol{n}dS = \iint_S A_n dS$$

を，S 上の $\boldsymbol{A}$ の面積分という．面積分は次の性質を持つ.

1)　曲面 S の法線ベクトル $\boldsymbol{n}$ を逆向きにした曲面を $\bar{S}$ とする．$\bar{S}=-S$ とも書く.

$$\iint_{\bar{S}} \boldsymbol{A}\cdot\boldsymbol{n}dS = -\iint_S \boldsymbol{A}\cdot\boldsymbol{n}dS$$

2)　閉曲面 S で囲まれた領域 V を，2 つの部分 V_1, V_2 に分ける．V_1 と V_2 を囲む閉曲面をそれぞれ S_1, S_2 とする.

$$\iint_S \boldsymbol{A}\cdot\boldsymbol{n}dS = \iint_{S_1} \boldsymbol{A}\cdot\boldsymbol{n}dS + \iint_{S_2} \boldsymbol{A}\cdot\boldsymbol{n}dS$$

例題 5.3 始点 (0, 1) から終点 (1, 2) までの線積分

$$\int_C [(x^2-2y)dx+(y^2+2x)dy]$$

を，次の 2 つの曲線に沿って計算せよ(右図).

1) x 軸に平行に (0, 1) から (1, 1) まで行き，次に y 軸に平行に (1, 1) から (1, 2) に行く.

2) (0, 1) と (1, 2) を直線で結ぶ.

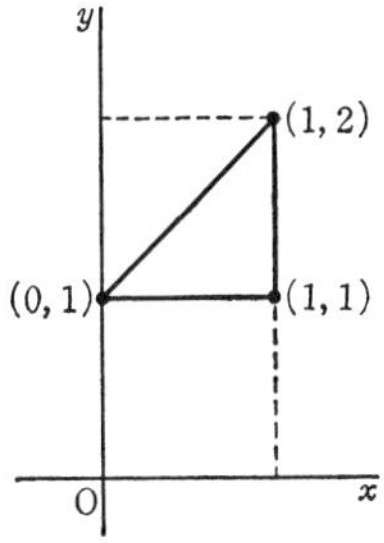

［解］ 1) x 軸に平行に (0, 1) から (1, 1) まで行く直線 C_1 の上では，$0 \leqq x \leqq 1$，$y=1$，$dy=0$ である．よって，

$$\int_{C_1} [(x^2-2y)dx+(y^2+2x)dy] = \int_{C_1} [(x^2-2)dx+(1+2x)\cdot 0]$$

$$= \int_0^1 (x^2-2)dx = \frac{1}{3}-2 = -\frac{5}{3}$$

そして y 軸に平行に (1, 1) から (1, 2) まで行く直線 C_2 の上では，$x=1$，$1 \leqq y \leqq 2$，$dx=0$ である．よって，

$$\int_{C_2} [(x^2-2y)dx+(y^2+2x)dy] = \int_{C_2} [(1-2y)\cdot 0+(y^2+2)dy]$$

$$= \int_1^2 (y^2+2)dy = \frac{7}{3}+2 = \frac{13}{3}$$

全積分路 C は，C_1 と C_2 の和であるから，求める積分の値は，上の 2 つの寄与の和であり，

$$\int_C [(x^2-2y)dx+(y^2+2x)dy] = -\frac{5}{3}+\frac{13}{3} = \frac{8}{3}$$

2) (0, 1) と (1, 2) を結ぶ直線は $y=x+1$ で，その上では $dy=dx$，$0 \leqq x \leqq 1$ である．よって，

$$\int_C [(x^2-2y)dx+(y^2+2x)dy] = \int_0^1 [\{x^2-2(x+1)\}dx+\{(x+1)^2+2x\}dx]$$

$$= \int_0^1 (2x^2+2x-1)dx = \frac{2}{3}+1-1 = \frac{2}{3}$$

この例題からわかるように，一般には，線積分の値は始点と終点をつなぐ曲線の選び方に依存する．

例題 5.4　1)　曲面 S が，$F(x,y,z)\equiv z-f(x,y)=0$ で記述されるとき，次の式を示せ(下図(a))．

$$\iint_S \phi(x,y,z)dS=\iint_R \phi(x,y,f(x,y))\sqrt{1+\left(\frac{\partial f}{\partial x}\right)^2+\left(\frac{\partial f}{\partial y}\right)^2}\,dxdy$$

2)　放物面の上半分，$z=2-(x^2+y^2)$ $(z>0)$ を S とする(下図(b))．次の面積分を計算せよ．

$$\iint_S (x^2+y^2)dS$$

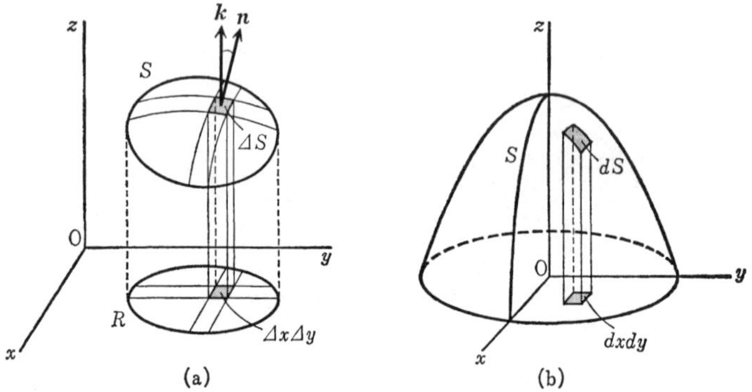

［解］　1)　曲面 S 上の微小面積 ΔS の，xy 平面への射影を $\Delta A=\Delta x\Delta y$ とする．面 ΔS 上の単位法線ベクトル $\boldsymbol{n}$ と z 軸方向の単位ベクトル $\boldsymbol{k}$ の間の角を γ とすると，

$$\Delta A=|\cos\gamma|\Delta S \tag{1}$$

曲面 S が $F(x,y,z)\equiv z-f(x,y)=0$ で表わされるとき，それに垂直なベクトルは，$\nabla F=-(\partial f/\partial x)\boldsymbol{i}-(\partial f/\partial y)\boldsymbol{j}+\boldsymbol{k}$ で与えられる(4-4 節の勾配を参照)．したがって，単位法線ベクトル $\boldsymbol{n}$ は，$\boldsymbol{n}=\nabla F/|\nabla F|$ と書けるから，

$$\frac{1}{|\cos\gamma|}=\frac{1}{|\boldsymbol{n}\cdot\boldsymbol{k}|}=\frac{|\nabla F|}{|\nabla F\cdot\boldsymbol{k}|}=\left[1+\left(\frac{\partial f}{\partial x}\right)^2+\left(\frac{\partial f}{\partial y}\right)^2\right]^{1/2} \tag{2}$$

よって，(1)と(2)を面積分の表式に代入して，

$$\iint_S \phi(x,y,z)dS=\iint_R \phi(x,y,z)\frac{dA}{|\cos\gamma(x,y)|}$$

$$=\iint_R \phi(x,y,z)\left[1+\left(\frac{\partial f}{\partial x}\right)^2+\left(\frac{\partial f}{\partial y}\right)^2\right]^{1/2}dxdy \tag{3}$$

2)　上で示された公式(3)を用いる．ただし，領域 R は，円の内部 $x^2+y^2\leqq 2$.

$$\iint_S (x^2+y^2)dS = \iint_R (x^2+y^2)\sqrt{1+4x^2+4y^2}\,dxdy \tag{4}$$

2次元極座標 $x=\rho\cos\phi$, $y=\rho\sin\phi$ を使って，(4)を計算する．

$$\iint_R (x^2+y^2)\sqrt{1+4x^2+4y^2}\,dxdy = \int_0^{2\pi} d\phi \int_0^{\sqrt{2}} \rho^2\sqrt{1+4\rho^2}\,\rho d\rho$$

$$= 2\pi\int_0^{\sqrt{2}} \rho^3\sqrt{1+4\rho^2}\,d\rho = \frac{2\pi}{20}\left[\left(\rho^2-\frac{1}{6}\right)(1+4\rho^2)^{3/2}\right]_0^{\sqrt{2}} = \frac{149\pi}{30}$$

問　題 5-2

[1]　ベクトル関数を $\boldsymbol{A}(x,y)=xy\boldsymbol{i}-x^2\boldsymbol{j}$ とする．原点Oから点P(1, 1)までの，$\boldsymbol{A}$ の線積分 $\int_C \boldsymbol{A}\cdot d\boldsymbol{r}$ を次の2つの曲線 C に対して計算せよ(右図)．

(1)　原点Oから点Pに到る放物線 $y=x^2$．

(2)　原点Oから x 軸に沿って点Q(1, 0)に行き，次に y 軸に平行に点Pに到る路．

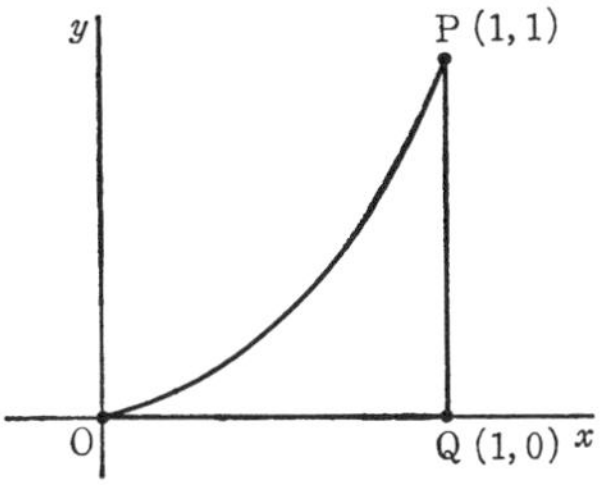

[2]　力の x,y,z 成分を，それぞれ

$$P(x,y,z) = x^2+yz,\qquad Q(x,y,z) = y^2+xz,$$
$$R(x,y,z) = z^2+xy$$

とする．物体を原点(0, 0, 0)から点D(1, 1, 1)まで動かすとき，この力がする仕事 $U=\int_C (Pdx+Qdy+Rdz)$ を次の2つの路で計算せよ．

(1) 直線ODに沿う．(2) 原点から点A(1, 0, 0)へ，点Aから点B(1, 1, 0)へ，点Bから点Dへすべて直線に沿う．

[3]　$\boldsymbol{A}(x,y,z)=3xz\boldsymbol{i}-y^2\boldsymbol{j}+2yz\boldsymbol{k}$ とする．1辺の長さが1の立方体を図3のように置き，その表面を S とする．面積分 $\iint_S \boldsymbol{A}\cdot\boldsymbol{n}dS$ を計算せよ．

[4]　平面 $2x+2y+z=2$ が座標軸と交わる3点をA, B, Cとする(図4)．3角形ABCを S とするとき，$\phi(x,y,z)=x^2+2yz+z^2-2$ の S 上の面積分を求めよ．

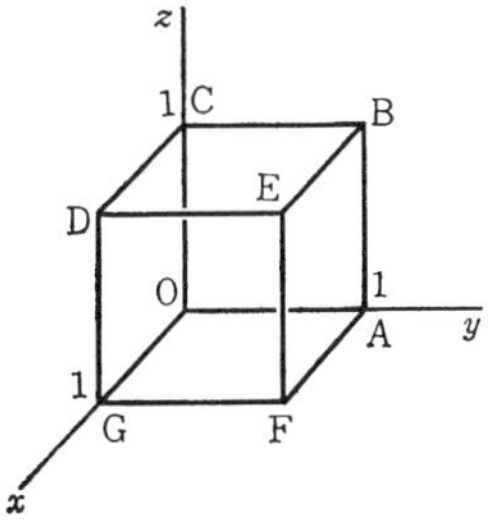

図3

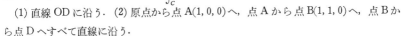

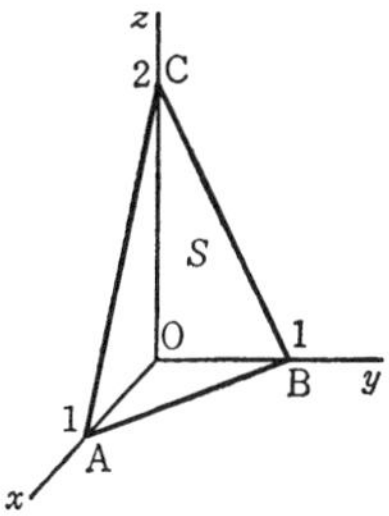

図4

5-3　平面におけるグリーンの定理

単連結領域　領域内の任意の閉曲線を連続的に点にまで縮められる領域を**単連結領域**という(例，図 5-4(a))．一方，同図(b)のような領域では，閉曲線 C_1 は点にまで縮められるが，閉曲線 C_2 はそうできない．このように，1つの「虫食い」のある領域を**2重連結領域**という．

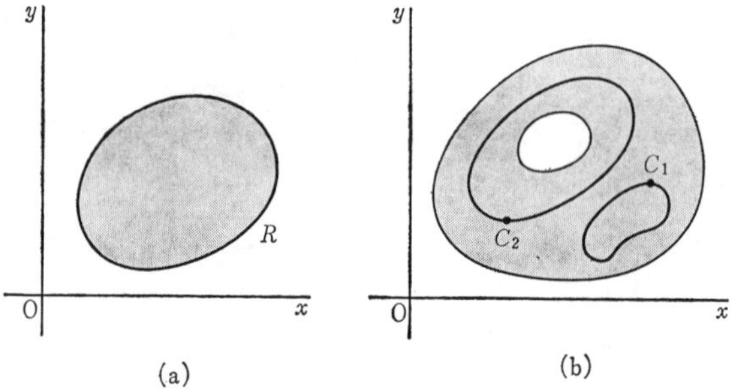

図 5-4

平面におけるグリーンの定理　曲線 C で囲まれた単連結領域 R において，関数 $P(x, y), Q(x, y)$ とその偏微分 $\partial P/\partial y, \partial Q/\partial x$ が1価連続であるとき，**平面におけるグリーンの公式**

$$\oint_C (Pdx+Qdy) = \iint_R \left(\frac{\partial Q}{\partial x} - \frac{\partial P}{\partial y}\right) dxdy \tag{5.12}$$

が成り立つ．この公式は，2重積分と線積分を関係づける．

平面上の線積分が路によらないための条件　単連結領域 R において，線積分

$$\int_C (Pdx+Qdy) \tag{5.13}$$

の値が，路 C の選び方によらないための必要十分条件は，

$$\frac{\partial P}{\partial y} = \frac{\partial Q}{\partial x} \tag{5.14}$$

例題 5.5 線積分 $\int_C (Pdx+Qdy)$ の値が始点Aと終点Bに依存し，路 C の選び方によらないための必要十分条件は，$\partial P/\partial y=\partial Q/\partial x$ であることを示せ．

［**解**］ 線積分の値が路によらないならば，2つの任意の路を C_1, C_2 として

$$\int_{C_1}(Pdx+Qdy) = \int_{C_2}(Pdx+Qdy)$$

線積分の性質より，

$$\int_{C_1}(Pdx+Qdy)-\int_{C_2}(Pdx+Qdy) = \int_{C_1-C_2}(Pdx+Qdy)$$

$$= \oint_C (Pdx+Qdy) = 0$$

すなわち，線積分が2点間の路の選び方によらないことと，その線積分が2点を通る任意の閉曲線 C に対して0になること，は同じである．

よって，$\oint_C (Pdx+Qdy)=0$ となるための必要十分条件が，$\partial P/\partial y=\partial Q/\partial x$ であることを示せばよい．

曲線 C で囲まれた単連結領域を R とする．また，領域 R において，関数 $P(x,y)$, $Q(x,y)$ とその偏微分 $\partial P/\partial y, \partial Q/\partial x$ は1価連続であるとする．

十分条件 $\partial P/\partial y=\partial Q/\partial x$ ならば，平面におけるグリーンの定理により，

$$\oint_C (Pdx+Qdy) = \iint_R \left(\frac{\partial Q}{\partial x}-\frac{\partial P}{\partial y}\right)dxdy = 0$$

必要条件 $\oint_C (Pdx+Qdy)=0$ とする．ある点 (x_0, y_0) で $\partial Q/\partial x-\partial P/\partial y>0$ として矛盾を導く．$\partial P/\partial y, \partial Q/\partial x$ は領域 R 内で連続であるから，$\partial Q/\partial x-\partial P/\partial y>0$ となる領域 R_0 が存在する．領域 R_0 の周を C_0 とすれば，平面のグリーンの定理より，

$$\oint_{C_0} (Pdx+Qdy) = \iint_{R_0} \left(\frac{\partial Q}{\partial x}-\frac{\partial P}{\partial y}\right)dxdy > 0$$

これは，R 内の任意の閉じた路に対して $\oint_C (Pdx+Qdy)=0$ が成り立つとした仮定に反するので，$\partial Q/\partial x-\partial P/\partial y$ は正ではない．同様にして，$\partial Q/\partial x-\partial P/\partial y$ は負ではない．したがって，R 内で恒等的に $\partial P/\partial y=\partial Q/\partial x$ である．

問　題 5-3

[1] 始点を (0, 1)，終点を (3, 5) とする曲線 C に対して，線積分

$$\int_C [(5x^4y+x^2y^3-y^5)dx+(x^5+x^3y^2-5xy^4)dy]$$

を考える(右図).

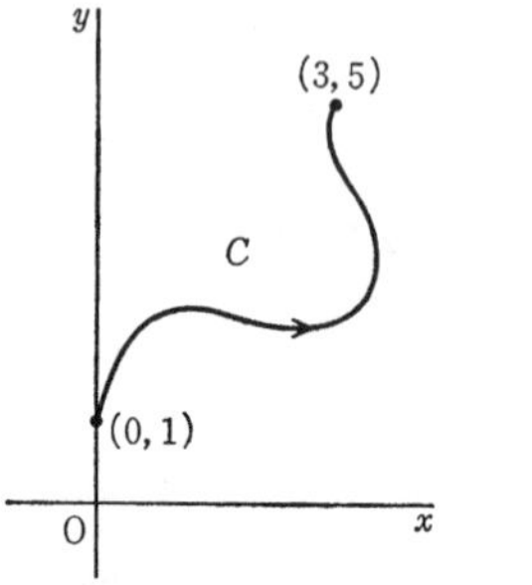

(1) 線積分の値は，途中の路の選び方によらないことを示せ.

(2) 線積分の値を求めよ.

[2] 右図の 3 角形 ABO を，時計と逆回りに一周する路を C とする．線積分

$$\oint_C [(2y-\sin x)dx-3\cos x dy]$$

を，次の 2 つの方法で計算せよ.

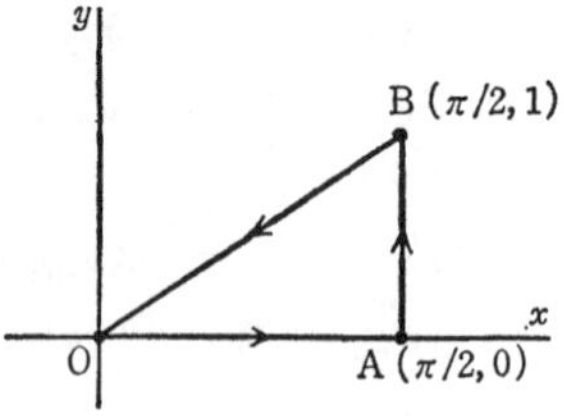

(1) 線積分を実際に評価する.

(2) 平面におけるグリーンの定理を用いる.

[3] 2 次元平面の領域 R とそれを囲む曲線 C に対して，平面のグリーンの定理から

$$\oint_C \boldsymbol{A}\cdot\boldsymbol{n}ds=\iint_R \nabla\cdot\boldsymbol{A}dR$$

を導け．ここで，s は曲線 C に沿った弧の長さ，$\boldsymbol{n}$ は曲線 C の単位法線ベクトル(外向き)である．この公式を，3 次元体積 V とそれを囲む曲面 S に拡張したものが，ガウスの定理 $\iint_S \boldsymbol{A}\cdot\boldsymbol{n}dS=\iiint_V \nabla\cdot\boldsymbol{A}dV$ である.

One Point ——平面におけるグリーンの定理と他の積分定理

平面におけるグリーンの定理を，ベクトル記号を使って書くと次のようになる．$\boldsymbol{A}=P\boldsymbol{i}+Q\boldsymbol{j}$，$\boldsymbol{r}=x\boldsymbol{i}+y\boldsymbol{j}$ とおくと，$Pdx+Qdy=\boldsymbol{A}\cdot d\boldsymbol{r}$．また，$(\nabla\times\boldsymbol{A})\cdot\boldsymbol{k}=\partial Q/\partial x-\partial P/\partial y$．したがって，平面におけるグリーンの定理は，$\oint_C \boldsymbol{A}\cdot d\boldsymbol{r}=\iint_R (\nabla\times\boldsymbol{A})\cdot\boldsymbol{k}dxdy$ と書ける．これを一般化したものがストークスの定理(5-5 節)である．また，ガウスの定理(5-4 節)の 2 次元版ともみなせる(問題 5-3，問[3]).

5-4　ガウスの定理

ガウスの定理　体積 V を囲む閉曲面(境界)を S とする(図 5-5)．S の内部から外部に向かう単位法線ベクトルを $\boldsymbol{n}$ で表わす．このとき，ベクトル関数 $\boldsymbol{A}(x, y, z)$ に対して，

$$\iint_S \boldsymbol{A}\cdot\boldsymbol{n}dS = \iiint_V \nabla\cdot\boldsymbol{A}dV \tag{5.15}$$

が成り立つ．面積分と体積積分を関係づける，この積分定理を**ガウスの定理**または**発散定理**という．

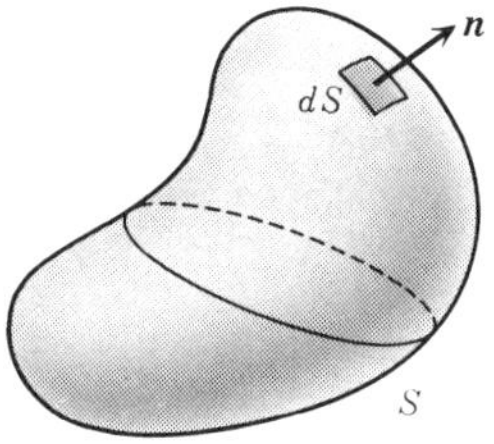

図 5-5

ガウスの積分　閉曲面 S があるとき，S 上の点の原点 O に対する位置ベクトルを $\boldsymbol{r}$ とする．つぎの面積分を**ガウスの積分**という．

$$\iint_S \frac{\boldsymbol{r}\cdot\boldsymbol{n}}{r^3}dS = \begin{cases} 0 & (\text{原点 O が曲面 } S \text{ の外}) \\ 4\pi & (\text{原点 O が曲面 } S \text{ の内}) \end{cases} \tag{5.16}$$

発散の物理的意味　微小体積 ΔV とその表面 ΔS に対するガウスの定理より，

$$\nabla\cdot\boldsymbol{A} = \lim_{\Delta V\to 0}\frac{1}{\Delta V}\iint_{\Delta S}\boldsymbol{A}\cdot\boldsymbol{n}dS \tag{5.17}$$

この式の右辺は，表面 ΔS から流れ出る(単位体積当りの)ベクトルの**流束**を表わす．$\nabla\cdot\boldsymbol{A}$ がある点 P のまわりで正ならば，そこから流れ出す流束は正であり，点 P を**わき出し**という．同様に，$\nabla\cdot\boldsymbol{A}$ が負ならば，**吸い込み**という．

例題 5.6　閉曲面 S 上の点の位置ベクトルを $\boldsymbol{r}=x\boldsymbol{i}+y\boldsymbol{j}+z\boldsymbol{k}$ で表わす．S の内部から外部に向かう単位法線ベクトルを $\boldsymbol{n}$ とする．ガウスの積分

$$\iint_S \frac{\boldsymbol{r}\cdot\boldsymbol{n}}{r^3}dS = \begin{cases} 0 & (\text{原点 O が曲面 S の外}) \\ 4\pi & (\text{原点 O が曲面 S の内}) \end{cases}$$

を示せ．

［解］　原点 O が閉曲面 S の外にあるとき(図 1(a))．S によって囲まれる領域 V 内のすべての点で $r\neq 0$ であり，

$$\nabla\cdot\left(\frac{\boldsymbol{r}}{r^3}\right) = 0 \qquad (r\neq 0) \tag{1}$$

(問題 4-4，問[1]の(4))．　よって，ガウスの定理を用いて，

$$\iint_S \frac{\boldsymbol{r}}{r^3}\cdot\boldsymbol{n}dS = \iiint_V \nabla\cdot\left(\frac{\boldsymbol{r}}{r^3}\right)dV = 0 \tag{2}$$

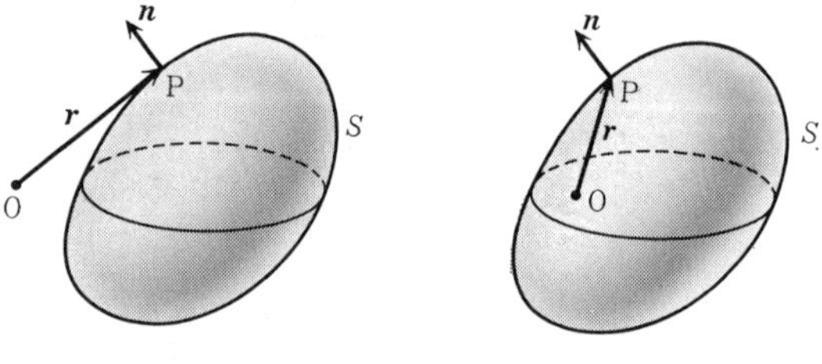

(a) 原点 O は S の外　　(b) 原点 O は S の内

図 1

原点 O が閉曲面 S の内にあるとき(図 1(b))．点 O を中心として半径 a の球面 S' を V 内につくる(図 2)．いま，S と S' で作られる閉曲面 $S+S'$ を考えると，原点 O はその外にあるから，

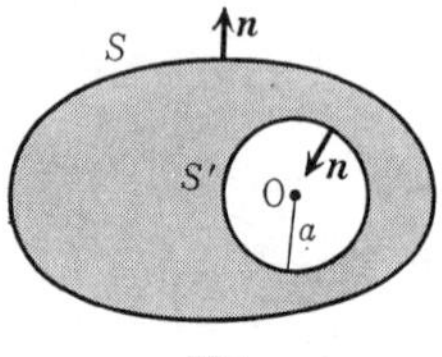

図 2

$$\iint_{S+S'} \frac{\boldsymbol{r}\cdot\boldsymbol{n}}{r^3}dS = \iint_S \frac{\boldsymbol{r}\cdot\boldsymbol{n}}{r^3}dS + \iint_{S'} \frac{\boldsymbol{r}\cdot\boldsymbol{n}}{r^3}dS = 0 \tag{3}$$

ところが，次のようにして，S' に関する面積分は簡単に計算できる．S' においては $r=a$ で，$\boldsymbol{n}$ は原点に向かっているから($\boldsymbol{n}$ の定義は，閉曲面 $S+S'$ の内から外へ向かう単位法線ベクトル)，$\boldsymbol{r}\cdot\boldsymbol{n}=-a$．したがって，

$$\iint_{S'} \frac{\boldsymbol{r}\cdot\boldsymbol{n}}{r^3}dS = \iint_{S'} \frac{(-a)}{a^3}dS = -\frac{a}{a^3}\cdot 4\pi a^2 = -4\pi \tag{4}$$

(3)と(4)より，

$$\iint_S \frac{\boldsymbol{r}\cdot\boldsymbol{n}}{r^3}dS = -\iint_{S'} \frac{\boldsymbol{r}\cdot\boldsymbol{n}}{r^3}dS = -(-4\pi) = 4\pi \tag{5}$$

(2)と(5)をまとめたものが，ガウスの積分である．この結果は，Sが球面ならばすぐに証明できるが，いまは任意の閉曲面Sに対して証明されたことに注意しよう．

問　題 5-4

[1]　1辺の長さが1の立方体Vを右図のようにおく．その表面をSとする．面積分

$$\iint_S \boldsymbol{A}\cdot\boldsymbol{n}dS, \qquad \boldsymbol{A} = xy^2\boldsymbol{i} - yz^2\boldsymbol{j} + 6z^2\boldsymbol{k}$$

について，ガウスの定理を確かめよ．

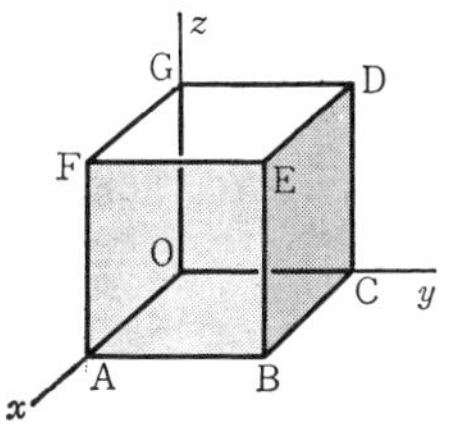

[2]　ガウスの定理を使って，次の面積分を計算せよ．

(1)　$\boldsymbol{A} = ax\boldsymbol{i} + by\boldsymbol{j} + cz\boldsymbol{k}$ (a, b, cは定数) のとき，原点を中心とする半径r_0の球面上での$\boldsymbol{A}$の面積分．

(2)　$x=0, y=0, z=0, x=3, y=3, z=3$で囲まれた立方体の表面を$S$とするとき，$S$上での$\boldsymbol{A} = x^3\boldsymbol{i} + x^2y\boldsymbol{j} + z\boldsymbol{k}$の面積分．

[3]　閉曲面Sについて，次の式を証明せよ．

(1)　$\displaystyle\iint_S (\nabla\times\boldsymbol{A})\cdot\boldsymbol{n}dS = 0$　　(2)　$\displaystyle\iiint_V \nabla\phi dV = \iint_S \phi\boldsymbol{n}dS$

(3)　$\displaystyle\iint_S \boldsymbol{n}dS = 0$　　(4)　$\displaystyle\iiint_V \boldsymbol{A}\cdot\nabla\phi dV = \iint_S \phi\boldsymbol{A}\cdot\boldsymbol{n}dS - \iiint_V \phi\nabla\cdot\boldsymbol{A}dV$

[4]　次の3つの物理条件を用いて，**熱伝導方程式**$\dfrac{\partial u}{\partial t} = \kappa\nabla^2 u$ (κは熱拡散率) を導け．

(1)　物体内部にたくわえられる熱量Qは，密度をρ，比熱をσ，温度を$u(x, y, z, t)$として，$Q = \displaystyle\iiint_V \rho\sigma u dV$で与えられる．ただし，$\rho, \sigma$は定数とする．

(2)　熱流$\boldsymbol{J}$は温度勾配に比例する：$\boldsymbol{J} = -K\nabla u$，$K(>0)$は熱伝導率．これをフーリエの法則という．

(3)　物体内には，熱のわき出し，吸いこみはない．

5-5　ストークスの定理

ストークスの定理　閉曲線Cを周とする曲面をS，面Sでの単位法線ベクトルを$\boldsymbol{n}$とする．ベクトル関数$\boldsymbol{A}(x, y, z)$に対して，

$$\int_C \boldsymbol{A}\cdot d\boldsymbol{r} = \iint_S (\nabla\times\boldsymbol{A})\cdot\boldsymbol{n}dS \tag{5.18}$$

が成り立つ．線積分と面積分を関係づける，この積分定理を**ストークスの定理**という．

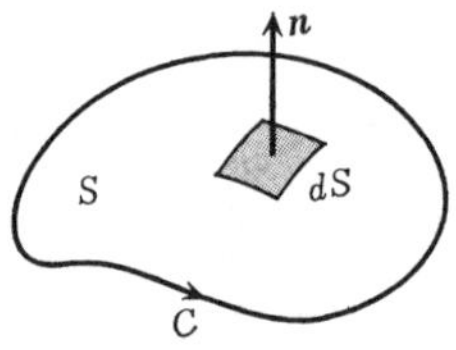

図 5-6

保存力とポテンシャル　ストークスの定理から，次のことが示される．

1)　すべての閉曲線Cに対して，$\oint_C \boldsymbol{A}\cdot d\boldsymbol{r}=0$であるための必要十分条件は，$\nabla\times\boldsymbol{A}=0$.

2)　$\nabla\times\boldsymbol{A}=0$であるための必要十分条件は，$\boldsymbol{A}=\nabla U$.

上の結果の力学における意味．仕事$\int_C \boldsymbol{F}\cdot d\boldsymbol{r}$が途中の路$C$に依存しないための必要十分条件は，力$\boldsymbol{F}$が$\nabla\times\boldsymbol{F}=0$をみたすことである．このとき，$\boldsymbol{F}$を**保存力**という．保存力$\boldsymbol{F}$は，$\boldsymbol{F}=-\nabla\phi$と書ける．関数$\phi(x, y, z)$を力$\boldsymbol{F}$の**ポテンシャル**という．

回転の物理的意味　ストークスの定理(5.18)を微小面積$\varDelta S$(その周$\varDelta C$)に適用すれば，

$$\oint_{\varDelta C} \boldsymbol{A}\cdot d\boldsymbol{r} = (\nabla\times\boldsymbol{A})\cdot\boldsymbol{n}\varDelta S$$

よって

$$\boldsymbol{n}\cdot(\nabla\times\boldsymbol{A}) = \lim_{\varDelta S\to 0}\frac{1}{\varDelta S}\oint_{\varDelta C}\boldsymbol{A}\cdot d\boldsymbol{r} \tag{5.19}$$

線積分$\Gamma=\oint_C \boldsymbol{A}\cdot d\boldsymbol{r}$は，$\boldsymbol{A}(x, y, z)$の$C$に沿った**循環**または**渦量**とよばれ，ベクトル$\boldsymbol{A}$がどれだけ渦状(回転的)であるかを表わしている．また，(5.16)を$\nabla\times\boldsymbol{A}$の定義とみなしてもよい．

例題 5.7　1)　力 $\boldsymbol{F}=-(y^3+3zx^2)\boldsymbol{i}+(2yz^2-3xy^2)\boldsymbol{j}+(2y^2z-x^3)\boldsymbol{k}$ は保存力であることを示せ.

2)　$\boldsymbol{F}=-\nabla\phi$ となる関数 $\phi(x,y,z)$，すなわち，ポテンシャル ϕ を求めよ.

3)　点 A(1−1, 2) から点 B(2, 1, −1) へ行く路を C とする．仕事 $\int_C \boldsymbol{F}\cdot d\boldsymbol{r}$ を計算せよ.

［解］　1)　力 $\boldsymbol{F}$ の回転 $\nabla\times\boldsymbol{F}$ を計算する.

$$\nabla\times\boldsymbol{F}=\begin{vmatrix} \boldsymbol{i} & \boldsymbol{j} & \boldsymbol{k} \\ \partial/\partial x & \partial/\partial y & \partial/\partial z \\ -(y^3+3zx^2) & 2yz^2-3xy^2 & 2y^2z-x^3 \end{vmatrix}$$
$$=(4yz-4yz)\boldsymbol{i}+(-3x^2+3x^2)\boldsymbol{j}+(-3y^2+3y^2)\boldsymbol{k}=0$$

よって，力 $\boldsymbol{F}$ は保存力であり，仕事 $\int_C \boldsymbol{F}\cdot d\boldsymbol{r}$ は路 C の選び方によらない.

2)　$d\boldsymbol{r}=dx\boldsymbol{i}+dy\boldsymbol{j}+dz\boldsymbol{k}$.　$\boldsymbol{F}=-\nabla\phi$ より，

$$\boldsymbol{F}\cdot d\boldsymbol{r}=-(\nabla\phi)\cdot d\boldsymbol{r}=-\left(\frac{\partial\phi}{\partial x}dx+\frac{\partial\phi}{\partial y}dy+\frac{\partial\phi}{\partial z}dz\right)=-d\phi \tag{1}$$

一方，$\boldsymbol{F}\cdot d\boldsymbol{r}$ に $\boldsymbol{F}=-(y^3+3zx^2)\boldsymbol{i}+(2yz^2-3xy^2)\boldsymbol{j}+(2y^2z-x^3)\boldsymbol{k}$ を代入して，全微分の形にかく，

$$\boldsymbol{F}\cdot d\boldsymbol{r}=-(y^3+3zx^2)dx+(2yz^2-3xy^2)dy+(2y^2z-x^3)dz$$
$$=-d(xy^3-y^2z^2+zx^3) \tag{2}$$

したがって，(1)と(2)を比べて(ただし，ポテンシャル ϕ には定数の任意性がある)，

$$\phi(x,y,z)=xy^3-y^2z^2+zx^3+\phi_0 \qquad (\phi_0\text{ は定数}) \tag{3}$$

3)　上で求めたポテンシャル $\phi(x,y,z)$ を用いて仕事 $\int_C \boldsymbol{F}\cdot d\boldsymbol{r}$ を計算する．$\boldsymbol{F}\cdot d\boldsymbol{r}=-d\phi$ だから，

$$\int_C \boldsymbol{F}\cdot d\boldsymbol{r}=-\int_{\mathrm{A}}^{\mathrm{B}} d\phi=-\phi(2,1,-1)+\phi(1,-1,2)$$
$$=-(2-1-8+\phi_0)+(-1-4+2+\phi_0)=4$$

One Point ——**1周積分の記号**

この本でも既に使っているが，曲線 C が閉曲線のときには，1周にわたる積分であることを明記するために，線積分の記号を $\oint_C$ と書くことが多い．もちろん，単に $\int_C$ としても間違いではない．さらに C の向きを含めて $\circlearrowleft\!\!\oint_C$ のように書くこともある.

例題 5.8　微小面積 $\varDelta S$ に対するストークスの定理

$$(\nabla\times\boldsymbol{A})\cdot\boldsymbol{n}=\lim_{\varDelta S\to 0}\frac{1}{\varDelta S}\oint_{\varDelta C}\boldsymbol{A}\cdot d\boldsymbol{r}$$

から，$\nabla\times\boldsymbol{A}$ の z 成分を計算せよ．

［**解**］　点 $\mathrm{P}(x, y, z)$ を中心とする面積 $\varDelta S=\varDelta x\varDelta y$ の微小長方形 QRST を考える（右図）．各点の座標は，それぞれ $\mathrm{Q}(x+\varDelta x/2, y-\varDelta y/2, z)$, $\mathrm{R}(x+\varDelta x/2, y+\varDelta y/2, z)$, $\mathrm{S}(x-\varDelta x/2, y+\varDelta y/2, z)$, $\mathrm{T}(x-\varDelta x/2, y-\varDelta y/2, z)$ である．

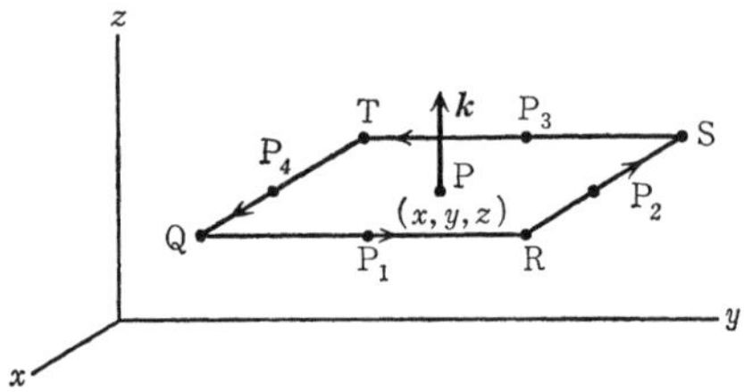

微小長方形の周 $\varDelta C$ の上で，線積分

$$\oint_{\varDelta C}\boldsymbol{A}\cdot d\boldsymbol{r}=\int_{\mathrm{QR}}\boldsymbol{A}\cdot d\boldsymbol{r}+\int_{\mathrm{RS}}\boldsymbol{A}\cdot d\boldsymbol{r}+\int_{\mathrm{ST}}\boldsymbol{A}\cdot d\boldsymbol{r}+\int_{\mathrm{TQ}}\boldsymbol{A}\cdot d\boldsymbol{r} \tag{1}$$

を計算する．以下では，$\varDelta x$ と $\varDelta y$ の高次の項は無視する．

長方形 QRST の 4 辺の各中点を $\mathrm{P}_1, \mathrm{P}_2, \mathrm{P}_3, \mathrm{P}_4$ とすると，(1)は

$$\begin{aligned}\oint_{\varDelta C}\boldsymbol{A}\cdot d\boldsymbol{r}&=\boldsymbol{A}(\mathrm{P}_1)\cdot\overrightarrow{\mathrm{QR}}+\boldsymbol{A}(\mathrm{P}_2)\cdot\overrightarrow{\mathrm{RS}}+\boldsymbol{A}(\mathrm{P}_3)\cdot\overrightarrow{\mathrm{ST}}+\boldsymbol{A}(\mathrm{P}_4)\cdot\overrightarrow{\mathrm{TQ}}\\&=A_y(\mathrm{P}_1)\varDelta y-A_x(\mathrm{P}_2)\varDelta x-A_y(\mathrm{P}_3)\varDelta y+A_x(\mathrm{P}_4)\varDelta x\\&=[A_x(\mathrm{P}_4)-A_x(\mathrm{P}_2)]\varDelta x+[A_y(\mathrm{P}_1)-A_y(\mathrm{P}_3)]\varDelta y\end{aligned} \tag{2}$$

ところが，$\varDelta x, \varDelta y$ は十分小さいから，

$$A_x(\mathrm{P}_4)-A_x(\mathrm{P}_2)=A_x\left(x, y-\frac{\varDelta y}{2}, z\right)-A_x\left(x, y+\frac{\varDelta y}{2}, z\right)=-\frac{\partial A_x}{\partial y}\varDelta y$$

$$A_y(\mathrm{P}_1)-A_y(\mathrm{P}_3)=A_y\left(x+\frac{\varDelta x}{2}, y, z\right)-A_y\left(x-\frac{\varDelta x}{2}, y, z\right)=\frac{\partial A_y}{\partial x}\varDelta x$$

これらを(2)に代入する．

$$\oint_{\varDelta C}\boldsymbol{A}\cdot d\boldsymbol{r}=-\frac{\partial A_x}{\partial y}\varDelta y\varDelta x+\frac{\partial A_y}{\partial x}\varDelta x\varDelta y=\left(\frac{\partial A_y}{\partial x}-\frac{\partial A_x}{\partial y}\right)\varDelta S \tag{3}$$

いま，面 $\varDelta S$ の単位法線ベクトル $\boldsymbol{n}$ は，z 方向の単位ベクトル $\boldsymbol{k}$ だから，(3)とストークスの定理より，

$$\begin{aligned}(\nabla\times\boldsymbol{A})_z&=(\nabla\times\boldsymbol{A})\cdot\boldsymbol{k}=(\nabla\times\boldsymbol{A})\cdot\boldsymbol{n}\\&=\lim_{\varDelta S\to 0}\frac{1}{\varDelta S}\oint_{\varDelta C}\boldsymbol{A}\cdot d\boldsymbol{r}=\lim_{\varDelta S\to 0}\frac{1}{\varDelta S}\left(\frac{\partial A_y}{\partial x}-\frac{\partial A_x}{\partial y}\right)\varDelta S=\frac{\partial A_y}{\partial x}-\frac{\partial A_x}{\partial y}\end{aligned}$$

問　題 5-5

[1] 6つの平面 $x=0, y=0, z=0, x=2, y=2, z=2$ で囲まれた立方体を考える．立方体の表面のうち xy 平面にはない部分を S, S と xy 面のつくる正方形を C とする．$\boldsymbol{A}=(yz^2+x^2)\boldsymbol{i}+(xyz+x^2y)\boldsymbol{j}+(y^2z-xz^2)\boldsymbol{k}$ として，ストークスの定理が実際に成り立つことを確かめよ．

[2] 次の式を示せ．

(1) $\displaystyle\oint_C \nabla\phi\cdot d\boldsymbol{r}=0$　　(2) $\displaystyle\iint_S(\nabla\phi\times\boldsymbol{A})\cdot\boldsymbol{n}dS+\iint_S\phi(\nabla\times\boldsymbol{A})\cdot\boldsymbol{n}dS=\oint_C\phi\boldsymbol{A}\cdot d\boldsymbol{r}$

(3) $\displaystyle\oint_C d\boldsymbol{r}\times\boldsymbol{A}=\iint_S(\boldsymbol{n}\times\nabla)\boldsymbol{A}dS$

〈ヒント〉 (3)では，公式 $\boldsymbol{B}\times(\nabla\times\boldsymbol{A})-(\boldsymbol{B}\times\nabla)\times\boldsymbol{A}=\boldsymbol{B}(\nabla\cdot\boldsymbol{A})-(\boldsymbol{B}\cdot\nabla)\boldsymbol{A}$ を用いる．

[3] (1) $\nabla\times\boldsymbol{A}=0$ をみたすベクトル場 $\boldsymbol{A}$ を $\boldsymbol{A}=\nabla U$ とかく．このとき，ポテンシャル $U(x,y,z)$ は，次の式で与えられることを確かめよ．a,b,c は定数である．

$$U(x,y,z)=\int_a^x A_x(x,y,z)dx+\int_b^y A_y(a,y,z)dy+\int_c^z A_z(a,b,z)dz$$

(2) $\boldsymbol{A}=(y+\sin z)\boldsymbol{i}+x\boldsymbol{j}+x\cos z\,\boldsymbol{k}$ のとき，$\boldsymbol{A}=\nabla U$ をみたす関数 $U(x,y,z)$ を求めよ．

[4] (1) $\nabla\cdot\boldsymbol{A}=0$ をみたすベクトル場を $\boldsymbol{A}=\nabla\times\boldsymbol{P}$ とかく．このとき，ベクトルポテンシャル $\boldsymbol{P}(x,y,z)$は，次の式で与えられることを確かめよ．a,b は定数である．

$$P_x=0,\ \ P_y=\int_a^x A_z(x,y,z)dx,\ \ P_z=-\int_a^x A_y(x,y,z)dx+\int_b^y A_x(a,y,z)dy$$

(2) $\boldsymbol{A}=-2z\boldsymbol{i}+(y-z)\boldsymbol{j}+(2x-z)\boldsymbol{k}$ のとき，$\boldsymbol{A}=\nabla\times\boldsymbol{P}$ をみたす関数 $\boldsymbol{P}(x,y,z)$ を求めよ．

Coffee Break　フーリエ(J. Fourier, 1768–1830)

1768年，フランスのオセールで裁縫師の子として生まれた．8歳のとき孤児となったが，少年時代から天才ぶりを発揮し，1795年ラグランジュ，モンジュのもとでエコールポリテクニクの助講師となった．

熱伝導の研究は1800年頃(後述するが知事のとき)から始められ，1807年に最初の論文が提出された．科学アカデミーは「熱伝導の法則を数学的に与え実験と比較する問題」を1812年の懸賞問題とし，フーリエはこの賞を獲得した．ラプラス，ラグランジュ，ルジャンドルが審査員であった．熱伝導方程式を導き，これを種々の境界条件で解いたのであるが，その際に「任意の関数は三角級数で表わされる」ことを主張した．証明は厳密なものではなかったが，フーリエの研究が，その後の発展に決定的な役割を果したことは確かである．フーリエの理論を厳密にする研究はディリクレに受けつがれた．線形偏微分方程式の境界値問題として物理現象をとらえるフーリエの手法(フーリエ解析)は，理工学の多くの分野で成功を収め，我々の自然観ともなっている．

フーリエの人生は，フランスの激動の時代と一致し，非常に興味深い．1789年に革命が起き，1804年にナポレオンが天下をとる．フーリエは1798年に，モンジュ達とともに，ナポレオンのエジプト遠征に随行した．1801年フランスに帰り，グルノーブルに県庁をおくイゼール県知事になった．その後，ナポレオンの百日天下，王制復古と続く中，セーヌ県統計局長の職を得たあと，科学アカデミーに選出され，終身幹事になり，1830年心臓病でこの世を去った．エジプトでの経験が死を早めたともいう．砂漠の暑さは健康に最適だと信じ，自分のからだに包帯をまいたり，暑い部屋に好んで住んでいた．なお，今日つかっている定積分の記号 $\int_a^b f(x)dx$ はフーリエが考えだしたものである．

6

フーリエ級数とフーリエ積分

ある関数の性質を調べたいとき，その関数が性質のよく知られた関数の和で表わせれば非常につごうがよい．ベキ級数展開 $\sum_n a_n x^n$ は，その一例である．この章では，三角関数の和(フーリエ級数)や積分(フーリエ積分)を使って，関数を記述する．この精神から発展したフーリエ解析法は，物理現象を理解するうえで，また工学システムを設計するうえで不可欠のものとなっている．

6-1　フーリエ級数

周期関数　関数$f(x)$が，すべてのxに対して$f(x+T)=f(x)$となるような正の定数Tをもつならば，$f(x)$を**周期関数**，Tを周期という．

区分的に連続　関数$f(x)$は，ある有限区間で有限個しか不連続点をもたないならば，その区間で**区分的に連続**であるという．不連続点xにおいて，右側からの極限値を$f(x+0)$，左側からの極限値を$f(x-0)$と表わす．

フーリエ級数　周期$2L$の関数$f(x)$に対するフーリエ級数は，次のように与えられる．

$$\frac{a_0}{2}+\sum_{n=1}^{\infty}\left(a_n\cos\frac{n\pi x}{L}+b_n\sin\frac{n\pi x}{L}\right) \tag{6.1}$$

$$a_n=\frac{1}{L}\int_{-L}^{L}f(x)\cos\frac{n\pi x}{L}dx \qquad (n=0,1,2,\cdots) \tag{6.2}$$

$$b_n=\frac{1}{L}\int_{-L}^{L}f(x)\sin\frac{n\pi x}{L}dx \qquad (n=1,2,\cdots) \tag{6.3}$$

上で定義されたa_n, b_nを**フーリエ係数**という．

$f(x)$に対するフーリエ級数が収束するならば，その級数を$f(x)$のフーリエ級数といい，

$$f(x)=\frac{a_0}{2}+\sum_{n=1}^{\infty}\left(a_n\cos\frac{n\pi x}{L}+b_n\sin\frac{n\pi x}{L}\right) \tag{6.4}$$

と書く．フーリエ級数の収束性に関する定理．次の3つの条件(ディリクレ条件)：

1)　$f(x)$は区間$(-L, L)$で有限個の点を除いて1価関数

2)　$f(x)$は周期$2L$

3)　$f(x)$と$f'(x)$は区間$(-L, L)$で区分的に連続

が成り立つならば，フーリエ級数は，(a) xが連続点のとき$f(x)$，(b) xが不連続点のとき$(f(x+0)+f(x-0))/2$，に収束する．フーリエ係数は積分領域を$(-L, L)$から$(c, c+2L)$に代えても変わらない．

例題 6.1 関数 $f(x)$ が (1) のように展開できるとして，(2) を示せ．

$$f(x) = \frac{a_0}{2} + \sum_{n=1}^{\infty}\left(a_n \cos\frac{n\pi x}{L} + b_n \sin\frac{n\pi x}{L}\right) \tag{1}$$

$$a_n = \frac{1}{L}\int_{-L}^{L} f(x)\cos\frac{n\pi x}{L}dx, \qquad b_n = \frac{1}{L}\int_{-L}^{L} f(x)\sin\frac{n\pi x}{L}dx \tag{2}$$

［解］ 定積分の公式を用意する．m, n が 0 または正の整数ならば，

$$\int_{-L}^{L}\sin\frac{m\pi x}{L}dx = 0, \qquad \int_{-L}^{L}\cos\frac{m\pi x}{L}dx = 2L\delta_{m0} \tag{3}$$

ただし，δ_{mn} はクロネッカーのデルタ記号．m, n が正の整数ならば，

$$\int_{-L}^{L}\cos\frac{m\pi x}{L}\cos\frac{n\pi x}{L}dx = L\delta_{mn}, \qquad \int_{-L}^{L}\cos\frac{m\pi x}{L}\sin\frac{n\pi x}{L}dx = 0$$

$$\int_{-L}^{L}\sin\frac{m\pi x}{L}\sin\frac{n\pi x}{L}dx = L\delta_{mn} \tag{4}$$

これらの公式と (1) から，係数 a_n, b_n を決める．まず，a_n について．(1) 式の両辺に $\cos(m\pi x/L)$ $(m=0, 1, 2, \cdots)$ をかけて，x について $-L$ から L まで積分する．そして，公式 (3), (4) を用いると，

$$\int_{-L}^{L} f(x)\cos\frac{m\pi x}{L}dx$$

$$= \frac{a_0}{2}\int_{-L}^{L}\cos\frac{m\pi x}{L}dx + \sum_{n=1}^{\infty}\left(a_n\int_{-L}^{L}\cos\frac{m\pi x}{L}\cos\frac{n\pi x}{L}dx + b_n\int_{-L}^{L}\cos\frac{m\pi x}{L}\sin\frac{n\pi x}{L}dx\right)$$

$$= \frac{a_0}{2}\cdot 2L\delta_{m0} + \sum_{n=1}^{\infty}(a_n L\delta_{mn} + b_n\cdot 0) = La_m$$

$$\therefore\quad a_m = \frac{1}{L}\int_{-L}^{L} f(x)\cos\frac{m\pi x}{L}dx \qquad (m=0, 1, 2, \cdots) \tag{5}$$

次に，b_n について．(1) 式の両辺に $\sin(m\pi x/L)$ $(m=1, 2, \cdots)$ をかけて，x について $-L$ から L まで積分する．そして，公式 (3), (4) を用いると，

$$\int_{-L}^{L} f(x)\sin\frac{m\pi x}{L}dx$$

$$= \frac{a_0}{2}\int_{-L}^{L}\sin\frac{m\pi x}{L}dx + \sum_{n=1}^{\infty}\left(a_n\int_{-L}^{L}\sin\frac{m\pi x}{L}\cos\frac{n\pi x}{L}dx + b_n\int_{-L}^{L}\sin\frac{m\pi x}{L}\sin\frac{n\pi x}{L}dx\right)$$

$$= 0 + \sum_{n=1}^{\infty}(a_n\cdot 0 + b_n\cdot L\delta_{mn}) = b_m L$$

よって，(5) と上の式から，(2) が示された．

例題 6.2 1) 次の関数をフーリエ級数に展開せよ.

$f(x) = x^2 \quad (0<x<2\pi,\ 周期\ 2\pi(右図))$

2) 1)の結果を使って，次の等式を示せ.

$$\frac{1}{1^2}+\frac{1}{2^2}+\frac{1}{3^2}+\cdots = \frac{\pi^2}{6}$$

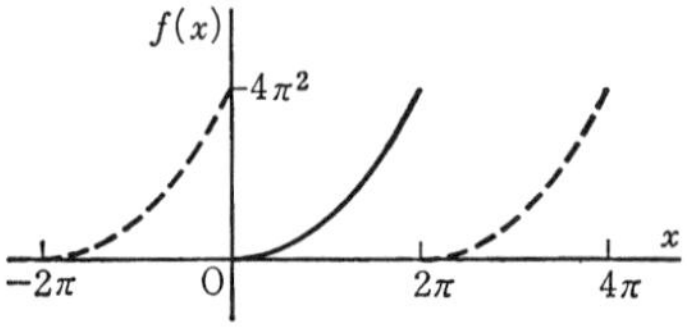

［解］ 1) 一般に，周期 $2L$ の関数 $f(x)$ のフーリエ級数は，

$$f(x) = \frac{a_0}{2}+\sum_{n=1}^{\infty}\left(a_n \cos\frac{n\pi x}{L}+b_n \sin\frac{n\pi x}{L}\right) \tag{1}$$

$$a_n = \frac{1}{L}\int_c^{c+2L} f(x)\cos\frac{n\pi x}{L}dx \tag{2}$$

$$b_n = \frac{1}{L}\int_c^{c+2L} f(x)\sin\frac{n\pi x}{L}dx \tag{3}$$

$2L=2\pi$, $c=0$, $f(x)=x^2$ を代入して，a_n, b_n を計算する.

$$a_n = \frac{1}{\pi}\int_0^{2\pi} x^2 \cos nx dx$$

$$= \frac{1}{\pi}\left[\frac{x^2 \sin nx}{n}+\frac{2x\cos nx}{n^2}-\frac{2\sin nx}{n^3}\right]_0^{2\pi} = \frac{4}{n^2} \qquad (n\neq 0) \tag{4}$$

$$a_0 = \frac{1}{\pi}\int_0^{2\pi} x^2\, dx = \frac{8}{3}\pi^2 \tag{5}$$

また,

$$b_n = \frac{1}{\pi}\int_0^{2\pi} x^2 \sin nx dx$$

$$= \frac{1}{\pi}\left[-\frac{x^2\cos nx}{n}+\frac{2x\sin nx}{n^2}+\frac{2\cos nx}{n^3}\right]_0^{2\pi} = -\frac{4\pi}{n} \tag{6}$$

(4), (5), (6)を(1)に代入して,

$$f(x) = x^2 = \frac{4\pi^2}{3}+\sum_{n=1}^{\infty}\left(\frac{4}{n^2}\cos nx-\frac{4\pi}{n}\sin nx\right) \tag{7}$$

2) $x=0$ は不連続点であるので，フーリエ級数(7)は，$x=0$ で $(f(+0)+f(-0))/2$ に収束する. よって,

$$\frac{1}{2}(0+4\pi^2) = \frac{4\pi^2}{3}+\sum_{n=1}^{\infty}\left(\frac{4}{n^2}\cdot 1-\frac{4\pi}{n}\cdot 0\right)$$

$$2\pi^2 = \frac{4\pi^2}{3} + \sum_{n=1}^{\infty} \frac{4}{n^2}$$

結局,

$$\frac{\pi^2}{6} = \sum_{n=1}^{\infty} \frac{1}{n^2} = 1 + \frac{1}{2^2} + \frac{1}{3^2} + \frac{1}{4^2} + \cdots$$

なお，電卓で10項までたしてみたら，$\pi = 3.049\cdots$ と求まった($\pi = 3.14159\cdots$).

問　題 6-1

[1]　次のことを示せ.

(1)　2つの関数 f, g がともに周期 T の周期関数であれば，その線形結合 $h(x) = af(x) + bg(x)$ も周期 T の周期関数である.

(2)　2つの関数 f, g がともに周期 T の周期関数であれば，その積 $h(x) = f(x)g(x)$ も周期 T の周期関数である.

(3)　関数 $f(x)$ を周期 T の関数とする．任意定数 c に対して,

$$\int_0^T f(x)dx = \int_c^{c+T} f(x)dx$$

[2]　次の関数のフーリエ級数を求めよ(右図).

$$f(x) = \begin{cases} 0 & (-5 < x < 0) \\ 4 & (0 < x < 5) \end{cases}$$

$$f(x+10) = f(x)$$

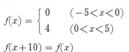

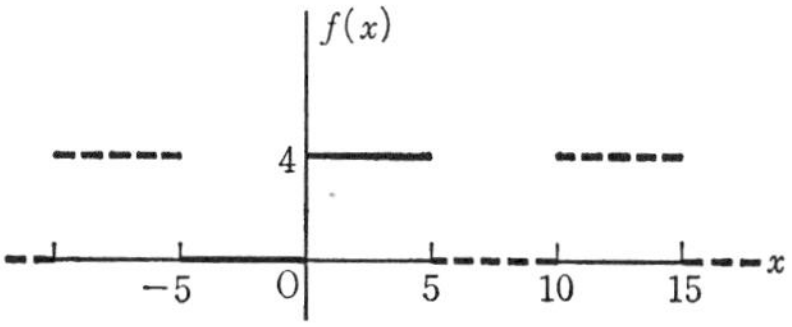

[3]　次の関数のフーリエ級数展開を求めよ.

(1)　$f(x) = x$　　$(-\pi < x < \pi,$ 周期 $2\pi)$

(2)　$f(x) = x^3$　　$(-\pi < x < \pi,$ 周期 $2\pi)$

[4]　(1)　次の関数 $f(x)$ のフーリエ級数を求めよ.

$$f(x) = \begin{cases} 1 & (0 < x < \pi) \\ 0 & (\pi < x < 2\pi) \end{cases}$$

$$f(x+2\pi) = f(x)$$

(2)　上で求めたフーリエ級数の部分和 $a_0/2 + \sum_{n=1}^{N}(a_n \cos nx + b_n \sin nx)$ を，$N=3$ と $N=5$ の場合に図示せよ.

6-2 フーリエ正弦級数とフーリエ余弦級数

偶関数と奇関数 $f(-x)=f(x)$ ならば $f(x)$ は**偶関数**，$f(-x)=-f(x)$ ならば $f(x)$ は**奇関数**であるという．一般に，$g(x)$ を偶関数，$h(x)$ を奇関数とすれば，

$$\int_{-L}^{L} g(x)dx = 2\int_0^L g(x)dx, \qquad \int_{-L}^{L} h(x)dx = 0$$

フーリエ級数(6.4)において，$f(x)$ が偶関数ならば，$f(x)\sin(n\pi x/L)$ は奇関数であるから，常に $b_n=0$．したがって，周期 $2L$ をもつ偶関数 $f(x)$ のフーリエ級数は，

$$f(x) = \frac{a_0}{2}+\sum_{n=1}^{\infty} a_n \cos\frac{n\pi x}{L}$$

$$a_n = \frac{2}{L}\int_0^L f(x)\cos\frac{n\pi x}{L}dx \qquad (n=0, 1, 2, \cdots) \tag{6.5}$$

これを**フーリエ余弦(コサイン)級数**という．また，$f(x)$ が奇関数ならば，常に $a_n=0$．したがって，周期 $2L$ をもつ奇関数のフーリエ級数は，

$$f(x) = \sum_{n=1}^{\infty} b_n \sin\frac{n\pi x}{L}, \qquad b_n = \frac{2}{L}\int_0^L f(x)\sin\frac{n\pi x}{L}dx \tag{6.6}$$

これを**フーリエ正弦(サイン)級数**という．

半区間での展開 $0<x<L$ で定義された関数 $f(x)$ を，$-L<x<0$ にまで拡張し，周期 $2L$ の関数にする．偶関数として拡張するならば，(6.5)と同様に，

$$b_n = 0, \qquad a_n = \frac{2}{L}\int_0^L f(x)\cos\frac{n\pi x}{L}dx \tag{6.7}$$

また，奇関数として拡張するならば，(6.6)と同様に，

$$a_n = 0, \qquad b_n = \frac{2}{L}\int_0^L f(x)\sin\frac{n\pi x}{L}dx \tag{6.8}$$

関数 $f(x)$ に対して，(6.7)を係数とするフーリエ級数を**半区間でのフーリエ余弦級数**，(6.8)を係数とするフーリエ級数を**半区間でのフーリエ正弦級数**という．

例題 6.3 関数 $f(x)=x,\ 0<x<L$ (図 1)を，半区間でのフーリエ展開で表わせ．

［**解**］ 偶関数として拡張した場合(図 2(a))．半区間でのフーリエ余弦級数となる．$b_n=0$．そして，

$$a_0 = \frac{2}{L}\int_0^L f(x)dx = \frac{2}{L}\int_0^L xdx = L$$

$$a_n = \frac{2}{L}\int_0^L f(x)\cos\frac{n\pi x}{L}dx = \frac{2}{L}\int_0^L x\cos\frac{n\pi x}{L}dx$$

$$= \frac{2}{L}\left[x\frac{L}{n\pi}\sin\frac{n\pi x}{L}+\frac{L^2}{n^2\pi^2}\cos\frac{n\pi x}{L}\right]_0^L$$

$$= \frac{2}{L}\frac{L^2}{n^2\pi^2}(\cos n\pi-1)$$

$$= \frac{2L}{n^2\pi^2}((-1)^n-1) \quad (n\neq 0)$$

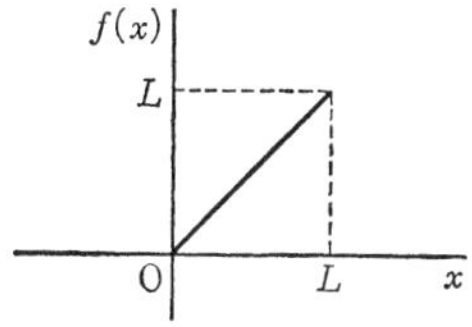

図 1

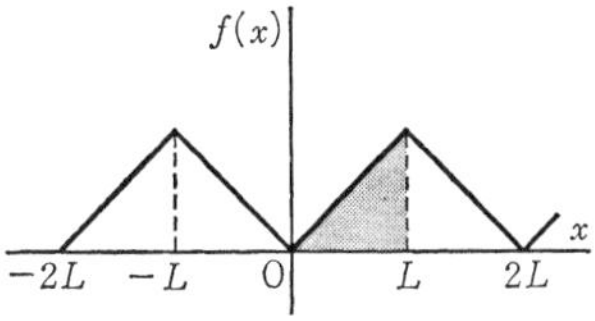

図 2(a)

よって，

$$f(x) = \frac{L}{2}+\sum_{n=1}^{\infty}\frac{2L}{n^2\pi^2}((-1)^n-1)\cos\frac{n\pi x}{L}$$

$$= \frac{L}{2}-\frac{4L}{\pi^2}\left(\cos\frac{\pi x}{L}+\frac{1}{9}\cos\frac{3\pi x}{L}+\frac{1}{25}\cos\frac{5\pi x}{L}+\cdots\right)$$

奇関数として拡張した場合(図 2(b))．半区間でのフーリエ正弦級数となる．$a_n=0$．そして，

$$b_n = \frac{2}{L}\int_0^L f(x)\sin\frac{n\pi x}{L}dx = \frac{2}{L}\int_0^L x\sin\frac{n\pi x}{L}dx$$

$$= \frac{2}{L}\left[-x\frac{L}{n\pi}\cos\frac{n\pi x}{L}+\frac{L^2}{n^2\pi^2}\sin\frac{n\pi x}{L}\right]_0^L$$

$$= \frac{2}{L}\left(-\frac{L^2}{n\pi}\cos n\pi\right)$$

$$= \frac{2L}{n\pi}(-1)^{n+1}$$

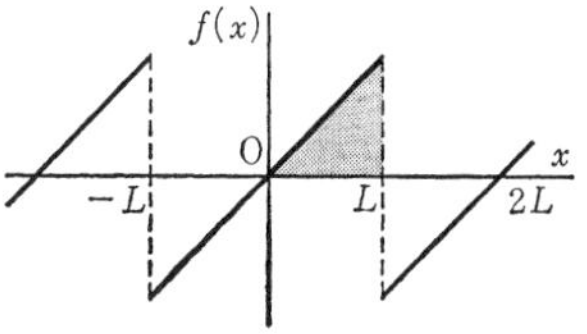

図 2(b)

よって，

$$f(x) = \sum_{n=1}^{\infty}(-1)^{n+1}\frac{2L}{n\pi}\sin\frac{n\pi x}{L}$$

$$= \frac{2L}{\pi}\left(\sin\frac{\pi x}{L}-\frac{1}{2}\sin\frac{2\pi x}{L}+\frac{1}{3}\sin\frac{3\pi x}{L}-\cdots\right)$$

例題 6.4 1)フーリエ級数は，次のように表わせることを示せ(**複素フーリエ級数**)

$$f(x)=\sum_{n=-\infty}^{\infty}c_n e^{in\pi x/L},\qquad c_n=\frac{1}{2L}\int_{-L}^{L}f(x)e^{-in\pi x/L}\,dx$$

2)上の結果を使い，$f(x)=e^{kx}\ (-L<x<L,$ 周期 $2L)$は，

$$f(x)=\frac{\sinh(kL)}{L}\sum_{n=-\infty}^{\infty}(-1)^n\frac{k+i(n\pi/L)}{k^2+(n\pi/L)^2}e^{in\pi x/L}$$

と展開できることを示せ．

［**解**］ 1) フーリエ級数展開は，

$$f(x)=\frac{a_0}{2}+\sum_{n=1}^{\infty}\left(a_n\cos\frac{n\pi x}{L}+b_n\sin\frac{n\pi x}{L}\right)\tag{1}$$

$$a_n=\frac{1}{L}\int_{-L}^{L}f(x)\cos\frac{n\pi x}{L}dx,\qquad b_n=\frac{1}{L}\int_{-L}^{L}f(x)\sin\frac{n\pi x}{L}dx\tag{2}$$

である．オイラーの公式より，

$$\cos\frac{n\pi x}{L}=\frac{1}{2}(e^{in\pi x/L}+e^{-in\pi x/L}),\qquad \sin\frac{n\pi x}{L}=\frac{1}{2i}(e^{in\pi x/L}-e^{-in\pi x/L})$$

これらを，(1)に代入して，整理すると，

$$f(x)=\frac{a_0}{2}+\sum_{n=1}^{\infty}\left\{\frac{1}{2}(a_n-ib_n)e^{in\pi x/L}+\frac{1}{2}(a_n+ib_n)e^{-in\pi x/L}\right\}=\sum_{n=-\infty}^{\infty}c_n e^{in\pi x/L}\tag{3}$$

$$c_0=\frac{a_0}{2},\quad c_n=\frac{1}{2}(a_n-ib_n),\quad c_{-n}=\frac{1}{2}(a_n+ib_n)\qquad (n=1,2,3,\cdots)$$

また，上で定義した c_n, c_{-n} に，(2)を代入して，

$$\begin{aligned}c_n&=\frac{1}{2}(a_n-ib_n)=\frac{1}{2L}\int_{-L}^{L}f(x)\left\{\cos\frac{n\pi x}{L}-i\sin\frac{n\pi x}{L}\right\}dx\\&=\frac{1}{2L}\int_{-L}^{L}f(x)e^{-in\pi x/L}\,dx\\c_{-n}&=\frac{1}{2}(a_n+ib_n)=\frac{1}{2L}\int_{-L}^{L}f(x)\left\{\cos\frac{n\pi x}{L}+i\sin\frac{n\pi x}{L}\right\}dx\\&=\frac{1}{2L}\int_{-L}^{L}f(x)e^{in\pi x/L}\,dx\end{aligned}$$

すなわち，$n=0,\pm1,\pm2,\cdots$ に対して，

$$c_n=\frac{1}{2L}\int_{-L}^{L}f(x)e^{-in\pi x/L}\,dx\tag{4}$$

2) $f(x)=e^{kx}$ を(4)に代入する．

$$c_n = \frac{1}{2L}\int_{-L}^{L} e^{kx}e^{-in\pi x/L}\,dx = \frac{e^{kL}e^{-in\pi}-e^{-kL}e^{in\pi}}{2L(k-in\pi/L)}$$
$$= \frac{1}{2L}\frac{2\sinh(kL)}{k-in\pi/L}e^{-in\pi} = \frac{\sinh(kL)}{L}\frac{(k+in\pi/L)(-1)^n}{k^2+(n\pi/L)^2}$$

よって，

$$f(x) = \frac{\sinh(kL)}{L}\sum_{n=-\infty}^{\infty}(-1)^n\frac{k+in\pi/L}{k^2+(n\pi/L)^2}e^{in\pi x/L}$$

問　題 6-2

[1] 次の関数を，フーリエ余弦級数とフーリエ正弦級数で表わせ．a と k は定数である．

(1) $f(x)=\begin{cases} a & (0<x<\pi/2) \\ 0 & (\pi/2<x<\pi) \end{cases}$　　(2) $f(x)=\begin{cases} (2k/L)x & (0<x<L/2) \\ (2k/L)(L-x) & (L/2<x<L) \end{cases}$

(3) $f(x)=x^2 \quad (0<x<\pi)$

[2] $f(x)=\sin x\,(0<x<\pi)$ をフーリエ余弦級数に展開せよ．

[3] 次の波形を複素フーリエ級数 $f(x)=\sum_{n=-\infty}^{\infty} c_n e^{in\pi x/L}$ に展開せよ(複素フーリエ係数 c_n を，**スペクトル**という)．(1)のこぎり波，$f(x)=ax/T$，周期 T(下図(a))，(2)整流器，$f(x)=a|\cos\omega x|$，周期 π/ω(下図(b))．

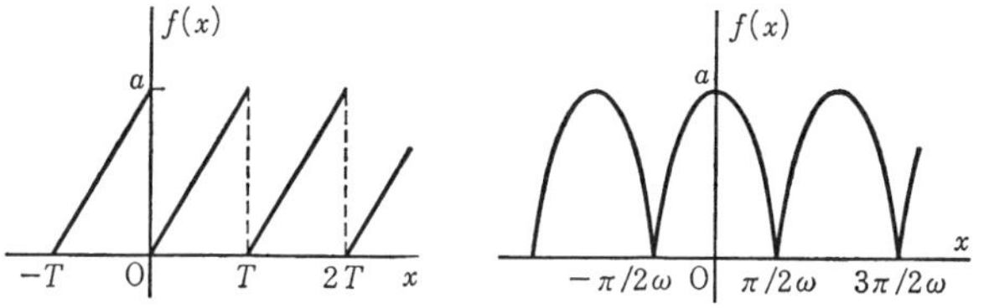

(a) のこぎり波　　(b) 整流器

[4] (1) 関数 $\phi_m(x)=\frac{1}{\sqrt{2L}}e^{im\pi x/L}\,(m=0,\pm1,\pm2,\cdots)$ は**正規直交関数系**をつくる．すなわち，

$$\int_{-L}^{L}\phi_m{}^*(x)\phi_n(x)dx = \begin{cases} 0 & (m\neq n) \\ 1 & (m=n) \end{cases}$$

であることを示せ．

(2) $f(x)=\sum_{n=-\infty}^{\infty} c_n\phi_n(x)$ と展開できるならば，係数 c_n は

$$c_n = \int_{-L}^{L} f(x)\phi_n{}^*(x)dx$$

と決められることを示せ．また，$f(x)$が実数のとき，$c_n^*=c_{-n}$を示せ．

[5] 電圧源$V(t)$につながれた直列RCL回路で，キャパシタにたくわえられる電荷$Q(t)$は，微分方程式

$$L\frac{d^2Q(t)}{dt^2}+R\frac{dQ(t)}{dt}+\frac{1}{C}Q(t) = V(t)$$

に従って変化する．複素フーリエ級数を使って，次の問題に答えよ．

(1) 電荷$V(t)$が周期$T=2\pi/\omega$で周期的であるとき，特解(定常解)を求めよ．

(2) のこぎり波，$V(t)=Vt/T\,(0<t<T,$ 周期$T=2\pi/\omega)$の電圧源のとき，特解(定常解)を求めよ．

[6] 次の微分方程式の一般解を求めよ．

(1) $\dfrac{d^2x(t)}{dt^2}+\omega^2x(t)=\displaystyle\sum_{n=2}^{\infty}\frac{a}{n^2}\cos n\omega t \qquad (\omega\neq 0)$

(2) $\dfrac{d^2x(t)}{dt^2}+2\dfrac{dx(t)}{dt}+2x(t)=\displaystyle\sum_{n=1}^{\infty}\frac{1}{n^4}\sin nt$

(3) $m\dfrac{d^2x(t)}{dt^2}+2m\gamma\dfrac{dx(t)}{dt}+m\omega_0{}^2x(t)=a\,|\cos\omega t| \qquad (\omega_0>\gamma>0)$

One Point ——フーリエ級数の収束性

フーリエ級数

$$\frac{a_0}{2}+\sum_{n=1}^{\infty}\left(a_n\cos\frac{n\pi x}{L}+b_n\sin\frac{n\pi x}{L}\right)$$

が収束するための条件として，ディリクレ(P. G. L. Dirichlet, 1805–1859)の条件を述べた(6–1節)．フーリエ級数の収束性を一般的に議論することは非常に難しい．ディリクレの条件は，1つの十分条件を与えている．

関数$f(x)$と導関数$f'(x)$が区分的に連続なとき，$f(x)$は区分的に滑らかであるという．ディリクレ条件は，「関数$f(x)$が周期関数で区分的に滑らかなこと」と言い直せる．さらに直観的にいうと，「周期関数$f(x)$をグラフに書いたとき，その一周期分の曲線の長さが有限であれば，フーリエ級数は収束する」．応用上現われる関数はほとんど，ディリクレの条件を満たしている．

6-3 フーリエ積分

フーリエ積分 フーリエ級数を周期的でない場合に拡張すると，**フーリエの積分公式**

$$f(x)=\frac{1}{\pi}\int_0^{\infty}dw\int_{-\infty}^{\infty}du\, f(u)\cos w(x-u) \tag{6.9}$$

を得る．すなわち，

$$f(x)=\frac{1}{\pi}\int_0^{\infty}dw[A(w)\cos wx+B(w)\sin wx] \tag{6.10}$$

$$A(w)=\int_{-\infty}^{\infty}f(u)\cos wudu, \qquad B(w)=\int_{-\infty}^{\infty}f(u)\sin wudu \tag{6.11}$$

(6.10)を関数$f(x)$の**フーリエ積分表示**という．

フーリエ積分の収束性．関数$f(x)$は，2つの条件

1) $f(x)$と$f'(x)$はあらゆる有限区間で区分的に連続

2) $f(x)$は$(-\infty, \infty)$で絶対積分可能，$\int_{-\infty}^{\infty}|f(x)|dx<\infty$

をみたすならば，フーリエ積分によって表わせる．フーリエ級数の場合と同様に，xが不連続点ならば，(6.10)の左辺は，$(f(x+0)+f(x-0))/2$を意味する．

フーリエ変換 フーリエの積分公式(6.9)より，

$$F(w)=\int_{-\infty}^{\infty}f(u)e^{-iwu}du \tag{6.12}$$

$$f(x)=\frac{1}{2\pi}\int_{-\infty}^{\infty}F(w)e^{iwx}dw \tag{6.13}$$

$F(w)$を$f(x)$の**フーリエ変換**，$f(x)$を$F(w)$の**フーリエ逆変換**という．

また，$0<x<\infty$で定義された関数$f(x)$に対して，

$$F_c(w)=\sqrt{\frac{2}{\pi}}\int_0^{\infty}f(x)\cos wxdx, \qquad f(x)=\sqrt{\frac{2}{\pi}}\int_0^{\infty}F_c(w)\cos wxdw \tag{6.14}$$

$$F_s(w)=\sqrt{\frac{2}{\pi}}\int_0^{\infty}f(x)\sin wxdx, \qquad f(x)=\sqrt{\frac{2}{\pi}}\int_0^{\infty}F_s(w)\sin wxdw \tag{6.15}$$

をそれぞれ，**フーリエ余弦変換**，**フーリエ正弦変換**という．

例題 6.5 1) $f(x)$が偶関数ならば，

$$f(x) = \frac{1}{\pi}\int_0^\infty dw\, A(w)\cos wx, \qquad A(w) = 2\int_0^\infty f(u)\cos wu du \tag{1}$$

$f(x)$が奇関数ならば，

$$f(x) = \frac{1}{\pi}\int_0^\infty dw\, B(w)\sin wx, \qquad B(w) = 2\int_0^\infty f(u)\sin wu du \tag{2}$$

と表わされることを示せ．

2) 次の関数$f(x)$のフーリエ積分表示を求めよ．

$$f(x) = e^{-a|x|} \qquad (a>0)$$

［解］ 1) 関数$f(x)$のフーリエ積分表示は，

$$f(x) = \frac{1}{\pi}\int_0^\infty dw[A(w)\cos wx + B(w)\sin wx] \tag{3}$$

$$A(w) = \int_{-\infty}^\infty f(u)\cos wu du, \qquad B(w) = \int_{-\infty}^\infty f(u)\sin wu du \tag{4}$$

$f(x)$が偶関数ならば，$f(x)\cos wx$は偶関数，$f(x)\sin wx$は奇関数，である．したがって，

$$A(w) = \int_{-\infty}^\infty f(u)\cos wu du = 2\int_0^\infty f(u)\cos wu du$$

$$B(w) = \int_{-\infty}^\infty f(u)\sin wu du = 0$$

よって，フーリエ積分表示は(1)式となる．

$f(x)$が奇関数ならば，$f(x)\cos wx$は奇関数，$f(x)\sin wx$は偶関数，である．したがって，

$$A(w) = \int_{-\infty}^\infty f(u)\cos wu du = 0$$

$$B(w) = \int_{-\infty}^\infty f(u)\sin wu du = 2\int_0^\infty f(u)\sin wu du$$

よって，フーリエ積分表示は(2)式となる．

2) 与えられた関数$f(x)=e^{-a|x|}\,(a>0)$は偶関数である．なぜならば，$f(-x)=f(x)$．

(1)式を使って計算する．

$$A(w) = 2\int_0^\infty f(u)\cos wu du = 2\int_0^\infty e^{-au}\cos wu du$$

$$= \left[\frac{2w}{w^2+a^2}e^{-au}\sin wu - \frac{2a}{w^2+a^2}e^{-au}\cos wu\right]_0^\infty = \frac{2a}{w^2+a^2}$$

したがって，

$$f(x) = e^{-a|x|} = \frac{1}{\pi}\int_0^\infty dw \frac{2a}{w^2+a^2}\cos wx$$

問　題 6-3

[1] 次の関数のフーリエ積分表示を求めよ．$a>0$ とする．

(1) $f(x)=\begin{cases} 0 & (x<0) \\ 1/2 & (x=0) \\ e^{-ax} & (x>0) \end{cases}$　　(2) $f(x)=\begin{cases} e^{-ax} & (x>0) \\ 0 & (x=0) \\ -e^{ax} & (x<0) \end{cases}$

(3) $f(x)=\begin{cases} \cos x & (|x|<\pi/2) \\ 0 & (|x|>\pi/2) \end{cases}$

[2] 次の非周期関数をフーリエ変換せよ．a と b は定数で，$a>0$ とする．

(1) $f(x)=\begin{cases} 1/2a & (|x|<a) \\ 0 & (|x|>a) \end{cases}$　　(2) $f(x)=e^{-a|x|}$

(3) $f(x)=e^{-|x-b|}$　　(4) $f(x)=\begin{cases} xe^{-ax} & (x>0) \\ 0 & (x<0) \end{cases}$

(5) $f(x)=\begin{cases} e^{-ax}\sin bx & (x>0) \\ 0 & (x<0) \end{cases}$　　(6) $f(x)=e^{-ax^2}$

[3] 関数 $f(x)$ のフーリエ変換を $F(w)$ とする．

$$F(w) = \int_{-\infty}^\infty f(x)e^{-iwx}\,dx$$

次のことを示せ．

(1) $f(x)$ が実数値の偶関数(または，奇関数)ならば，$F(w)$ は実数(または，純虚数)．

(2) $f(x-b)$ のフーリエ変換は，$e^{-iwb}F(w)$.

(3) $f(ax)$ $(a>0)$ のフーリエ変換は，$(1/a)F(w/a)$.

(4) $f(x)e^{-ipx}$ のフーリエ変換は，$F(w+p)$.

6-4 ディラックのデルタ関数

ディラックのデルタ関数 次の性質をもつ量 $\delta(x)$ を**ディラックのデルタ関数**という．

$$\delta(x) = \begin{cases} 0 & (x \neq 0) \\ \infty & (x=0) \end{cases} \tag{6.16}$$

$$\int_{-\infty}^{\infty} \delta(x)dx = 1 \tag{6.17}$$

関数 $f(x)$ は $x=a$ の付近で連続であるとすると，

$$\int_{-\infty}^{\infty} f(x)\delta(x-a)dx = f(a) \tag{6.18}$$

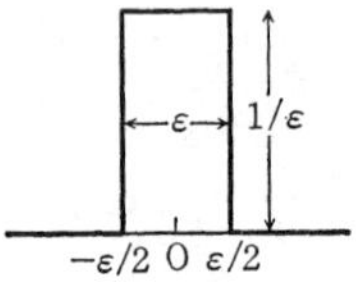

図 6-1

デルタ関数 $\delta(x)$ は，関数の極限として表わすこともできる．ε は正から 0 に近づくとする．

1) パルス関数(図 6-1)．

$$\delta_\varepsilon(x) = \begin{cases} 1/\varepsilon & (|x|<\varepsilon/2) \\ 0 & (|x|>\varepsilon/2) \end{cases}$$

$$\delta(x) = \lim_{\varepsilon\to 0} \delta_\varepsilon(x) \tag{6.19}$$

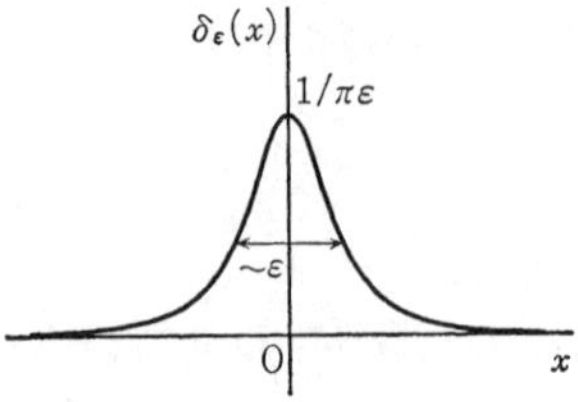

図 6-2

2) 関数 $e^{-\varepsilon|k|}$ のフーリエ逆変換(図 6-2)．

$$\delta_\varepsilon(x) = \frac{1}{2\pi}\int_{-\infty}^{\infty} e^{-\varepsilon|k|}\, e^{ikx}\, dk = \frac{1}{2\pi}\,\frac{2\varepsilon}{x^2+\varepsilon^2}$$

$$\delta(x) = \lim_{\varepsilon\to 0}\frac{1}{2\pi}\int_{-\infty}^{\infty} e^{ikx}\, e^{-\varepsilon|k|}\, dk = \frac{1}{2\pi}\int_{-\infty}^{\infty} e^{ikx}\, dk \tag{6.20}$$

3 次元のデルタ関数 3 次元のデルタ関数 $\delta(\boldsymbol{r})$ は，

$$\delta(\boldsymbol{r}) = \delta^{(3)}(\boldsymbol{r}) = \begin{cases} 0 & (\boldsymbol{r} \neq 0) \\ \infty & (\boldsymbol{r}=0) \end{cases} \tag{6.21}$$

$$\iiint \delta(\boldsymbol{r})d^3\boldsymbol{r} = \iiint \delta(x)\delta(y)\delta(z)dxdydz = 1 \tag{6.22}$$

によって定義される．

例題 6.6 $f(x)$は $|x|\to\infty$ で 0 となる滑らかな関数とする．デルタ関数 $\delta(x)$

$$\int_{-\infty}^{\infty} f(x)\delta(x-a)dx = f(a)$$

について，次の性質を示せ．

1) $x\,\delta(x) = 0$

2) $\delta(ax) = \dfrac{1}{a}\delta(x) \quad (a>0)$

3) $\delta(x) = \theta'(x)$, $\theta(x)$は**ヘビサイド**(Heaviside)**関数**(図)．

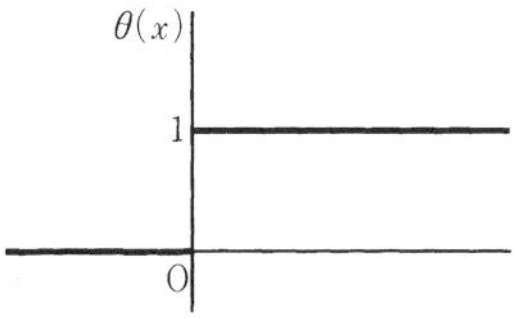

$$\theta(x) = \begin{cases} 0 & (x<0) \\ 1 & (x>0) \end{cases}$$

4) $\delta(x^2-a^2) = \dfrac{1}{2a}\{\delta(x-a)+\delta(x+a)\} \quad (a>0)$

［**解**］ 1) $\displaystyle\int_{-\infty}^{\infty} f(x)x\delta(x)dx = f(0)\cdot 0 = 0$

よって，$x\,\delta(x)=0$.

2) 変数変換 $y=ax$ を行なう．

$$\int_{-\infty}^{\infty} f(x)\delta(ax)dx = \int_{-\infty}^{\infty} f\left(\frac{y}{a}\right)\delta(y)\frac{1}{a}dy = \frac{1}{a}f(0)$$

よって，$\delta(ax)=(1/a)\delta(x)$.

3) 部分積分を行なう．

$$\int_{-\infty}^{\infty} f(x)\theta'(x)dx = \Big[\theta(x)f(x)\Big]_{-\infty}^{\infty} - \int_{-\infty}^{\infty} f'(x)\theta(x)dx$$

$$= -\int_{0}^{\infty} f'(x)dx = -\Big[f(x)\Big]_{0}^{\infty} = f(0)$$

よって，$\theta'(x)=\delta(x)$. このように不連続関数の微分はデルタ関数で表わされる．

4) 変数変換 $x=\pm\sqrt{t+a^2}$ を行なう．

$$\int_{-\infty}^{\infty} f(x)\delta(x^2-a^2)dx = \int_{-\infty}^{0} f(x)\delta(x^2-a^2)dx + \int_{0}^{\infty} f(x)\delta(x^2-a^2)dx$$

$$= \frac{1}{2}\int_{-a^2}^{\infty} \frac{f(-\sqrt{t+a^2})}{\sqrt{t+a^2}}\delta(t)dt + \frac{1}{2}\int_{-a^2}^{\infty} \frac{f(\sqrt{t+a^2})}{\sqrt{t+a^2}}\delta(t)dt$$

$$= \frac{1}{2}\frac{1}{a}f(-a) + \frac{1}{2}\frac{1}{a}f(a) = \frac{1}{2a}\{f(-a)+f(a)\}$$

よって，$\delta(x^2-a^2)=(1/2a)\{\delta(x+a)+\delta(x-a)\}$.

問　題 6-4

[1] $f(x), g(x)$のフーリエ変換を，それぞれ$F(w), G(w)$とする．**パーセバル**(Parseval)**の等式**

$$\int_{-\infty}^{\infty} F(w)G^*(w)dw = 2\pi\int_{-\infty}^{\infty} f(x)g^*(x)dx$$

を示せ．

[2] $f(x)$のフーリエ変換を$\mathscr{F}[f]$，$g(x)$のフーリエ変換を$\mathscr{F}[g]$とかく．**たたみ込み**(**合成積**，convolution) $f*g$を

$$f*g = \int_{-\infty}^{\infty} f(u)g(x-u)du$$

で定義する($*$は複素共役ではないことに注意)．このとき，

$$\mathscr{F}[f*g] = \mathscr{F}[f]\cdot\mathscr{F}[g]$$

すなわち，合成積のフーリエ変換は，フーリエ変換の積となることを示せ．

[3] (1)　$\nabla^2\left(\dfrac{1}{r}\right) = -4\pi\delta(\boldsymbol{r})$を証明せよ．

(2)　$\phi(\boldsymbol{r}) = \dfrac{1}{4\pi\varepsilon_0}\displaystyle\iiint\dfrac{\rho(\boldsymbol{r}')}{|\boldsymbol{r}-\boldsymbol{r}'|}d^3\boldsymbol{r}'$は，ポアソン方程式$\nabla^2\phi(\boldsymbol{r}) = -\rho(\boldsymbol{r})/\varepsilon_0$の解であることを示せ．

[4] 関数$f_\sigma(x) = \dfrac{1}{\sqrt{2\pi}\,\sigma}\exp\left(-\dfrac{x^2}{2\sigma^2}\right)$は，$\sigma\to+0$のとき，デルタ関数となることを示せ．確率論では，この関数を，**正規分布**または**ガウス分布**という．

Coffee Break 関数を超える！

イギリスの理論物理学者ディラック(P. A. Dirac, 1902–84)は，量子力学を定式化する際に，デルタ関数(6-4節)を考案した．クロネッカーのデルタ記号を連続変数に拡張したものである．自然現象を素直に記述するための発見なのだから，「物理のための数学」そのもののような気がする．読者の皆さんも，これは面白い，と思われているだろう．

ディラックのデルタ関数を含む一般化された関数を，超関数(distribution)という．いま，$\phi(x)$を

1) 何回でも微分できる，

2) $|x|\to\infty$ で x のどんなベキよりも速く減少する，

関数としよう．このような関数を「良い関数」という．良い関数 $\phi(x)$に対し，積分

$$\int_{-\infty}^{\infty}\phi(x)f(x)dx$$

が有限となるような$f(x)$を**超関数**と定義する．$f(x)$が多項式のような普通の関数であれば，上の積分は有限な値となるので，普通の関数は超関数でもある．また，ディラックのデルタ関数$f(x)=\delta(x)$は，

$$\int_{-\infty}^{\infty}\phi(x)\delta(x)dx = \phi(0)$$

を与えるので超関数である．このように，良い関数$\phi(x)$との積分が有限となるものを「関数」と考えることにより，関数の概念を拡張したものが超関数である．

デルタ関数は現在，量子力学のみならず，物理学や工学のいろいろな領域で威力を発揮している．点電荷や質点を表わすのに用いたり，グリーン関数法や演算子法などの基礎づけに不可欠である．ディラックのデルタ関数を講義で聞き，また自分でそれを使って問題を解決するのは，大学時代の知的喜びの1つであろう．

7

偏微分方程式

物理学においては，随所に偏微分方程式が登場する．しかし，あらためて偏微分方程式というと，どうしても「むずかしい」と思われてしまう．この章では，波動方程式，熱伝導方程式，ラプラス方程式の解の性質を調べる．既に習った物理現象を，数学的に調べ直していると考えると気が楽になるであろう．手法としては，フーリエ級数，フーリエ積分，積分定理等が用いられる．

7-1　偏微分方程式

偏微分方程式　2つ以上の独立変数をもつ未知関数とその偏導関数を含む方程式を**偏微分方程式**という．偏微分方程式の**階数**は，含まれる偏導関数の最高階の階数である．未知関数およびその偏導関数について1次のとき**線形**という．

与えられた偏微分方程式を恒等的にみたす関数を**解**とよぶ．n 階偏微分方程式の**一般解**は，n 個の任意関数を含む．**特解**は，一般解における任意関数を特別に選ぶことによって得られる解である．

定数係数の2階線形偏微分方程式　2つの独立変数 x, y をもつ定数係数の2階線形偏微分方程式は，a, b, c, d, e, f を定数として，

$$a\frac{\partial^2 u}{\partial x^2}+2b\frac{\partial^2 u}{\partial x\partial y}+c\frac{\partial^2 u}{\partial y^2}+d\frac{\partial u}{\partial x}+e\frac{\partial u}{\partial y}+fu = g(x, y)$$

で与えられる．$g(x, y)\equiv 0$ のとき，**同次**(斉次)**方程式**とよぶ．上の偏微分方程式について，$D=b^2-ac$ とおき，$D>0$，$D=0$，$D<0$ のとき，それぞれ双曲型，放物型，楕円型という．代表的な物理例を掲げる．

a)　双曲型　$\dfrac{\partial^2 u}{\partial t^2}=c^2\dfrac{\partial^2 u}{\partial x^2}$　　(波動方程式)

b)　放物型　$\dfrac{\partial u}{\partial t}=\kappa\dfrac{\partial^2 u}{\partial x^2}$　　(熱伝導方程式)

c)　楕円型　$\dfrac{\partial^2 u}{\partial x^2}+\dfrac{\partial^2 u}{\partial y^2}=0$　　(ラプラス方程式)

境界値問題　時刻 $t=0$ における条件(初期条件)や，空間領域の境界における条件(境界条件)をみたす解を求めることを，偏微分方程式の**境界値問題**という．境界値問題を解く方法には色々あるが，一般解による方法と変数分離法を，7-2節～7-4節で用いる．

例題 7.1 次の偏微分方程式の一般解を求めよ．

1) $\dfrac{\partial u(x, y)}{\partial x}=0$ 　　2) $\dfrac{\partial u(x, y)}{\partial x}=p(x, y)$

3) $\dfrac{\partial u(x, y)}{\partial x}+\dfrac{\partial u(x, y)}{\partial y}=0$ 　　4) $\dfrac{\partial^2 u(x, y)}{\partial x \partial y}=0$

［解］ 1) $u(x, y)$ は x を変化させても変わらないのだから，y だけの関数である．よって，$\phi(y)$ を任意関数として，一般解は，

$$u = \phi(y)$$

2) x について積分する．α をある定数，$\phi(y)$ を任意関数として，一般解は，

$$u = \int_\alpha^x p(\xi, y)d\xi+\phi(y)$$

3) 新しい独立変数 $\xi=x+y$, $\eta=x-y$ を導入する．偏微分の規則により，

$$\frac{\partial u}{\partial x} = \frac{\partial \xi}{\partial x}\frac{\partial u}{\partial \xi}+\frac{\partial \eta}{\partial x}\frac{\partial u}{\partial \eta} = \frac{\partial u}{\partial \xi}+\frac{\partial u}{\partial \eta}$$

$$\frac{\partial u}{\partial y} = \frac{\partial \xi}{\partial y}\frac{\partial u}{\partial \xi}+\frac{\partial \eta}{\partial y}\frac{\partial u}{\partial \eta} = \frac{\partial u}{\partial \xi}-\frac{\partial u}{\partial \eta}$$

これを与えられた偏微分方程式 $u_x+u_y=0$ に代入すると，

$$\left(\frac{\partial u}{\partial \xi}+\frac{\partial u}{\partial \eta}\right)+\left(\frac{\partial u}{\partial \xi}-\frac{\partial u}{\partial \eta}\right) = 2\frac{\partial u}{\partial \xi} = 0$$

$u(\xi, \eta)$ は ξ を変化させても変わらないのだから，η だけの関数である．よって，$\phi(\eta)$ を任意関数として，一般解は

$$u = \phi(\eta) = \phi(x-y)$$

4) $\dfrac{\partial}{\partial x}\left(\dfrac{\partial u}{\partial y}\right)=0$ だから，1) より，$\phi_1(y)$ を任意関数として，

$$\frac{\partial u}{\partial y} = \phi_1(y)$$

y について積分する．α をある定数，$\psi(x)$ を任意関数として，

$$u = \int_\alpha^y \phi_1(\xi)d\xi+\psi(x)$$

任意関数の不定積分は再び任意関数となる．これを $\phi(y)$ とかく．よって，一般解は，

$$u = \phi(y)+\psi(x)$$

問　題 7-1

[1]　次の偏微分方程式の一般解を求めよ．(4)で，$p(x,y)$ は与えられた関数である．

(1)　$\dfrac{\partial^2 u(x,t)}{\partial t^2}=c^2\dfrac{\partial^2 u(x,t)}{\partial x^2}$　　(2)　$\dfrac{\partial^2 u(x,y)}{\partial x\partial y}=x^2y$

(3)　$\dfrac{\partial^4 u(x,y)}{\partial x^2\partial y^2}=0$　　(4)　$\dfrac{\partial p(x,y)}{\partial y}\dfrac{\partial u(x,y)}{\partial x}=\dfrac{\partial p(x,y)}{\partial x}\dfrac{\partial u(x,y)}{\partial y}$

[2]　1次元ポアソン方程式 $d^2u/dx^2=-f(x)$ を考える．

(1)　$d^2u/dx^2=-\delta(x-\xi)$，$u(0)=u(l)=0$，の解は

$$u(x)=G(x,\xi)=\begin{cases} x(l-\xi)/l & (0\leqq x<\xi) \\ \xi(l-x)/l & (\xi<x\leqq l)\end{cases}$$

で与えられることを示せ．$G(x,\xi)$ を**グリーン関数**という．

(2)　上で求めた $G(x,\xi)$ から作った関数

$$u(x)=\int_0^l f(\xi)G(x,\xi)d\xi$$

は，境界値問題 $d^2u/dx^2=-f(x)$，$u(0)=u(l)=0$，の解であることを示せ．

One Point ——重ね合わせの原理

一般に，関数 $u(x,y,\cdots)$ に対する線形同次方程式は，

$$L[u]=Au+Bu_x+Cu_y+\cdots+Du_{xx}+Eu_{xy}+Fu_{yy}+\cdots=0$$

の形に書ける．いま，2つの解 u_1, u_2 があれば，線形結合 $c_1u_1+c_2u_2$ も解となる(重ね合わせの原理)．なぜならば，$L[c_1u_1+c_2u_2]=c_1L[u_1]+c_2L[u_2]=0+0=0$．これは，常微分方程式の場合と同様である．また，線形同次方程式 $L[u]=0$ の一般解がわかっていれば，非同次方程式 $L[u]=f(x,y,\cdots)$ の特解を1つ見つけるだけで，その非同次方程式の一般解が求まる．このことも，常微分方程式の場合と同様である．

7-2　1次元波動方程式

ダランベールの解　1次元波動方程式

$$\frac{\partial^2 u(x,t)}{\partial t^2} = c^2 \frac{\partial^2 u(x,t)}{\partial x^2} \qquad (c>0) \tag{7.1}$$

の一般解は，ϕ と ψ を任意関数として，

$$u(x,t) = \phi(x+ct)+\psi(x-ct) \tag{7.2}$$

で与えられる(問題7-1, 問[1]の(1))．これを**ダランベールの解**という．(7.2)の第1項は速さ c で左へ，第2項は速さ c で右へ平行移動する波形を表わす．

初期条件

$$u(x,0) = f(x), \qquad \left.\frac{\partial}{\partial t}u(x,t)\right|_{t=0} = u_t(x,0) = g(x) \tag{7.3}$$

をみたす解は，(7.2)と(7.3)から

$$u(x,t) = \frac{1}{2}(f(x+ct)+f(x-ct))+\frac{1}{2c}\int_{x-ct}^{x+ct} g(s)ds \tag{7.4}$$

と求められる．(7.4)は，**ストークスの波動公式**とよばれる．

境界値問題　x 軸に沿って張られた弦が，それに垂直な平面で行なう振動は，$u(x,t)$ を変位として，波動方程式(7.1)で記述される．弦の両端 $x=0$ と $x=L$ を固定する．

$$\text{境界条件：}\quad u(0,t) = 0, \qquad u(L,t) = 0 \tag{7.5}$$

また，弦の初期変位 $u(x,0)$ と初期速度 $u_t(x,0)$ を与える．

$$\text{初期条件：}\quad u(x,0) = f(x), \qquad u_t(x,0) = g(x) \tag{7.6}$$

条件(7.5)と(7.6)をみたす解は，

$$\begin{aligned} u(x,t) = \sum_{n=1}^{\infty}\Bigg[&\left\{\frac{2}{L}\int_0^L f(\xi)\sin\frac{n\pi\xi}{L}d\xi\right\}\cos\omega_n t \\ &+\left\{\frac{2}{L\omega_n}\int_0^L g(\xi)\sin\frac{n\pi\xi}{L}d\xi\right\}\sin\omega_n t\Bigg]\sin\frac{n\pi x}{L} \end{aligned} \tag{7.7}$$

ここで，$\omega_n = cn\pi/L$.

例題 7.2　波動方程式 $u_{tt}=u_{xx}$ を，初期条件(右図)

$$u(x,0)=f(x)=\begin{cases} b(1+x/a) & (-a\leqq x\leqq 0) \\ b(1-x/a) & (0\leqq x\leqq a) \\ 0 & (|x|>a) \end{cases}$$

$$u_t(x,0)=g(x)=0$$

の下で解き，解の様子を図示せよ．

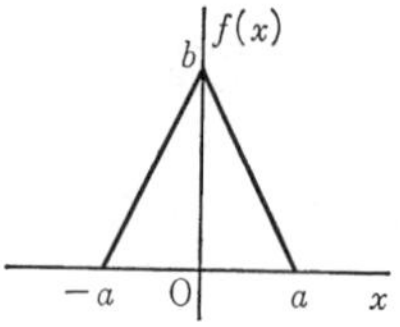

［解］　ストークスの波動公式(7.4)

$$u(x,t)=\frac{1}{2}(f(x+t)+f(x-t))+\frac{1}{2}\int_{x-t}^{x+t}g(s)ds$$

を用いる．$u_t(x,0)=g(x)=0$ だから，

$$u(x,t)=\frac{1}{2}f(x+t)+\frac{1}{2}f(x-t) \tag{1}$$

解(1)の第1項は速さ $c=1$ で左へ，第2項は速さ $c=1$ で右へ平行移動する波形を表わす．これら左右に移動する波は，いずれも初期波形 $f(x)$ の 1/2 の大きさをもっている．よって，解を図示するには，左へ移動する波と右へ移動する波をそれぞれ描き，たし合わせればよい(下図)．$t=a$ 以降は，左右に別れていく．

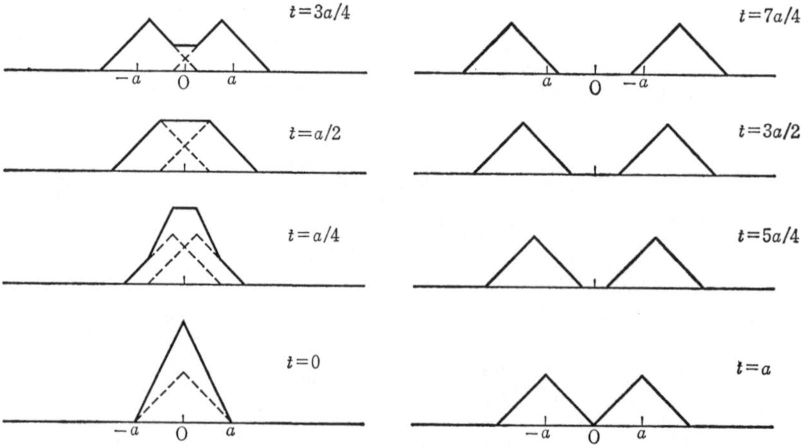

例題 7.3　波動方程式 $u_{tt}=c^2u_{xx}$ を，境界条件：$u(0,t)=0$, $u(L,t)=0$，初期条件：$u(x,0)=f(x)$, $u_t(x,0)=g(x)$，の下で解け．

［**解**］　変数分離法を用いる．$u(x,t)=X(x)T(t)$ とおき，波動方程式 $u_{tt}=c^2u_{xx}$ に代入すると，$XT''=c^2X''T$，すなわち，

$$T''/c^2T = X''/X \tag{1}$$

左辺は t だけの関数，右辺は x だけの関数であるから，等式が成り立つためには，両辺の値は定数でなければならない．この定数を $-p^2$ ($p>0$) とする．よって，

$$X''+p^2X = 0, \qquad T''+c^2p^2T = 0 \tag{2}$$

境界条件 $u(0,t)=X(0)T(t)=0$, $u(L,t)=X(L)T(t)=0$ より，$X(0)=X(L)=0$. $X''+p^2X=0$ の解で，この条件をみたすものは，B_n を任意定数として，

$$X_n(x) = B_n\sin p_nx, \qquad p_n = n\pi/L \qquad (n=1,2,\cdots) \tag{3}$$

いま，$T(t)$ に対する微分方程式は $T''+\omega_n{}^2T=0$, $\omega_n=cp_n$，である．この方程式の一般解は，C_n, D_n を任意定数として，

$$T_n(t) = C_n\cos\omega_nt+D_n\sin\omega_nt, \qquad \omega_n = n\pi c/L \tag{4}$$

したがって，

$$u_n(x,t) = X_n(x)T_n(t) = (C_n\cos\omega_nt+D_n\sin\omega_nt)\sin(n\pi x/L) \tag{5}$$

は，境界条件 $u(0,t)=u(L,t)=0$ をみたす解である((5)式では，B_nC_n, B_nD_n を新たに C_n, D_n とおいた)．

次に，**固有モード** $u_n(x,t)$ の線形結合(重ね合わせの原理)

$$u(x,t) = \sum_{n=1}^{\infty}(C_n\cos\omega_nt+D_n\sin\omega_nt)\sin(n\pi x/L) \tag{6}$$

をつくり，初期条件

$$\left.\begin{aligned} u(x,0) &= \sum_{n=1}^{\infty}C_n\sin(n\pi x/L) = f(x) \\ u_t(x,0) &= \sum_{n=1}^{\infty}D_n\omega_n\sin(n\pi x/L) = g(x) \end{aligned}\right\} \tag{7}$$

をみたすようにする．(7)の両辺に $\sin(m\pi x/L)$ をかけて，x について 0 から L まで積分すると，C_n, D_n が決められる：

$$C_n = \frac{2}{L}\int_0^L f(x)\sin\frac{n\pi x}{L}dx, \qquad D_n = \frac{2}{L\omega_n}\int_0^L g(x)\sin\frac{n\pi x}{L}dx \tag{8}$$

よって，与えられた境界条件と初期条件をみたす1次元波動方程式 $u_{tt}=c^2u_{xx}$ の解は，(6)式に(8)式を代入したものである(本文(7.7)式と同じ)．

問 題 7-2

[1] ストークスの波動公式において，次の境界条件をみたすようにせよ．

(1) 弦は半無限 $x \geqq 0$ で固定端 $u(0, t)=0$.

(2) 長さ L の弦の両端固定 $u(0, t)=u(L, t)=0$.

(3) 弦は半無限 $x \geqq 0$ で自由端 $u_x(0, t)=0$.

[2] 波動方程式 $u_{tt}=u_{xx}$ に対して，初期条件(右図)，

$$u(x, 0) = f(x) = \begin{cases} 2(x-1) & (1 \leqq x \leqq 2) \\ 2(3-x) & (2 \leqq x \leqq 3) \\ 0 & (0<x<1,\ x>3) \end{cases}$$

$$u_t(x, 0) = 0$$

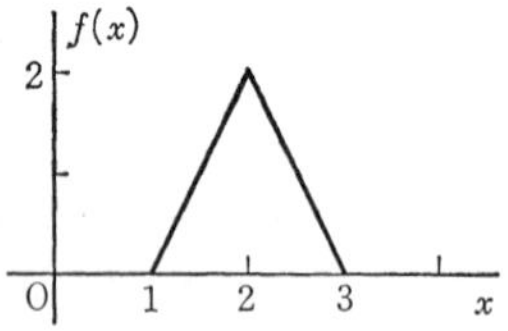

をみたし，かつ，次の境界条件をみたす解を求めて図示せよ．

(1) 弦は半無限 $x \geqq 0$ で固定端 $u(0, t)=0$.

(2) 長さ 5 の弦の両端固定 $u(0, t)=0$, $u(5, t)=0$.

(3) 弦は半無限 $x \geqq 0$ で自由端 $u_x(0, t)=0$.

[3] 両端固定の長さ L の弦に対して，波動方程式 $u_{tt}=c^2u_{xx}$ を，次の初期条件をみたすように解け．

(1) $u(x, 0)=\sin(\pi x/L)$, $u_t(x, 0)=0$.

(2) $u(x, 0)=0$, $u_t(x, 0)=4\sin^3(\pi x/L)$.

One Point ——楽器の音色

例題7.3は，弦の振動が $u(x, t)=\sum_{n=1}^{\infty} A_n \sin(\omega_n t+\alpha_n)\sin(n\pi x/L)$ で表わされることを示している．一番低い角振動数 ω_1 を基音，ω_n を第 n 倍音という．それぞれの音の強さは最大振幅 A_n で指定される．弦の振動は，基音と倍音を合成したものであり，それらの組み合わせがピアノ等の楽器の音色をつくっている．

7-3　1次元熱伝導方程式

1次元熱伝導方程式(κ は熱拡散率)を考える.

$$\frac{\partial u(x,t)}{\partial t}=\kappa\frac{\partial^2 u(x,t)}{\partial x^2}\qquad(\kappa>0)\tag{7.8}$$

境界値問題　長さ L の棒の両端を温度0に固定する.

$$\text{境界条件：}\quad u(0,t)=0,\qquad u(L,t)=0\tag{7.9}$$

また，初期温度分布を指定する.

$$\text{初期条件：}\quad u(x,0)=f(x)\tag{7.10}$$

境界条件(7.9)と初期条件(7.10)をみたす熱伝導方程式(7.8)の解は，次のように与えられる.

$$u(x,t)=\sum_{n=1}^{\infty}C_n\sin\frac{n\pi x}{L}e^{-\kappa(n\pi/L)^2t},\quad C_n=\frac{2}{L}\int_0^L f(x)\sin\frac{n\pi x}{L}dx\tag{7.11}$$

棒の両端で熱の流れはないとする．すなわち，(7.9)の代りに，

$$\text{境界条件：}\quad u_x(0,t)=0,\qquad u_x(L,t)=0\tag{7.12}$$

をみたす解は，

$$\begin{aligned}u(x,t)&=\frac{A_0}{2}+\sum_{n=1}^{\infty}A_n\cos\frac{n\pi x}{L}e^{-\kappa(n\pi/L)^2t}\\A_n&=\frac{2}{L}\int_0^L f(x)\cos\frac{n\pi x}{L}dx\end{aligned}\tag{7.13}$$

無限に長い棒　無限に長い棒において，$t=0$ での温度分布を与えて，

$$\text{初期条件：}\quad u(x,0)=f(x)\tag{7.14}$$

それ以後の時刻 t での温度分布 $u(x,t)$ を調べる．初期条件(7.14)をみたす熱伝導方程式(7.10)の解は，

$$u(x,t)=\frac{1}{2\sqrt{\pi\kappa t}}\int_{-\infty}^{\infty}d\xi f(\xi)e^{-(\xi-x)^2/4\kappa t}\tag{7.15}$$

従属変数 u が温度ではなく物質濃度を表わすならば，方程式(7.8)は拡散率 κ をもつ物質の**拡散方程式**となる.

例題 7.4 1次元熱伝導方程式 $u_t=\kappa u_{xx}\,(\kappa>0)$ に対して，境界条件：$u_x(0,t)=u_x(L,t)=0$ と初期条件：$u(x,0)=f(x)$ をみたす解を求めよ．

［解］ 変数分離法を用いる．$u(x,t)=X(x)T(t)$ とおいて，熱伝導方程式 $u_t=\kappa u_{xx}$ に代入すると，

$$XT' = \kappa X''T \quad \text{または} \quad T'/\kappa T = X''/X \tag{1}$$

$T'/\kappa T$ は t だけの関数，X''/X は x だけの関数であるから，等式が成り立つためには両辺の値は定数でなければならない．この定数を $-p^2\,(p>0)$ とおく．

$$X''+p^2X = 0, \qquad T'+\kappa p^2T = 0 \tag{2}$$

境界条件 $u_x(0,t)=X'(0)T(t)=0$，$u_x(L,t)=X'(L)T(t)=0$ より，$X'(0)=X'(L)=0$．$X''+p^2X=0$ の解で，この条件をみたすものは，B_n を任意定数として，

$$X_n(x) = B_n\cos p_nx, \qquad p_n = n\pi/L \qquad (n=0,1,2,\cdots) \tag{3}$$

いま，$T(t)$ に対する方程式は $T'+\kappa p_n{}^2T=0$ である．この方程式の一般解は，C_n を任意定数として，

$$T_n(t) = C_ne^{-\kappa(n\pi/L)^2t} \tag{4}$$

したがって，

$$u_n(x,t) = X_n(x)T_n(t) = A_ne^{-\kappa(n\pi/L)^2t}\cos(n\pi x/L) \tag{5}$$

は，境界条件 $u_x(0,t)=u_x(L,t)=0$ をみたす解である（(5)式では，B_nC_n を A_n とおいた）．

次に，u_n の重ね合わせをつくることにより，初期条件をみたすようにする．

$$u(x,t) = \frac{A_0}{2}+\sum_{n=1}^{\infty}A_ne^{-\kappa(n\pi/L)^2t}\cos\frac{n\pi x}{L} \tag{6}$$

$u(x,0)=f(x)$ であるから，

$$f(x) = \frac{A_0}{2}+\sum_{n=1}^{\infty}A_n\cos\frac{n\pi x}{L} \tag{7}$$

(7)の両辺に $\cos(m\pi x/L)$ をかけて，x について 0 から L まで積分すると，A_n が決められる：

$$A_n = \frac{2}{L}\int_0^L f(x)\cos\frac{n\pi x}{L}dx \qquad (n=0,1,2,\cdots) \tag{8}$$

よって，与えられた境界条件と初期条件をみたす1次元熱伝導方程式 $u_t=\kappa u_{xx}$ の解は，(6)式に(8)式を代入したものである（本文(7.13)式と同じ）．この境界条件は，棒の両端から熱が逃げていかない，すなわち，断熱されている，ことに相当している．

問 題 7-3

[1] 長さ L の棒の両端は常に温度 0 に保たれている，すなわち，$u(0,t)=u(L,t)=0$. 初期温度分布 $u(x,0)$ が次のように与えられた時の，熱伝導方程式 $u_t=\kappa u_{xx}$ の解を求めよ．

(1) $u(x,0)=f(x)=a\sin\dfrac{4\pi x}{L}+b\sin\dfrac{8\pi x}{L}+c\sin\dfrac{12\pi x}{L}$ (a, b, c は定数)

(2) $u(x,0)=f(x)=ax(L-x)$ ($0<x<L$, a は定数)

[2] 無限に長い棒において，熱の初期分布 $u(x,0)$ が次のように与えられているとき，$t>0$ での熱の伝わり方を調べよ．a, b は定数とする．

(1) $u(x,0)=a$ (2) $u(x,0)=a\delta(x)$, $\delta(x)$ はデルタ関数

(3) $u(x,0)=a\cos bx$

[3] 長さが半無限の棒 ($x\geqq 0$) における熱伝導問題を考える．次の条件をみたす，熱伝導方程式の解を求めよ．

(1) $u(x,0)=f(x)$ ($x>0$), $u(0,t)=0$

(2) $u(x,0)=$一定$=a$ ($x>0$), $u(0,t)=0$

[4] 1次元熱伝導方程式 $u_t=\kappa u_{xx}$ ($\kappa>0$) に対して，

周期的境界条件： $u(0,t)=u(2L,t)$

初期条件： $u(x,0)=f(x)$

をみたす解を求めよ．

One Point ——初期条件

波動方程式や拡散方程式を実際の問題に応用する際には，初期条件を与える必要がある．そのまとめをしておこう．波動方程式 $u_{tt}=c^2\nabla^2 u$ は t について2階微分なので，初期条件として u と u_t を指定する．一方，拡散方程式 $u_t=\kappa\nabla^2 u$ は t について1階微分なので，u に対する初期条件だけでよい．

7-4　2次元波動方程式

矩形(長方形)板の4辺が固定されているとき，その板がどのように振動するかを調べる(図7-1)．数学の問題としては，2次元波動方程式

$$\frac{\partial^2 u}{\partial t^2} = c^2\left(\frac{\partial^2 u}{\partial x^2}+\frac{\partial^2 u}{\partial y^2}\right) \qquad (c>0) \tag{7.16}$$

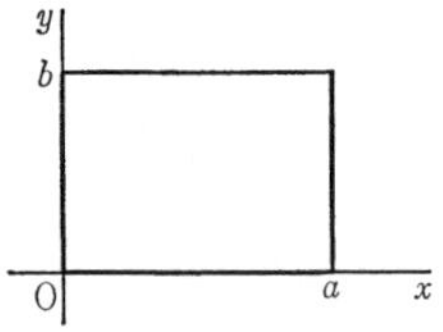

図7-1

を，次の境界条件と初期条件をみたすように解く．

$$u(0, y, t) = u(a, y, t) = u(x, 0, t) = u(x, b, t) = 0 \tag{7.17}$$

$$u(x, y, 0) = f(x, y), \qquad u_t(x, y, 0) = g(x, y) \tag{7.18}$$

変数分離法を用いる．(7.17)をみたす解は，A_{mn} と B_{mn} を任意定数として，

$$\begin{aligned} u_{mn}(x, y, t) &= (A_{mn}\cos\omega_{mn}t+B_{mn}\sin\omega_{mn}t)\sin\frac{m\pi x}{a}\sin\frac{n\pi y}{b} \\ \omega_{mn} &= c\sqrt{\left(\frac{m\pi}{a}\right)^2+\left(\frac{n\pi}{b}\right)^2} \qquad (m, n=1, 2, 3, \cdots) \end{aligned} \tag{7.19}$$

一般に $a\neq b$ ならば，異なる m, n の組に対して，固有角振動数 ω_{mn} は同じ値にならない(縮退しない)．このとき，節線($u_{mn}=0$ すなわち，振動しない場所)は，x 軸または y 軸に平行な線分で，それぞれ $n-1$ 本，$m-1$ 本ずつある．

さらに，初期条件(7.18)をみたすように，固有モード u_{mn} の重ね合わせをつくる．結局，求める解は，

$$\begin{aligned} u(x, y, t) &= \sum_{m=1}^{\infty}\sum_{n=1}^{\infty}(A_{mn}\cos\omega_{mn}t+B_{mn}\sin\omega_{mn}t)\sin\frac{m\pi x}{a}\sin\frac{n\pi x}{b} \\ A_{mn} &= \frac{4}{ab}\int_0^b dy\int_0^a dx f(x, y)\sin\frac{m\pi x}{a}\sin\frac{n\pi y}{b} \\ B_{mn} &= \frac{4}{ab\omega_{mn}}\int_0^b dy\int_0^a dx g(x, y)\sin\frac{m\pi x}{a}\sin\frac{n\pi y}{b} \end{aligned} \tag{7.20}$$

例題7.5 1辺の長さが1の正方形の膜があり，その4辺が固定されている．膜面に垂直方向の変形を与え，静かに手を離すと，どのような運動をするか．

［解］ 波動方程式 $u_{tt}=c^2(u_{xx}+u_{yy})$ を，

境界条件： $u(0, y, t) = u(1, y, t) = u(x, 0, t) = u(x, 1, t) = 0$ (1)

初期条件： $u(x, y, 0) = f(x, y),\ \ u_t(x, y, 0) = 0$ (2)

の条件下で解く問題である．変数分離法を用いる．$u=T(t)X(x)Y(y)$ とおき，2次元波動方程式に代入する．

$$T''/c^2T = X''/X+Y''/Y \tag{3}$$

T''/c^2T は t だけの，X''/X は x だけの，Y''/Y は y だけの関数なので，(3)が常に成り立つには，おのおのが定数でなければならない．よって，

$$T''-c^2kT = 0 \tag{4}$$

$$X''+\alpha X = 0, \qquad Y''+\beta Y = 0, \qquad k = -(\alpha+\beta) \tag{5}$$

境界条件(1)より，$X(0)=X(1)=0$，$Y(0)=Y(1)=0$．(5)の解が，これらの条件をみたすためには，

$$X_m(x) = \sin m\pi x, \qquad Y_n(y) = \sin n\pi x \tag{6}$$

このとき，$k=-(\alpha+\beta)$ であるから，$k_{mn}=-(m^2+n^2)\pi^2$．$T(t)$ に対する方程式は，いま $T''+c^2k_{mn}T=0$ である．一般解は，A_{mn}, B_{mn} を任意定数として，

$$T_{mn}(t) = A_{mn}\cos\omega_{mn}t+B_{mn}\sin\omega_{mn}t, \qquad \omega_{mn} = c\pi\sqrt{m^2+n^2} \tag{7}$$

次に，解 $u_{mn}=T_{mn}(t)X_m(x)Y_n(y)$ の重ね合わせ

$$u(x, y, t) = \sum_{m=1}^{\infty}\sum_{n=1}^{\infty}(A_{mn}\cos\omega_{mn}t+B_{mn}\sin\omega_{mn}t)\sin m\pi x\sin n\pi y \tag{8}$$

をつくり，初期条件(2)をみたすようにする．(2)より，

$$\sum_{m=1}^{\infty}\sum_{n=1}^{\infty}A_{mn}\sin m\pi x\sin n\pi y = f(x, y) \tag{9}$$

$$\sum_{m=1}^{\infty}\sum_{n=1}^{\infty}B_{mn}\,\omega_{mn}\sin m\pi x\sin n\pi y = 0 \tag{10}$$

(10)より，$B_{mn}=0$．(9)の両辺に $\sin p\pi x\sin q\pi y$ をかけて，x, y についてそれぞれ0から1まで積分すると，

$$\begin{aligned}&\int_0^1 dx\int_0^1 dy f(x, y)\sin p\pi x\sin q\pi y\\ &= \sum_{m=1}^{\infty}\sum_{n=1}^{\infty}A_{mn}\int_0^1\sin m\pi x\sin p\pi x dx\int_0^1\sin n\pi y\sin q\pi y dy\\ &= \sum_{m=1}^{\infty}\sum_{n=1}^{\infty}A_{mn}\cdot\frac{1}{2}\delta_{mp}\cdot\frac{1}{2}\delta_{nq} = \frac{1}{4}A_{pq}\end{aligned} \tag{11}$$

したがって，

$$A_{mn} = 4\int_0^1 dx\int_0^1 dy f(x, y)\sin m\pi x \sin n\pi y \qquad (12)$$

と，$B_{mn}=0$ を(8)に代入したものが，求める解である．この結果は，(7.20)の特別な場合($g(x, y)=0, a=b=1$)に相当する．

問　題 7-4

[1]　1辺の長さが1の正方形の膜があり，その4辺が固定されている．次のような初期変形を与え，静かに離したならば，どのような運動が続くか．k を定数とする．

(1)　$u(x, y, 0)=f(x, y)=kx(1-x)y(1-y)$

(2)　$u(x, y, 0)=f(x, y)=kx(1-x^2)y(1-y^2)$

(3)　$u(x, y, 0)=f(x, y)=k\sin^2\pi x\sin^2\pi y$

[2]　3次元極座標 (r, θ, ϕ) でのラプラシアンは，

$$\nabla^2 = \Delta = \frac{1}{r^2}\frac{\partial}{\partial r}\left(r^2\frac{\partial}{\partial r}\right)+\frac{1}{r^2\sin\theta}\frac{\partial}{\partial\theta}\left(\sin\theta\frac{\partial}{\partial\theta}\right)+\frac{1}{r^2\sin^2\theta}\frac{\partial^2}{\partial\phi^2}$$

で与えられる．3次元波動方程式 $\partial^2u/\partial t^2=c^2\nabla^2u$ において，動径座標 r だけに依存する波動場 $u(r, t)$ がみたす方程式を求めよ．そして，f, g を任意関数として，

$$u(r, t) = \frac{1}{r}f(r-ct)+\frac{1}{r}g(r+ct)$$

と表わされることを示せ．

[3]　矩形の金属板(横の長さ a，たての長さ b)の4辺は，温度0に保たれているとする．この板にある温度分布を与えたとき，その後どのように変化するであろうか．2次元熱伝導方程式 $u_t=\kappa(u_{xx}+u_{yy})$ を，次の条件の下で解いて調べよ．

$$u(0, y, t) = u(a, y, t) = u(x, 0, t) = u(x, b, t) = 0$$

$$u(x, y, 0) = f(x, y)$$

7-5 ラプラス方程式とポアソン方程式

グリーンの定理　ガウスの定理

$$\iiint_V \nabla\cdot\boldsymbol{A}dV = \iint_S \boldsymbol{A}\cdot\boldsymbol{n}dS \tag{7.21}$$

において，$\boldsymbol{A}=\phi\nabla\psi$ とおく．公式(4-5節)より，$\nabla\cdot(\phi\nabla\psi)=\phi\nabla^2\psi+(\nabla\phi)\cdot(\nabla\psi)$．また，閉曲面 S の法線方向に対する方向微分係数を $\partial\psi/\partial n$ と書けば，

$$\boldsymbol{A}\cdot\boldsymbol{n} = (\phi\nabla\psi)\cdot\boldsymbol{n} = \phi(\boldsymbol{n}\cdot\nabla\psi) = \phi\partial\psi/\partial n$$

よって，(7.21)より

$$\iiint_V (\phi\nabla^2\psi+(\nabla\phi)\cdot(\nabla\psi))dV = \iint_S \phi\frac{\partial\psi}{\partial n}dS \tag{7.22}$$

(7.22)で ϕ と ψ を入れ換えた式をつくり，(7.22)からその式を引くと，

$$\iiint_V (\phi\nabla^2\psi-\psi\nabla^2\phi)dV = \iint_S \left(\phi\frac{\partial\psi}{\partial n}-\psi\frac{\partial\phi}{\partial n}\right)dS \tag{7.23}$$

(7.22)と(7.23)を**グリーンの定理**という．

グリーンの公式　領域 V 内の動点Qと，ある点Pの位置ベクトルを，それぞれ $\boldsymbol{r}_{\rm Q}, \boldsymbol{r}_{\rm P}$ とする．グリーンの定理(7.23)において，$\psi=1/r,\ r=|\boldsymbol{r}_{\rm Q}-\boldsymbol{r}_{\rm P}|$ とおく．

$$\iiint_V \left[\phi\nabla^2\left(\frac{1}{r}\right)-\frac{1}{r}\nabla^2\phi\right]dV = \iint_S \left\{\phi\frac{\partial}{\partial n}\left(\frac{1}{r}\right)-\frac{1}{r}\frac{\partial\phi}{\partial n}\right\}dS \tag{7.24}$$

(7.24)での微分や積分は動点Qに関するものであることに注意．左辺の第1項の積分を，公式 $\nabla^2(1/|\boldsymbol{r}_{\rm Q}-\boldsymbol{r}_{\rm P}|)=-4\pi\delta(\boldsymbol{r}_{\rm Q}-\boldsymbol{r}_{\rm P})$ を使って評価する．点Pが V の外部にあれば，(7.24)より

$$0 = -\iiint_V \frac{1}{r}\nabla^2\phi dV+\iint_S \left\{\frac{1}{r}\frac{\partial\phi}{\partial n}-\phi\frac{\partial}{\partial n}\left(\frac{1}{r}\right)\right\}dS \tag{7.25}$$

一方，点Pが V の内部にあれば，(7.24)より，

$$4\pi\phi(\boldsymbol{r}_{\rm P}) = -\iiint_V \frac{1}{r}\nabla^2\phi dV+\iint_S \left\{\frac{1}{r}\frac{\partial\phi}{\partial n}-\phi\frac{\partial}{\partial n}\left(\frac{1}{r}\right)\right\}dS \tag{7.26}$$

(7.25)と(7.26)を**グリーンの公式**という．

例題 7.6 グリーンの定理から次のことを示せ．領域を V，それを囲む閉曲面を S とする．

1) V 内で**ラプラス方程式** $\nabla^2\phi=0$ をみたし，S 上で $\partial\phi/\partial n=0$ ならば，ϕ は V 内で定数である．

2) V 内で**ポアソン方程式** $\nabla^2\phi=-k\rho$ (k は定数) をみたし，S 上で $\partial\phi/\partial n=f(x,y,z)$ をみたす ϕ は，あるとすれば(定数の差を除いて)ただ1つある．

3) V 内でラプラス方程式をみたし，S 上で $\phi=0$ ならば，V 内で $\phi=0$ である．

4) V 内でポアソン方程式をみたし，S 上で $\phi=g(x,y,z)$ をみたす ϕ は，あるとすればただ1つである．

［**解**］ 1) グリーンの定理(7.22)で，$\psi=\phi$ とおく．

$$\iiint_V(\phi\nabla^2\phi+(\nabla\phi)^2)dV=\iint_S\phi\frac{\partial\phi}{\partial n}dS \tag{1}$$

V 内で $\nabla^2\phi=0$ であり，S 上で $\partial\phi/\partial n=0$．よって，

$$\iiint(\nabla\phi)^2dV=0 \tag{2}$$

ところが，$(\nabla\phi)^2\geqq 0$ であるから，(2)式が成り立つためには，V 内のすべての点で $\nabla\phi=(\partial\phi/\partial x)\boldsymbol{i}+(\partial\phi/\partial y)\boldsymbol{j}+(\partial\phi/\partial z)\boldsymbol{k}=0$．したがって，$\phi$ は定数である．

2) 条件をみたすポアソン方程式の解が2つ，ϕ_1 と ϕ_2，あるとする．$\phi=\phi_1-\phi_2$ とおけば，V 内で，

$$\nabla^2\phi=\nabla^2\phi_1-\nabla^2\phi_2=-k\rho+k\rho=0$$

また，S 上で

$$\partial\phi/\partial n=\partial\phi_1/\partial n-\partial\phi_2/\partial n=f-f=0$$

よって，1)の結果から，ϕ は定数であり，ϕ_1 と ϕ_2 は定数しか違わない．

3) V 内で $\nabla^2\phi=0$，S 上で $\phi=0$ である．よって，(1)より，

$$\iiint_V(\nabla\phi)^2dV=0$$

したがって，V 内で $\nabla\phi=0$，すなわち $\phi=$定数．ところが，S の上で $\phi=0$ であるから，ϕ の連続性より，V 内のすべての点で $\phi=0$ である．

4) 条件をみたすポアソン方程式の解が2つ，ϕ_1 と ϕ_2，あるとする．$\phi=\phi_1-\phi_2$ とおけば，V 内で $\nabla^2\phi=\nabla^2\phi_1-\nabla^2\phi_2=-k\rho+k\rho=0$．また，$S$ 上で $\phi=\phi_1-\phi_2=g-g=0$．したがって，3)の結果から，V 内で恒等的に $\phi=0$，すなわち，$\phi_1=\phi_2$．

問 題 7-5

[1] 密度 $\rho(x, y, z)$ の物体が領域 V に分布している．この物体がつくる万有引力ポテンシャル $\phi(x, y, z)$ は，G を重力定数として，

$$\phi(x, y, z) = -G\iiint_V \frac{\rho(\xi, \eta, \zeta)}{r}d\xi d\eta d\zeta, \qquad r = \sqrt{(x-\xi)^2+(y-\eta)^2+(z-\zeta)^2}$$

で与えられる．この表式を用いて，V の外部ではラプラス方程式 $\nabla^2\phi=0$，内部ではポアソン方程式 $\nabla^2\phi=4\pi G\rho$ をみたすことを示せ．

[2] 次の式を示せ．$\rho=\sqrt{x^2+y^2}$ とする．

$$\left(\frac{\partial^2}{\partial x^2}+\frac{\partial^2}{\partial y^2}\right)\log\frac{1}{\rho} = -2\pi\delta(x)\delta(y)$$

[3] (1) 平面におけるグリーンの定理

$$\iint_R\left(\frac{\partial A}{\partial x}+\frac{\partial B}{\partial y}\right)dxdy = \oint_C(Adx-Bdy)$$

は，閉曲線 C 上の単位法線ベクトル $\boldsymbol{n}=(\alpha, \beta)$ と，弧に沿って測った長さ s を用いると，

$$\iint_R\left(\frac{\partial A}{\partial x}+\frac{\partial B}{\partial y}\right)dxdy = \oint_C(A\alpha+B\beta)ds \tag{1}$$

となることを示せ．

(2) 上の(1)式から，次の式を示せ．

$$\iint_R\{\phi\nabla_2{}^2\psi-\psi\nabla_2{}^2\phi\}\,dxdy = \oint_C\left(\phi\frac{\partial\psi}{\partial n}-\psi\frac{\partial\phi}{\partial n}\right)ds$$

ただし，$\nabla_2{}^2=\partial^2/\partial x^2+\partial^2/\partial y^2$.

(3) 平面領域 R 内に点 P と動点 Q をとり，それぞれの位置ベクトルを $\boldsymbol{r}_{\mathrm{P}}, \boldsymbol{r}_{\mathrm{Q}}$ で表わす．$\rho=|\boldsymbol{r}_{\mathrm{Q}}-\boldsymbol{r}_{\mathrm{P}}|$ とおく．

$$\phi(\boldsymbol{r}_{\mathrm{P}}) = -\frac{1}{2\pi}\iint_R \nabla_2{}^2\phi\cdot\log\frac{1}{\rho}dxdy+\frac{1}{2\pi}\oint_C\left(\log\frac{1}{\rho}\cdot\frac{\partial\phi}{\partial n}-\phi\frac{\partial}{\partial n}\log\frac{1}{\rho}\right)ds$$

を示せ(注意：微分と積分は動点 Q についてである)．

Coffee Break　場，農業，体

「場」の定義を本で調べてみると，大別して次の 3 種類の記述がある.

(1)　量 A がある領域で各点の関数として決められるとき，その領域を A の場という.

(2)　物理量が空間の各点の関数として表わされるとき，その分布を場と表現する.

(3)　空間の各点ごとに与えられる物理量を場という.

たしかに，いろいろな用例を思いだしてみると，上のいずれかに相当している．(1)では「空間」，(2)では「分布」，(3)では「物理量」に強調がおかれた違いがある．数学志向の方には，物理における定義の柔軟さに驚かれるであろう.

ファラデー(M. Faraday, 1791–1867)は，電荷が存在すると周囲の空間に変化が生じ，その空間の変化が力を伝えると考えた(近接作用の見方)．電荷によって生じた空間の変化が「電場」である．一方現在，電場という言葉によって，ほとんどの人は，空間の各点で与えられた物理量としての電場を想像するであろう．「場」は，現代物理学において最も基本的な概念である．特に場の量子論では，場の源となる粒子も量子化された場として記述され，すべては場によって統一されてしまう.

久しぶりに，ジョークのコーナー．英語では場を field という．field には多様な意味がある(一度辞書をひくとよい).

○ある理論物理学者はアメリカ入国の際，専門は field theory(場の理論)と係官に答えたところ，農業専門家と書類に書かれてしまった(この場合の field は畑).

○ある物理教室で，『Introduction to Field Theory』という本を広告を見て注文したところ，代数学の本が到着した(この場合の field は，数学での体(たい)).

このように，しばしば誤解を生じている．なお，都内に場論(バロン)という bar がいくつかあるが，いずれもオーナーは物理学者ではないようだ.

問題解答

第 1 章

問題 1-1

[1] (1) 加法定理を使って，

$$x(t) = A\cos\omega_1 t + A\cos\omega_2 t = 2A\cos\frac{\omega_1-\omega_2}{2}t\cos\frac{\omega_1+\omega_2}{2}t$$

ω_1 と ω_2 が近い値のとき，$\cos\{(1/2)(\omega_1-\omega_2)t\}$ は $\cos\{(1/2)(\omega_1+\omega_2)t\}$ に比べてゆっくり変化する．この合成振動は，振幅が $2A\cos\{(1/2)(\omega_1-\omega_2)t\}$ で変調された，$(\omega_1+\omega_2)/2\cong\omega_1$ を角振動数とする調和振動とみなせる．(2) $x(t)=2A\cos\pi t\cos 9\pi t$ を図示する(下図)．

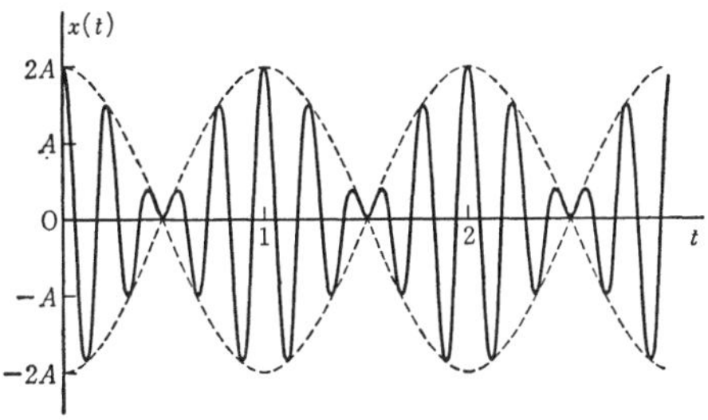

[2] (1) $\displaystyle\int_0^{2\pi}\sin mx dx = -\frac{1}{m}\cos mx\Big|_0^{2\pi} = -\frac{1}{m}(1-1)=0$

$$\int_0^{2\pi}\cos mx dx = \frac{1}{m}\sin mx\Big|_0^{2\pi} = \frac{1}{m}(0-0)=0$$

(2)　$m=n$ ならば，$\sin mx\cos mx=(1/2)\sin 2mx$ だから (1) と同じ．$m \neq n$ のとき，公式 $\sin mx\cos nx=(1/2)[\sin(m+n)x+\sin(m-n)x]$ を使って，

$$\int_0^{2\pi}\sin mx\cos nxdx=\frac{1}{2}\left[-\frac{1}{m+n}\cos(m+n)x-\frac{1}{m-n}\cos(m-n)x\right]_0^{2\pi}$$

$$=\frac{1}{2}\left[-\frac{1}{m+n}(1-1)-\frac{1}{m-n}(1-1)\right]=0$$

(3)　$m=n$ ならば，$\sin^2 mx=(1/2)(1-\cos 2mx)$ より，

$$\int_0^{2\pi}\sin^2 mxdx=\frac{1}{2}\left[x-\frac{1}{2m}\sin 2mx\right]_0^{2\pi}=\frac{1}{2}\left[(2\pi-0)-\frac{1}{2m}(0-0)\right]=\pi$$

$m \neq n$ ならば，$\sin mx\sin nx=(1/2)[\cos(m-n)x-\cos(m+n)x]$ だから，(1) と同じ．

(4)　$m=n$ ならば，$\cos^2 mx=(1/2)(1+\cos 2mx)$ より，

$$\int_0^{2\pi}\cos^2 mxdx=\frac{1}{2}\left[x+\frac{1}{2m}\sin 2mx\right]_0^{2\pi}=\pi$$

$m \neq n$ ならば，$\cos mx\cos nx=(1/2)[\cos(m-n)x+\cos(m+n)x]$ だから，(1) と同じ．

[3]　(1)　定義 $\cosh x=(e^x+e^{-x})/2$，$\sinh x=(e^x-e^{-x})/2$ より，$\cosh^2 x-\sinh^2 x=(e^{2x}+2+e^{-2x})/4-(e^{2x}-2+e^{-2x})/4=1$．　(2)　$\sinh x\cosh y+\cosh x\sinh y=(1/2)(e^x-e^{-x})\cdot(1/2)(e^y+e^{-y})+(1/2)(e^x+e^{-x})\cdot(1/2)(e^y-e^{-y})=(1/2)(e^{x+y}-e^{-x-y})=\sinh(x+y)$．　(3)　$\cosh x\cosh y+\sinh x\sinh y=(1/2)(e^x+e^{-x})\cdot(1/2)(e^y+e^{-y})+(1/2)(e^x-e^{-x})\cdot(1/2)(e^y-e^{-y})=(1/2)(e^{x+y}+e^{-x-y})=\cosh(x+y)$．　(4)　$y=\sinh^{-1}x$ とおく．$x=\sinh y=(1/2)(e^y-e^{-y})$ だから，$e^{2y}-2xe^y-1=0$．これを解いて，$e^y>0$ を考慮すると，$e^y=x+\sqrt{x^2+1}$．すなわち，$y=\log(x+\sqrt{1+x^2})$．

[4]　(1)　$y=ae^{-b^2x^2/2}$ はすべての x で正．$x=0$ で極大，$x=\pm 1/b$ で変曲点 (y'' の符号が変わる点) をもつ (下図(1))．(2)　$y=0$ となる点は，$t=0, \pm 1/2, \pm 1, \cdots$．$\sin 2\pi t=1$ となる $t=1/4+m$ (m は整数) で $y=e^{-t/2}$，$\sin 2\pi t=-1$ となる $t=3/4+m$ (m は整数) で $y=-e^{-t/2}$．よって，2 つの曲線 $\pm e^{-t/2}$ の間を振動し，それらの点で接する．極値をとる点は，$y'=0$，$\tan 2\pi t=4\pi$ より決まる (下図(2))．

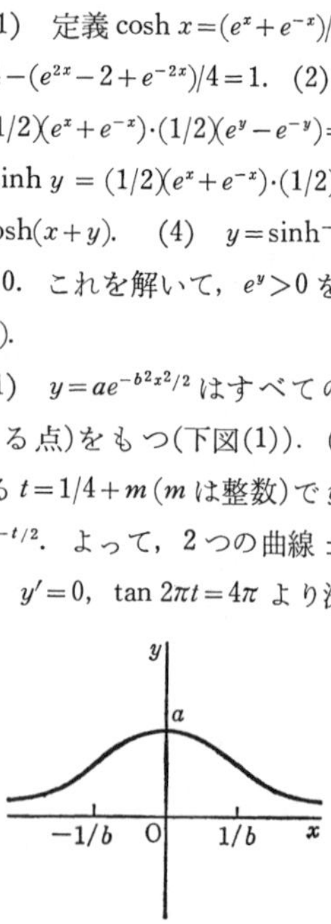

(1)

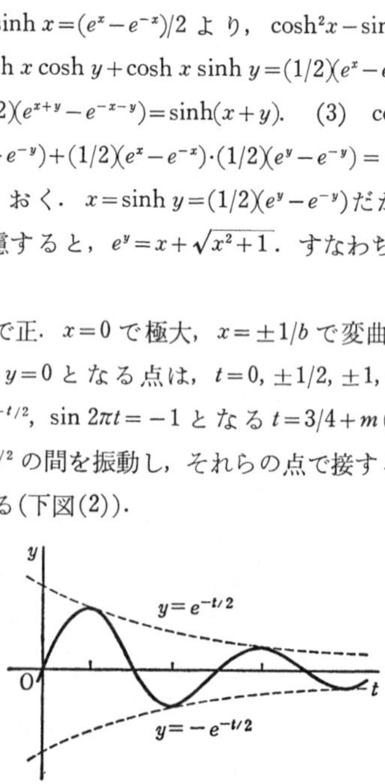

(2)

問題 1-2

[1] (1) 絶対値 $r=\sqrt{2^2+2^2}=2\sqrt{2}$, 偏角 $\theta=\arctan(2/2)=\pi/4$. よって, $2+2i=2\sqrt{2}\,e^{i\pi/4}$(図 a). (2) 絶対値 $r=2$, 偏角 $\theta=2\pi/3$. $-1+\sqrt{3}\,i=2e^{2\pi i/3}$(図 b). (3) 絶対値 $r=2$, 偏角 $\theta=4\pi/3$. $-1-\sqrt{3}\,i=2e^{4\pi i/3}$(図 c).

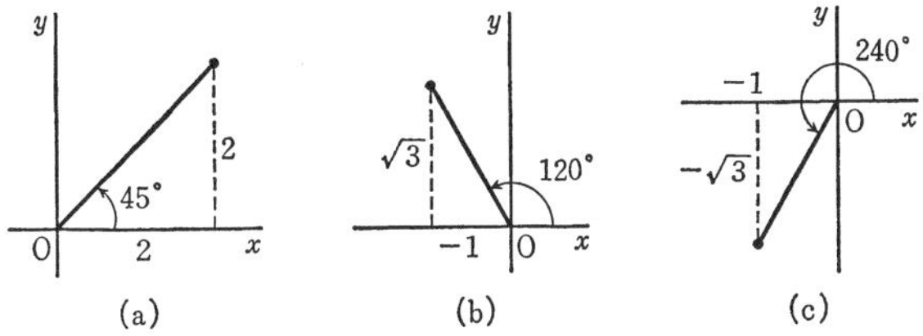

[2] $z_1+z_2=-3-2i$, $z_1-z_2=7-4i$, $z_1z_2=-7+17i$, $z_1/z_2=(-1+i)/2$.

[3] $z_1=r_1(\cos\theta_1+i\sin\theta_1)$, $z_2=r_2(\cos\theta_2+i\sin\theta_2)$ とおく. $|z_1+z_2|^2=|(r_1\cos\theta_1+r_2\cos\theta_2)+i(r_1\sin\theta_1+r_2\sin\theta_2)|^2=(r_1\cos\theta_1+r_2\cos\theta_2)^2+(r_1\sin\theta_1+r_2\sin\theta_2)^2=r_1{}^2+r_2{}^2+2r_1r_2\cos(\theta_1-\theta_2)\leqq r_1{}^2+r_2{}^2+2r_1r_2=(|z_1|+|z_2|)^2$. よって, $|z_1+z_2|\leqq|z_1|+|z_2|$. 等号が成り立つのは, $r_1=0$ または $r_2=0$ または $\cos(\theta_1-\theta_2)=1$. すなわち, $z_1=0$ または $z_2=0$ または $\arg z_1=\arg z_2$.

[4] (1) $\hat{Z}=R+i\omega L-i(\omega C)^{-1}$ の絶対値 Z と偏角 ϕ は, $Z=[R^2+\{\omega L-(\omega C)^{-1}\}^2]^{1/2}$, $\phi=\tan^{-1}[\{\omega L-(\omega C)^{-1}\}/R]$. (2) $I=\mathrm{Re}[V_0\,e^{i(\omega t-\phi)}/Z]=(V_0/Z)\cos(\omega t-\phi)$. $V=\mathrm{Re}\,\hat{V}=V_0\cos\omega t$ であるから, ϕ は電流の位相の遅れを表わす.

問題 1-3

[1] $f_x=5x^4+16x^3y-6x^2y^2+6xy^3+7y^4$. $f_y=4x^4-4x^3y+9x^2y^2+28xy^3-5y^4$. $f_{xx}=20x^3+48x^2y-12xy^2+6y^3$. $f_{xy}=f_{yx}=16x^3-12x^2y+18xy^2+28y^3$. $f_{yy}=-4x^3+18x^2y+84xy^2-20y^3$. 全微分 $df=f_xdx+f_ydy=(5x^4+16x^3y-6x^2y^2+6xy^3+7y^4)dx+(4x^4-4x^3y+9x^2y^2+28xy^3-5y^4)dy$.

[2]
$$\frac{\partial f}{\partial u}=\cos\alpha\frac{\partial f}{\partial x}+\sin\alpha\frac{\partial f}{\partial y},\qquad \frac{\partial f}{\partial v}=-\sin\alpha\frac{\partial f}{\partial x}+\cos\alpha\frac{\partial f}{\partial y}$$
$$\frac{\partial^2 f}{\partial u^2}=\cos\alpha\frac{\partial}{\partial x}\left(\cos\alpha\frac{\partial f}{\partial x}+\sin\alpha\frac{\partial f}{\partial y}\right)+\sin\alpha\frac{\partial}{\partial y}\left(\cos\alpha\frac{\partial f}{\partial x}+\sin\alpha\frac{\partial f}{\partial y}\right)$$
$$=\cos^2\alpha\frac{\partial^2 f}{\partial x^2}+2\sin\alpha\cos\alpha\frac{\partial^2 f}{\partial x\partial y}+\sin^2\alpha\frac{\partial^2 f}{\partial y^2}$$
$$\frac{\partial^2 f}{\partial v^2}=\sin^2\alpha\frac{\partial^2 f}{\partial x^2}-2\sin\alpha\cos\alpha\frac{\partial^2 f}{\partial x\partial y}+\cos^2\alpha\frac{\partial^2 f}{\partial y^2}$$
よって, $f_{uu}+f_{vv}=f_{xx}+f_{yy}$.

[3] $g=4\pi^2l/T^2$. $dg=\Delta g=4\pi^2(\Delta l/T^2-2l\Delta T/T^3)$.

[4] $\beta=\dfrac{1}{V}\left(\dfrac{\partial V}{\partial T}\right)_p=\dfrac{1}{V}\dfrac{R}{p}=\dfrac{1}{T}$, $\kappa=-\dfrac{1}{V}\left(\dfrac{\partial V}{\partial p}\right)_T=\dfrac{1}{V}\dfrac{RT}{p^2}=\dfrac{1}{p}$.

第 2 章

問題 2-1

[1] ベクトルの和は結合則をみたすので，どのような順番に和を作ってもよい．$\boldsymbol{F}_1$ の終点に $\boldsymbol{F}_2$ の始点，$\boldsymbol{F}_2$ の終点に $\boldsymbol{F}_3$ の始点，と順に和をつくる(右図)．合力 $\boldsymbol{F}$ は，$\boldsymbol{F}_1$ の始点から $\boldsymbol{F}_n$ の終点へのベクトルとなる．力 $\boldsymbol{F}_1, \boldsymbol{F}_2, \cdots, \boldsymbol{F}_n$ がつりあっているとき，$\boldsymbol{F}=0$ であり，$\boldsymbol{F}_n$ の終点は $\boldsymbol{F}_1$ の始点と一致する．すなわち，閉じた図形になる．

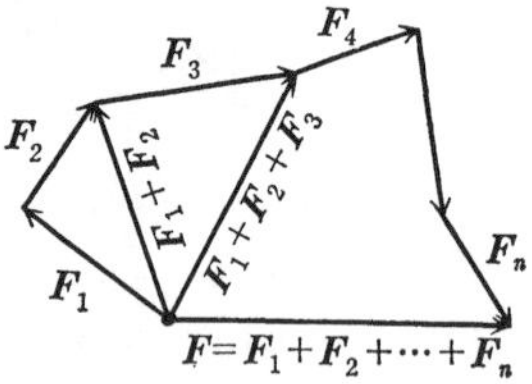

[2] (1) $\boldsymbol{R}=\boldsymbol{r}_1+\boldsymbol{r}_2=(3-1)\boldsymbol{i}+(-2+3)\boldsymbol{j}+(4+2)\boldsymbol{k}=2\boldsymbol{i}+\boldsymbol{j}+6\boldsymbol{k}$. $|\boldsymbol{R}|=|2\boldsymbol{i}+\boldsymbol{j}+6\boldsymbol{k}|=\sqrt{2^2+1^2+6^2}=\sqrt{41}$．$\boldsymbol{R}=\boldsymbol{r}_1+\boldsymbol{r}_2$ に平行な単位ベクトルは $\boldsymbol{R}/|\boldsymbol{R}|=(2/\sqrt{41})\boldsymbol{i}+(1/\sqrt{41})\boldsymbol{j}+(6/\sqrt{41})\boldsymbol{k}$. (2) $\boldsymbol{R}=2\boldsymbol{r}_1-\boldsymbol{r}_2=7\boldsymbol{i}-7\boldsymbol{j}+6\boldsymbol{k}$. $|\boldsymbol{R}|=\sqrt{134}$. $\boldsymbol{R}=2\boldsymbol{r}_1-\boldsymbol{r}_2$ に平行な単位ベクトルは $\boldsymbol{R}/|\boldsymbol{R}|=(7\boldsymbol{i}-7\boldsymbol{j}+6\boldsymbol{k})/\sqrt{134}$.

[3] (1) $\overrightarrow{\mathrm{AP}}$ と $\overrightarrow{\mathrm{PB}}$ は平行だから，$\overrightarrow{\mathrm{AP}}=x\overrightarrow{\mathrm{PB}}$ とかける．$\overrightarrow{\mathrm{AP}}=\boldsymbol{r}-\boldsymbol{A}$, $\overrightarrow{\mathrm{PB}}=\boldsymbol{B}-\boldsymbol{r}$ をこの式に代入して，$\boldsymbol{r}-\boldsymbol{A}=x(\boldsymbol{B}-\boldsymbol{r})$. これを解くと，$(1+x)\boldsymbol{r}=\boldsymbol{A}+x\boldsymbol{B}$. $t=1/(1+x)$ とおけば($\boldsymbol{A}\neq\boldsymbol{B}$ ならば $x\neq-1$)，$\boldsymbol{r}=t\boldsymbol{A}+(1-t)\boldsymbol{B}$. (2) 右図を用いる．直線 CP と直線 AB の交点を Q とする．点 Q は直線 AB 上にあるから，(1)より Q の位置ベクトル $\overrightarrow{\mathrm{OQ}}=t\boldsymbol{A}+(1-t)\boldsymbol{B}$. また，点 P は直線 CQ 上にあるから，$\boldsymbol{r}=s\overrightarrow{\mathrm{OQ}}+(1-s)\boldsymbol{C}$. この 2 つの式から，$\boldsymbol{r}=s\{t\boldsymbol{A}+(1-t)\boldsymbol{B}\}+(1-s)\boldsymbol{C}=st\boldsymbol{A}+s(1-t)\boldsymbol{B}+(1-s)\boldsymbol{C}$. よって，$\lambda=st$, $\mu=s(1-t)$, $\nu=1-s$ とおけば，$\boldsymbol{r}=\lambda\boldsymbol{A}+\mu\boldsymbol{B}+\nu\boldsymbol{C}$, $\lambda+\mu+\nu=1$.

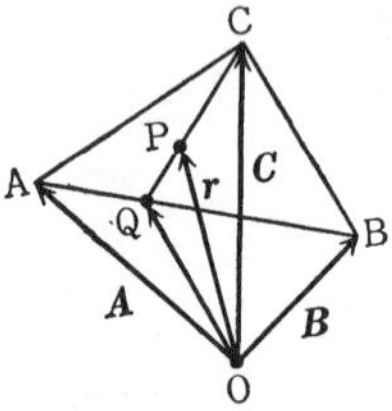

問題 2-2

[1] (1) $|\boldsymbol{a}|=\sqrt{38}$, $|\boldsymbol{b}|=\sqrt{14}$. (2) $\boldsymbol{a}\cdot\boldsymbol{b}=-23$. (3) $\boldsymbol{a}\times\boldsymbol{b}=-\boldsymbol{i}+\boldsymbol{j}+\boldsymbol{k}$. (4) $\boldsymbol{a}$ と $\boldsymbol{b}$ に垂直な単位ベクトルは，$\pm(\boldsymbol{a}\times\boldsymbol{b})/|\boldsymbol{a}\times\boldsymbol{b}|=\pm(-\boldsymbol{i}+\boldsymbol{j}+\boldsymbol{k})/\sqrt{3}$. (5) $\cos\theta=(\boldsymbol{a}\cdot\boldsymbol{b})/|\boldsymbol{a}||\boldsymbol{b}|=-23/2\sqrt{133}=-0.997$. よって，$\boldsymbol{a}$ と $\boldsymbol{b}$ のなす角は約 176°.

[2] (1) $(\cdots)_x$ で $(\cdots)$ の x 成分を表わす．$(\boldsymbol{A}\times(\boldsymbol{B}\times\boldsymbol{C}))_x=A_y(\boldsymbol{B}\times\boldsymbol{C})_z-A_z(\boldsymbol{B}\times\boldsymbol{C})_y=A_y(B_xC_y-B_yC_x)-A_z(B_zC_x-B_xC_z)=B_x(A_xC_x+A_yC_y+A_zC_z)-C_x(A_xB_x+A_yB_y+A_zB_z)=(\boldsymbol{A}\cdot\boldsymbol{C})B_x-(\boldsymbol{A}\cdot\boldsymbol{B})C_x$. y 成分，z 成分に対しても同様．まとめると，$\boldsymbol{A}\times(\boldsymbol{B}\times\boldsymbol{C})=(\boldsymbol{A}\cdot\boldsymbol{C})\boldsymbol{B}-(\boldsymbol{A}\cdot\boldsymbol{B})\boldsymbol{C}$. (2) $\boldsymbol{A}\cdot(\boldsymbol{B}\times\boldsymbol{C})=A_x(B_yC_z-B_zC_y)+A_y(B_zC_x-B_xC_z)+A_z(B_xC_y-B_yC_x)=B_x$

$(C_yA_z-C_zA_y)+B_y(C_zA_x-C_xA_z)+B_z(C_xA_y-C_yA_x)=\boldsymbol{B}\cdot(\boldsymbol{C}\times\boldsymbol{A})$. 同様に，この式は $\boldsymbol{C}\cdot(\boldsymbol{A}\times\boldsymbol{B})$ に等しいことが示せる．(3)　$\boldsymbol{E}=\boldsymbol{A}\times\boldsymbol{B}$ とおき，(1)と(2)の結果を使う．$(\boldsymbol{A}\times\boldsymbol{B})\times(\boldsymbol{C}\times\boldsymbol{D})=\boldsymbol{E}\times(\boldsymbol{C}\times\boldsymbol{D})=\boldsymbol{C}(\boldsymbol{E}\cdot\boldsymbol{D})-\boldsymbol{D}(\boldsymbol{E}\cdot\boldsymbol{C})=\boldsymbol{C}\{(\boldsymbol{A}\times\boldsymbol{B})\cdot\boldsymbol{D}\}-\boldsymbol{D}\{(\boldsymbol{A}\times\boldsymbol{B})\cdot\boldsymbol{C}\}=\boldsymbol{C}\{(\boldsymbol{B}\times\boldsymbol{D})\cdot\boldsymbol{A}\}-\boldsymbol{D}\{(\boldsymbol{B}\times\boldsymbol{C})\cdot\boldsymbol{A}\}$.

[3]　仕事 $W=\boldsymbol{F}\cdot\overrightarrow{\mathrm{PQ}}$. $\overrightarrow{\mathrm{PQ}}=(3\boldsymbol{i}+\boldsymbol{j}+4\boldsymbol{k})-(2\boldsymbol{i}+3\boldsymbol{j}-\boldsymbol{k})=\boldsymbol{i}-2\boldsymbol{j}+5\boldsymbol{k}$. よって $W=(4\boldsymbol{i}-7\boldsymbol{j}-2\boldsymbol{k})\cdot(\boldsymbol{i}-2\boldsymbol{j}+5\boldsymbol{k})=4+14-10=8$.

[4]　$\boldsymbol{a}_1$ は $\boldsymbol{b}$ に比例しているから平行である．$\boldsymbol{b}\times(\boldsymbol{b}\times\boldsymbol{a})$ は，ベクトル積の定義から $\boldsymbol{b}$ に垂直なベクトルだから，$\boldsymbol{a}_2$ は $\boldsymbol{b}$ に垂直．問[2]の(1)の公式によって，$\boldsymbol{b}\times(\boldsymbol{b}\times\boldsymbol{a})=(\boldsymbol{b}\cdot\boldsymbol{a})\boldsymbol{b}-(\boldsymbol{b}\cdot\boldsymbol{b})\boldsymbol{a}$. そして，$\boldsymbol{a}_2=-\dfrac{1}{|\boldsymbol{b}|^2}\{(\boldsymbol{b}\cdot\boldsymbol{a})\boldsymbol{b}-(\boldsymbol{b}\cdot\boldsymbol{b})\boldsymbol{a}\}=\boldsymbol{a}-\boldsymbol{a}_1$. よって，$\boldsymbol{a}_1+\boldsymbol{a}_2=\boldsymbol{a}$. $\boldsymbol{a}_1$ を「$\boldsymbol{a}$ の $\boldsymbol{b}$ に平行な成分」，$\boldsymbol{a}_2$ を「$\boldsymbol{a}$ の $\boldsymbol{b}$ に垂直な成分」という．

[5]　$\boldsymbol{e}_1=\boldsymbol{a}/|\boldsymbol{a}|$ は単位ベクトルである．$\boldsymbol{e}_2=c_1\boldsymbol{e}_1+c_2\boldsymbol{b}$ とおく．$\boldsymbol{e}_1\cdot\boldsymbol{e}_2=0$ でなければならないから，$c_1=-c_2\boldsymbol{b}\cdot\boldsymbol{e}_1$. よって，$\boldsymbol{e}_2=c_2\{\boldsymbol{b}-(\boldsymbol{b}\cdot\boldsymbol{e}_1)\boldsymbol{e}_1\}$. 単位ベクトルにするには，$c_2=1/|\boldsymbol{b}-(\boldsymbol{b}\cdot\boldsymbol{e}_1)\boldsymbol{e}_1|$ とすればよい．

問題 2-3

[1]　(1) $\begin{pmatrix}5&-3\\-1&11\end{pmatrix}$. (2) $\begin{pmatrix}-14&6\\31&-17\end{pmatrix}$. (3) $\begin{pmatrix}23&5\\-2&7\end{pmatrix}$.

(4) $\begin{pmatrix}-7&-2\\0&-12\end{pmatrix}$. (5) $\begin{pmatrix}-2&-4&7\\1&12&4\\0&9&-2\end{pmatrix}$. (6) $\begin{pmatrix}-16&20&3\\10&14&-2\\-20&60&-39\end{pmatrix}$.

[2]　行列 A の (j,k) 成分を A_{jk} とかく．(1)　$(A+B)^{\mathrm{T}}{}_{jk}=a_{kj}+b_{kj}=A^{\mathrm{T}}{}_{jk}+B^{\mathrm{T}}{}_{jk}$. よって，$(A+B)^{\mathrm{T}}=A^{\mathrm{T}}+B^{\mathrm{T}}$. (2)　$(AB)^{\mathrm{T}}{}_{jk}=(AB)_{kj}=\sum_l a_{kl}b_{lj}$. $(B^{\mathrm{T}}A^{\mathrm{T}})_{jk}=\sum_l(B^{\mathrm{T}})_{jl}(A^{\mathrm{T}})_{lk}=\sum_l b_{lj}a_{kl}=\sum_l a_{kl}b_{lj}$. よって，$(AB)^{\mathrm{T}}=B^{\mathrm{T}}A^{\mathrm{T}}$.　(3)　$(A^{\mathrm{T}})^{\mathrm{T}}{}_{jk}=A^{\mathrm{T}}{}_{kj}=A_{jk}$. よって，$(A^{\mathrm{T}})^{\mathrm{T}}=A$.

[3]　正方行列 A は，$A=\frac{1}{2}(A+A^{\mathrm{T}})+\frac{1}{2}(A-A^{\mathrm{T}})$ と書ける．$(A+A^{\mathrm{T}})^{\mathrm{T}}=A^{\mathrm{T}}+(A^{\mathrm{T}})^{\mathrm{T}}=A+A^{\mathrm{T}}$ だから，$\frac{1}{2}(A+A^{\mathrm{T}})$ は対称行列．また，$(A-A^{\mathrm{T}})^{\mathrm{T}}=A^{\mathrm{T}}-A=-(A-A^{\mathrm{T}})$ であるから，$\frac{1}{2}(A-A^{\mathrm{T}})$ は交代行列．

[4]　(1)　$\mathrm{tr}(A+B)=\sum_{j=1}^{n}(a_{jj}+b_{jj})=\sum_{j=1}^{n}a_{jj}+\sum_{j=1}^{n}b_{jj}=\mathrm{tr}(A)+\mathrm{tr}(B)$.　(2)　$\mathrm{tr}(AB)=\sum_{j=1}^{n}(\sum_{k=1}^{n}a_{jk}b_{kj})=\sum_{k=1}^{n}(\sum_{j=1}^{n}b_{kj}a_{jk})=\mathrm{tr}(BA)$.

[5]　$AB-BA=aI$ の対角成分の和(トレース)をとると，$\mathrm{tr}(AB-BA)=\mathrm{tr}(AB)-\mathrm{tr}(BA)=a\,\mathrm{tr}(I)=na$. ところが，前問(2)より $\mathrm{tr}(AB)=\mathrm{tr}(BA)$. よって，$a=0$ となり，このような行列 A, B は存在しない．

問題 2-4

[1] 行列式は(1) 31, (2) 144. 逆行列は,

(1) $A^{-1}=\dfrac{1}{31}\begin{pmatrix}-15 & -16 & 26\\ 17 & 14 & -15\\ -3 & 3 & -1\end{pmatrix}$, (2) $A^{-1}=\dfrac{1}{144}\begin{pmatrix}19 & 5 & 37\\ 18 & -18 & -18\\ 13 & 11 & -5\end{pmatrix}$

[2] (1) -2. (2) -70. (3) $(a-b)(b-c)(c-a)$. (4) $x_1x_2x_3x_4(1+1/x_1+1/x_2+1/x_3+1/x_4)$.

[3] (1) 逆行列は存在し,

$$A^{-1}=\begin{pmatrix}-1 & 2 & -1\\ 2 & -1 & 0\\ -2 & 0 & 1\end{pmatrix}$$

(2) 逆行列は存在しない. なぜならば, 第2行×2−第1行=第3行であり, 行列式は0になる.

[4] (1) $\alpha=\det A$ とおく. 行列式の性質1)より, $\det A^{\mathrm{T}}=\det A=\alpha$. 定義より, $A^{\mathrm{T}}A=I$ だから, $\det(A^{\mathrm{T}}A)=\det A^{\mathrm{T}}\cdot\det A=\alpha^2=\det I=1$. よって, $\alpha=1$ または -1. (2) A_1, A_2 を直交行列とする. $(AB)^{\mathrm{T}}=B^{\mathrm{T}}A^{\mathrm{T}}$(問題 2-3 問[2])を用いる. $(A_1A_2)^{\mathrm{T}}A_1A_2=A_2{}^{\mathrm{T}}A_1{}^{\mathrm{T}}A_1A_2=A_2{}^{\mathrm{T}}IA_2=A_2{}^{\mathrm{T}}A_2=I$. よって, A_1A_2 は直交行列である. (3) $\alpha=\det A$ とおく. $\det A^{\dagger}=\det((A^*)^{\mathrm{T}})=\det A^*=(\det A)^*=\alpha^*$. 定義より $A^{\dagger}A=I$ だから, $\det(A^{\dagger}A)=\det A^{\dagger}\cdot\det A=\alpha^*\alpha=|\alpha|^2=\det I=1$. よって, $|\alpha|=1$. (4) A_1, A_2 をユニタリー行列とする. $(A_1A_2)^{\dagger}A_1A_2=A_2{}^{\dagger}A_1{}^{\dagger}A_1A_2=A_2{}^{\dagger}I\,A_2=A_2{}^{\dagger}A_2=I$. よって, A_1A_2 はユニタリー行列である. [注] $(AB)^{\dagger}=B^{\dagger}A^{\dagger}$. なぜならば, $(AB)^{\dagger}=(A^*B^*)^{\mathrm{T}}=(B^*)^{\mathrm{T}}(A^*)^{\mathrm{T}}=B^{\dagger}A^{\dagger}$.

[5]

$$\boldsymbol{B}\times\boldsymbol{C}=(B_yC_z-B_zC_y)\boldsymbol{i}+(B_zC_x-B_xC_z)\boldsymbol{j}+(B_xC_y-B_yC_x)\boldsymbol{k}=\begin{vmatrix}\boldsymbol{i} & \boldsymbol{j} & \boldsymbol{k}\\ B_x & B_y & B_z\\ C_x & C_y & C_z\end{vmatrix}$$

$$\boldsymbol{A}\cdot(\boldsymbol{B}\times\boldsymbol{C})=A_x(B_yC_z-B_zC_y)+A_y(B_zC_x-B_xC_z)+A_z(B_xC_y-B_yC_x)$$

$$=\begin{vmatrix}A_x & A_y & A_z\\ B_x & B_y & B_z\\ C_x & C_y & C_z\end{vmatrix}$$

問題 2-5

[1] (1) クラメルの公式を用いる. $D=-11$, $D_1=-11$, $D_2=-22$. よって, $x_1=D_1/D=1$, $x_2=D_2/D=2$. (2) $D=-11$, $D_1=0$, $D_2=0$. よって, $x_1=0$, $x_2=0$. (3) $D=10$, $D_1=10$, $D_2=-10$, $D_3=20$. よって, $x_1=1$, $x_2=-1$, $x_3=2$. (4) $D=10$, $D_1=D_2=D_3=0$. よって, $x_1=x_2=x_3=0$.

[2] (1) $AX=B$ で, $B=0$. $D=\det A=0$. よって, 自明な解以外に無限個の解が存在する(本文の分類3)). 実際, $x_3=a$ (a は任意)とすれば, $x_1=a/9$, $x_2=5a/9$.

(2)　$D=0$, $D_1=16\neq 0$, $D_2=80\neq 0$, $D_3=144\neq 0$. よって，解はない(本文の分類4))．実際，3番目の式から，2番目の式を3倍したものを引くと，$4x_1+10x_2-6x_3=-10$. これは，1番目の式 $2x_1+5x_2-3x_3=3$ と両立しない．(3)　$D=0$, $D_1=D_2=D_3=0$. よって，無限個の解が存在する．$x_3=a$(a は任意)とすれば，$x_1=(16+a)/9$, $x_2=(-1+5a)/9$.

[3]　係数から作られる行列式は，ヴァンデルモンドの行列式とよばれる(問題2-4，問[2]の(3))．$D=(a-b)(b-c)(c-a)$. また，各列に $(1, d, d^2)^{\mathrm{T}}$ を入れた行列式もヴァンデルモンド行列式であり，$D_1=(d-b)(b-c)(c-d)$, $D_2=(a-d)(d-c)(c-a)$, $D_3=(a-b)(b-d)(d-a)$. よって，

$$x_1=\frac{(b-d)(c-d)}{(b-a)(c-a)},\qquad x_2=\frac{(d-a)(c-d)}{(b-a)(c-b)},\qquad x_3=\frac{(d-b)(d-a)}{(c-b)(c-a)}$$

問題 2-6

[1]　固有値方程式 $AX=\lambda X$ において，固有ベクトルの定数倍 cX もまた固有ベクトルである．以下では，この任意性を考慮しない．(1)　固有値は1, 4で，それに対応する固有ベクトルは，$\begin{pmatrix} 2 \\ -1 \end{pmatrix}$, $\begin{pmatrix} 1 \\ 1 \end{pmatrix}$. (2)　固有値は $a+ib, a-ib$. 対応する固有ベクトルは，$\begin{pmatrix} 1 \\ i \end{pmatrix}$, $\begin{pmatrix} 1 \\ -i \end{pmatrix}$. $b=0$ ならば，任意のベクトル $X\neq 0$ は固有ベクトル．(3)　固有値は $2+\sqrt{2}$, $2-\sqrt{2}$. 対応する固有ベクトルは，$\begin{pmatrix} 1 \\ (1+i)/\sqrt{2} \end{pmatrix}$, $\begin{pmatrix} 1 \\ -(1+i)/\sqrt{2} \end{pmatrix}$. (4)　固有値は1, 4, 6. 対応する固有ベクトルは，$\begin{pmatrix} 2 \\ 0 \\ 1 \end{pmatrix}$, $\begin{pmatrix} 0 \\ 1 \\ 0 \end{pmatrix}$, $\begin{pmatrix} 1 \\ 0 \\ -2 \end{pmatrix}$. (5)　固有値は，$\lambda_1=5$, $\lambda_2=\lambda_3=-3$. $\lambda_1=5$ に対する固有ベクトルは，$X_1=\begin{pmatrix} 1 \\ 2 \\ -1 \end{pmatrix}$. $\lambda_2=\lambda_3=-3$ に対する固有ベクトルは，$X=\begin{pmatrix} x_1 \\ x_2 \\ x_3 \end{pmatrix}$として，$x_1+2x_2-3x_3=0$ より決まる．この解は，c_2, c_3 を任意の数として，$x_1=-2c_2+3c_3$, $x_2=c_2$, $x_3=c_3$. よって，-3 に対する固有ベクトルは，$c_2\begin{pmatrix} -2 \\ 1 \\ 0 \end{pmatrix}+c_3\begin{pmatrix} 3 \\ 0 \\ 1 \end{pmatrix}$で，例えば$\begin{pmatrix} -2 \\ 1 \\ 0 \end{pmatrix}$, $\begin{pmatrix} 3 \\ 0 \\ 1 \end{pmatrix}$.

[2]　(1)　行列 A の固有値は $-1, 1, 2$. これらに対する長さ1の固有ベクトル v_1, v_2, v_3 を求めると，

$$v_1=\frac{1}{\sqrt{6}}\begin{pmatrix} 1 \\ 1 \\ -2 \end{pmatrix},\qquad v_2=\frac{1}{\sqrt{2}}\begin{pmatrix} 1 \\ -1 \\ 0 \end{pmatrix},\qquad v_3=\frac{1}{\sqrt{3}}\begin{pmatrix} 1 \\ 1 \\ 1 \end{pmatrix}$$

行列 $V=(v_1, v_2, v_3)$を作り，$V^{\mathrm{T}}AV$ を計算すると

$$V^{\mathrm{T}}AV = \begin{pmatrix} -1 & 0 & 0 \\ 0 & 1 & 0 \\ 0 & 0 & 2 \end{pmatrix} \equiv \Lambda$$

(2) $Q=X^{\mathrm{T}}AX$, $X^{\mathrm{T}}=(x_1, x_2, x_3)$. よって，$X=VY$ と変数変換して，$Q=Y^{\mathrm{T}}\Lambda Y=-y_1{}^2+y_2{}^2+2y_3{}^2$.

2

[3] (1) 固有値は $-3, 5$. 対する長さ1の固有ベクトルは，

$$v_1 = \frac{1}{2\sqrt{2}}\begin{pmatrix} 1 \\ -(2-\sqrt{3}\,i) \end{pmatrix}, \qquad v_2 = \frac{1}{2\sqrt{2}}\begin{pmatrix} 2+\sqrt{3}\,i \\ 1 \end{pmatrix}$$

行列 $V=(v_1, v_2)$ を作り，$V^{\dagger}AV$ を計算すると，$V^{\dagger}AV=\begin{pmatrix} -3 & 0 \\ 0 & 5 \end{pmatrix}\equiv\Lambda$. (2) $Q=X^{\dagger}AX$, $X^{\dagger}=(x_1{}^*, x_2)$. よって，$X=VY$ と変数変換して，$Q=Y^{\dagger}\Lambda Y=-3y_1{}^*y_1+5y_2{}^*y_2$.

[4] (1) エルミット行列($A^{\dagger}=A$)で，成分が実数のものが実対称行列だから，以下の証明は実対称行列に対しても成り立つ．$AX=\lambda X$ ①．①式のエルミット共役は $X^{\dagger}A=\lambda^*X^{\dagger}$ ②．①式の左から $X^{\dagger}$ をかけた式から，②式の右から X をかけた式を引くと，$(\lambda-\lambda^*)X^{\dagger}X=0$. 固有値方程式の定義から $X\neq 0$, $X^{\dagger}X=\sum x_i{}^*x_i\neq 0$. よって，$\lambda^*=\lambda$, λ は実数．(2) ユニタリー行列($A^{\dagger}A=I$)で，成分が実数のものが直交行列だから，以下の証明は直交行列に対しても成り立つ．$AX=\lambda X$, $X^{\dagger}A^{\dagger}=\lambda^*X^{\dagger}$ より，$(AX)^{\dagger}AX=X^{\dagger}A^{\dagger}AX=X^{\dagger}IX=X^{\dagger}X$. 一方，$(AX)^{\dagger}AX=(\lambda^*X^{\dagger})\lambda X=|\lambda|^2X^{\dagger}X$. よって，$(|\lambda|^2-1)X^{\dagger}X=0$. 固有値方程式の定義から，$X^{\dagger}X\neq 0$. よって，$|\lambda|^2=1$. 固有値の絶対値は1である．(3) $AX_i=\lambda_iX_i$ ①，$AX_j=\lambda_jX_j$ ②．①式のエルミット共役は $X_i{}^{\dagger}A^{\dagger}=X_i{}^{\dagger}A=\lambda_i{}^*X_i{}^{\dagger}=\lambda_iX_i{}^{\dagger}$ ③．固有値 λ_i は実数((1)の結果)，を用いた．②式の左から $X_i{}^{\dagger}$ をかけた式と，③式の右から X_j をかけた式を比べて，$(\lambda_i-\lambda_j)X_i{}^{\dagger}X_j=0$. よって，$\lambda_i\neq\lambda_j$ ならば，$X_i{}^{\dagger}X_j=0$.

問題 2-7

[1] 直交単位ベクトルを $\boldsymbol{e}_1=\boldsymbol{i}$, $\boldsymbol{e}_2=\boldsymbol{j}$, $\boldsymbol{e}_3=\boldsymbol{k}$, $\boldsymbol{e}_1{}'=\boldsymbol{i}'$, $\boldsymbol{e}_2{}'=\boldsymbol{j}'$, $\boldsymbol{e}_3{}'=\boldsymbol{k}'$ とかくことにする．$\boldsymbol{e}_1{}'=\boldsymbol{e}_2{}'\times\boldsymbol{e}_3{}'$ より，

$$\begin{aligned} \boldsymbol{e}_1{}' &= a_{11}\boldsymbol{e}_1+a_{12}\boldsymbol{e}_2+a_{13}\boldsymbol{e}_3 \\ &= \boldsymbol{e}_2{}'\times\boldsymbol{e}_3{}' = \begin{vmatrix} \boldsymbol{e}_1 & \boldsymbol{e}_2 & \boldsymbol{e}_3 \\ a_{21} & a_{22} & a_{23} \\ a_{31} & a_{32} & a_{33} \end{vmatrix} \end{aligned}$$

$\boldsymbol{e}_1, \boldsymbol{e}_2, \boldsymbol{e}_3$ の係数を等しいとおいて，

$$a_{11} = \begin{vmatrix} a_{22} & a_{23} \\ a_{32} & a_{33} \end{vmatrix}, \qquad a_{12} = -\begin{vmatrix} a_{21} & a_{23} \\ a_{31} & a_{33} \end{vmatrix}, \qquad a_{13} = \begin{vmatrix} a_{21} & a_{22} \\ a_{31} & a_{32} \end{vmatrix}$$

同様にして，$\boldsymbol{e}_2{}'=\boldsymbol{e}_3{}'\times\boldsymbol{e}_1{}'$, $\boldsymbol{e}_3{}'=\boldsymbol{e}_1{}'\times\boldsymbol{e}_2{}'$ より，他の式を得る．次に，$\boldsymbol{e}_1{}'\cdot(\boldsymbol{e}_2{}'\times\boldsymbol{e}_3{}')$ を考える．$\boldsymbol{e}_1{}'\cdot(\boldsymbol{e}_2{}'\times\boldsymbol{e}_3{}')=\boldsymbol{e}_1{}'\cdot\boldsymbol{e}_1{}'=1$. 一方(問題2-4，問[5]と同じ計算)，

$$e_1'\cdot(e_2'\times e_3') = \begin{vmatrix} a_{11} & a_{12} & a_{13} \\ a_{21} & a_{22} & a_{23} \\ a_{31} & a_{32} & a_{33} \end{vmatrix}$$

よって，$D=\det(a_{jk})=1$.

[2] (1) $\sum_i u_i'v_i'=\sum_i(\sum_j a_{ij}u_j)(\sum_k a_{ik}v_k)=\sum_j\sum_k(\sum_i a_{ij}a_{ik})u_jv_k=\sum_j\sum_k \delta_{jk}u_jv_k=\sum_j u_jv_j$. よって，$\sum_i u_iv_i$ はスカラーである. (2) $w_1=u_2v_3-u_3v_2$, $w_2=u_3v_1-u_1v_3$, $w_3=u_1v_2-u_2v_1$ とおく. $w_1'=u_2'v_3'-u_3'v_2'=\sum_i a_{2i}u_i\sum_j a_{3j}v_j-\sum_i a_{3i}u_i\sum_j a_{2j}v_j=\sum_i\sum_j(a_{2i}a_{3j}-a_{3i}a_{2j})u_iv_j=(a_{22}a_{33}-a_{32}a_{23})(u_2v_3-u_3v_2)+(a_{23}a_{31}-a_{33}a_{21})(u_3v_1-u_1v_3)+(a_{21}a_{32}-a_{31}a_{22})(u_1v_2-u_2v_1)=a_{11}w_1+a_{12}w_2+a_{13}w_3$. 最後の等式で，問[1]の結果を使った. 同様に，$w_2'=\sum_i a_{2i}w_i$, $w_3'=\sum_i a_{3i}w_i$ であるから，w_j はベクトルである.

[3] (1) $f(x_1, x_2, x_3)$ の (x_1', x_2', x_3') 座標系での値を $f'(x_1', x_2', x_3')$ とする. $x_j=\sum_k a_{kj}x_k'$ だから，

$$\frac{\partial f'}{\partial x_i'}=\frac{\partial x_1}{\partial x_i'}\frac{\partial f}{\partial x_1}+\frac{\partial x_2}{\partial x_i'}\frac{\partial f}{\partial x_2}+\frac{\partial x_3}{\partial x_i'}\frac{\partial f}{\partial x_3}$$
$$=a_{i1}\frac{\partial f}{\partial x_1}+a_{i2}\frac{\partial f}{\partial x_2}+a_{i3}\frac{\partial f}{\partial x_3}=\sum_{j=1}^{3}a_{ij}\frac{\partial f}{\partial x_j}$$

よって，$\partial f/\partial x_i$ はベクトルである.

(2) $$\sum_{i=1}^{3}\frac{\partial A_i'}{\partial x_i'}=\sum_{i=1}^{3}\sum_{j=1}^{3}\frac{\partial x_j}{\partial x_i'}\frac{\partial}{\partial x_j}\left(\sum_{k=1}^{3}a_{ik}A_k\right)=\sum_i\sum_j\sum_k a_{ij}a_{ik}\frac{\partial A_k}{\partial x_j}=\sum_j\sum_k(\sum_i a_{ij}a_{ik})\frac{\partial A_k}{\partial x_j}$$
$$=\sum_j\sum_k\delta_{jk}\frac{\partial A_k}{\partial x_j}=\sum_{j=1}^{3}\frac{\partial A_j}{\partial x_j}$$

よって，$\sum_i\partial A_i/\partial x_i$ はスカラーである.

(3) $w_1=\partial A_3/\partial x_2-\partial A_2/\partial x_3$, $w_2=\partial A_1/\partial x_3-\partial A_3/\partial x_1$, $w_3=\partial A_2/\partial x_1-\partial A_1/\partial x_2$ とおく. 計算は問[2]の(2)と全く同じになる.

$$w_1'=\frac{\partial A_3'}{\partial x_2'}-\frac{\partial A_2'}{\partial x_3'}=\sum_i\sum_j(a_{2i}a_{3j}-a_{3i}a_{2j})\frac{\partial A_j}{\partial x_i}$$
$$=\begin{vmatrix} a_{22} & a_{23} \\ a_{32} & a_{33} \end{vmatrix}\left(\frac{\partial A_3}{\partial x_2}-\frac{\partial A_2}{\partial x_3}\right)-\begin{vmatrix} a_{21} & a_{23} \\ a_{31} & a_{33} \end{vmatrix}\left(\frac{\partial A_1}{\partial x_3}-\frac{\partial A_3}{\partial x_1}\right)$$
$$+\begin{vmatrix} a_{21} & a_{22} \\ a_{31} & a_{32} \end{vmatrix}\left(\frac{\partial A_2}{\partial x_1}-\frac{\partial A_1}{\partial x_2}\right)=a_{11}w_1+a_{12}w_2+a_{13}w_3$$

同様にして，$w_2'=\sum a_{2j}w_j$, $w_3'=\sum a_{3j}w_j$. よって，w_j はベクトルである.

[4] (1) 慣性テンソル I_{ij} は対称行列であるから，固有ベクトル(簡単化のために，

固有値はすべて異なるとする)から作った直交行列 $V=(v_1, v_2, v_3)$ によって対角化される.

$$V^{\mathrm{T}}IV = \begin{pmatrix} I_1 & 0 & 0 \\ 0 & I_2 & 0 \\ 0 & 0 & I_3 \end{pmatrix} \equiv \Lambda$$

ベクトル v_i は, v_1, v_2, v_3 がこの順で右手系を作るように向きを選んでおく. このように, $I=(I_{ij})$ を対角にする座標軸を**慣性主軸**という.

(2) 新しい座標系を $x_i'=\sum_j v_{ji}x_i$ と選ぶ. 角運動量, 角速度は, それぞれ $L_i'=\sum_j v_{ji} L_i$, $\omega_i'=\sum_j v_{ji}\omega_i$ と変換され, V は直交行列であることを使うと, $L_i=\sum_j I_{ij}\omega_j$ より, $L_i'=I_i\omega_i'$ $(i=1, 2, 3)$ を得る. すなわち, ベクトル L_i' とベクトル ω_i' は同じ向きを向いている. また,

$$T = \frac{1}{2}\sum_i\sum_j I_{ij}\omega_i\omega_j = \frac{1}{2}\sum_k I_k\omega_k'^2$$

第 3 章

問題 3-1

[1] 任意定数を C とする. (1) $y=2+Ce^{-x^2/2}$. (2) $x^3+y^3=C$. (3) $y=Ce^{-ax}+b/a$. (4) $y=(1+Ce^{-2x})/(1-Ce^{-2x})$. (5) $y=Cx^2+x^3$. (6) $y=e^{3x}/7+Ce^{-4x}$. (7) $y=(x^2+c)\cos x$. (8) $y=Ce^{-ax}+\cos ax+\sin ax$. (9) $ax^2+2bxy+cy^2=C$. (10) 積分因子 $1/(x^2+y^2)$ により完全形になる. $(x^2+y^2)e^{x^4/2}=C$. (11) 積分因子 y^{-3} により完全形になる. $x+2y^4+y^3=Cy^2$. 以上の問題で, (1)～(4)は変数分離形, (5)～(8)は線形微分方程式, (9)～(11)は完全形, である.

[2] $y=xu$ とおくと, 微分方程式 $dy/dx=f(y/x)$ は, $x\,du/dx+u=f(u)$ となる. すなわち, $du/dx=(f(u)-u)/x$ と変数分離形になる.

$$\int\frac{du}{f(u)-u} = \int\frac{dx}{x}+A = \log|x|+A \qquad (A\text{ は任意定数})$$

あるいは, 書き直して,

$$x = Ce^{F(y/x)}, \qquad F(u) = \int\frac{du}{f(u)-u} \qquad (C\text{ は任意定数})$$

また, $f(u_0)-u_0=0$ となる定数があれば, $y=u_0x$ は特解である.

[3] 時刻 t における放射性原子核の個数を $x(t)$ とする. $x(t)$ の減少率は, $x(t)$ に比例するから, $dx/dt=-kx$ $(k>0)$. $t=0$ で $x=x_0$ とすると, $x(t)=x_0e^{-kt}$. 半減期の定義より, $x_0/2=x_0\,e^{-kT}$. よって, $k=\log 2/T$ であり, $x(t)=x_0\exp(-t\log 2/T)$.

[4] 時刻 t における物体の温度を $x(t)$°C とする. ニュートンの冷却の法則により,

$dx/dt=-k(x-25)$. よって，Cを任意定数として，$x(t)=25+Ce^{-kt}$. $t=0$で$x=90$, $t=30$で$x=60$であるから，$90=25+C$, $60=25+Ce^{-30k}$を解いて，$C=65$, $e^{-30k}=35/65=7/13$. よって，$x(t)=25+65\times(7/13)^{t/30}$. $t=60$のとき，$x=25+65(7/13)^2=43.8°\mathrm{C}$.

問題 3-2

[1] $c_1, c_2, \cdots$は任意定数とする．(1) $p=y'$とおくと，1階方程式$dp/dx=a\sqrt{1+p^2}$を得る．変数分離形なので積分できて，$\log|p+\sqrt{p^2+1}|=ax+c_1$. よって，$p=dy/dx=(e^{ax+c_1}-e^{-ax-c_1})/2$. これを積分して，$y=(e^{ax+c_1}+e^{-ax-c_1})/2a+c_2$. (2) $p=y'$とおくと，1階方程式$x\,dp/dx+p=2e^x(1+x)$を得る．定数変化法を使って，$p=2e^x+c_1/x$. よって，$y=2e^x+c_1\log|x|+c_2$. (3) $y'=p$とおくと，$y''=p\,dp/dy$であるから，与えられた方程式は$3ydp/dy=p$. 変数分離形なので積分できて，$p=dy/dx=c_1y^{1/3}$. これも変数分離形であり，$\dfrac{3}{2}y^{2/3}=c_1x+c_2$. 任意定数を選び直して，一般解は，$y^2=(c_1x+c_2)^3$. (4) $p=d^5y/dx^5$とおくと，1階方程式$dp/dx-(1/x)p=0$を得る．よって，$p=Cx$ (Cは任意定数). $d^5y/dx^5=Cx$をくり返し積分して，結局，一般解は，$y=c_1x^6+c_2x^4+c_3x^3+c_4x^2+c_5x+c_6$.

[2] 同次方程式の独立な解y_1, y_2は与えられているので，非同次方程式の特解を，

$$-y_1(x)\int^x\frac{f(x)y_2(x)}{\Delta(x)}dx+y_2(x)\int^x\frac{f(x)y_1(x)}{\Delta(x)}dx,\qquad \Delta(x)=y_1y_2'-y_1'y_2$$

から計算すればよい．以下，c_1, c_2を任意定数とする．(1) $y(x)=c_1x+c_2x^3+x^5/8$. (2) $y(x)=c_1x+c_2/x+x^3/4+x^5/24$. (3) $y(x)=c_1e^x+c_2(x-1)e^{2x}+(x/2-1/4)e^{3x}$.

[3] (1) $v=dy/dt$, $b=k/m$, $v_{\mathrm{f}}=mg/k$とおくと，運動方程式は$dv/dt=b(v_{\mathrm{f}}-v)$. これは変数分離形なので積分できて，$v(t)=v_{\mathrm{f}}-C_1e^{-bt}$. もう一度積分して，$y(t)=v_{\mathrm{f}}t+(C_1/b)e^{-bt}+C_2$. (2) $v=dy/dt$, $b=k/m$, $v_{\mathrm{f}}=\sqrt{mg/k}$とおくと，運動方程式は$dv/dt=-b(v^2-v_{\mathrm{f}}^2)$. これは変数分離形なので積分できて，$v(t)=v_{\mathrm{f}}(1-C_1e^{-2v_{\mathrm{f}}bt})/(1+C_1e^{-2v_{\mathrm{f}}bt})$. $v(t)=dy(t)/dt$であるから，これをもう一度積分して，$y(t)=v_{\mathrm{f}}t+\dfrac{1}{b}\log(1+C_1e^{-2v_{\mathrm{f}}bt})+C_2$.

[4] $C_1y_1+C_2y_2$ (C_1, C_2は任意定数)は同次方程式の一般解であるから，

$$y^*(x)=\int_a^b G(x,z)f(z)dz=y_2(x)\int_a^x\frac{y_1(z)f(z)}{\Delta(z)}dz+y_1(x)\int_x^b\frac{y_2(z)f(z)}{\Delta(z)}dz$$

が非同次方程式の特解であることを示せばよい．

$$\frac{dy^*}{dx}=y_2'(x)\int_a^x\frac{y_1(z)f(z)}{\Delta(z)}dz+y_1'(x)\int_x^b\frac{y_2(z)f(z)}{\Delta(z)}dz$$

$$\frac{d^2y^*}{dx^2}=y_2''(x)\int_a^x\frac{y_1(z)f(z)}{\Delta(z)}dz+y_1''(x)\int_x^b\frac{y_2(z)f(z)}{\Delta(z)}dz+f(x)$$

よって，

$$\frac{d^2y^*}{dx^2}+p(x)\frac{dy^*}{dx}+q(x)y^*$$
$$=(y_2''+py_2'+qy_2)\int_a^x\frac{y_1f}{\Delta}dz+(y_1''+py_1'+qy_1)\int_x^b\frac{y_2f}{\Delta}dz+f(x)=f(x)$$

問題 3-3

[1] c_1 と c_2 は任意定数とする．(1)特性方程式は，$\lambda^2-2\lambda-3=(\lambda+1)(\lambda-3)=0$．根は，$\lambda_1=-1$，$\lambda_2=3$．2つの独立な解は $y_1=e^{-x}$，$y_2=e^{3x}$ で，一般解は $y=c_1e^{-x}+c_2e^{3x}$．(2) 特性方程式は，$\lambda^2-2\lambda+3=0$．根は，$\lambda_1=1+\sqrt{2}i$，$\lambda_2=1-\sqrt{2}i$．2つの独立な解は，$y_1=e^{(1+\sqrt{2}i)x}$，$y_2=e^{(1-\sqrt{2}i)x}$ で，一般解は $y=c_1e^{(1+\sqrt{2}i)x}+c_2e^{(1-\sqrt{2}i)x}$，または，$y=c_1e^x\cos\sqrt{2}\,x+c_2e^x\sin\sqrt{2}\,x$．(3) 特性方程式は $\lambda^2+1=0$．根は $\lambda_1=i$，$\lambda_2=-i$．2つの独立な解は，$y_1=e^{ix}$，$y_2=e^{-ix}$ で，一般解は $y=c_1e^{ix}+c_2e^{-ix}$，または，$y=c_1\cos x+c_2\sin x$．(4) 特性方程式は $\lambda^2-4\lambda+4=(\lambda-2)^2=0$．重根 $\lambda=2$ を持つ．$y_1(x)=e^{2x}$ は解である．もう1つの解を定数変化法を使って求める．$y_2=C(x)e^{2x}$ とおき，微分方程式に代入すると，$C''(x)=0$．よって，a と b を定数として，$C(x)=a+bx$．いま，$y_1=e^{2x}$ と独立な解を求めるのが目的であるから，単に $C(x)=x$ とおき，$y_2(x)=xe^{2x}$ を得る．y_1 と y_2 は解の基本系をつくり，$y=(c_1+xc_2)e^{2x}$．

[2] 同次方程式の独立な解 y_1, y_2 を求め，定数変化法によって得られる公式

$$y(x)=c_1y_1+c_2y_2-y_1\int\frac{f(x)y_2}{\Delta}dx+y_2\int\frac{f(x)y_1}{\Delta}dx$$
$$\Delta=y_1y_2'-y_1'y_2 \qquad (c_1 \text{ と } c_2 \text{ は任意定数})$$

から一般解を求める．(1) $y=c_1e^{2x}+c_2e^{3x}+(x^2+x-1)e^{3x}$．(2) $y=c_1\cos ax+c_2\sin ax+\cos bx/(a^2-b^2)$．(3) $y=(c_1+c_2x)e^x+\cos x+x+2$．(4) $y=c_1\cos 2x+c_2\sin 2x+x\sin 2x$．(5) $y=c_1x^2+c_2/x+(x^2+1/x)\log x$．

[3] $y(x)=y_1(x)z(x)$ とおき，微分方程式に代入する．y_1 は解であるので，得られる式は $y_1z''+(2y_1'+py_1)z'=0$．これを積分して，$\log|z'|+2\log|y_1|+\int p(x)dx=\log|c_1|$．すなわち，$z'(x)=(c_1/y_1^2)\exp(-\int p(x)dx)$．もう一度積分して，

$$z(x)=c_1\int\frac{1}{y_1^2}\exp\left(-\int p(x)dx\right)dx+c_2 \qquad (c_1 \text{ と } c_2 \text{ は任意定数})$$

したがって，求める一般解は

$$y(x)=c_1y_1\int\frac{1}{y_1^2}\exp\left(-\int p(x)dx\right)dx+c_2y_1$$

問題 3-4

[1] c_1, c_2 を任意定数とする. (1) $x(t)=c_1\cos\omega_0 t+c_2\sin\omega_0 t$. (2) $x(t)=c_1\cos\omega_0 t+c_2\sin\omega_0 t-\cos\omega t/(\omega^2-\omega_0{}^2)$. (3) $x(t)=c_1\cos\omega t+c_2\sin\omega t+(1/2\omega)t\sin\omega t$. (4) $x(t)=e^{-3t}(c_1\cos 2t+c_2\sin 2t)$. (5) $x(t)=e^{-3t}(c_1+tc_2)$. (6) $x(t)=c_1e^{-2t}+c_2e^{-4t}$. (7) $x(t)=e^{-4t}(c_1\cos 2t+c_2\sin 2t)+a\cos(\omega t-\phi)$, $a=[(\omega^2-20)^2+64\omega^2]^{-1/2}$, $\tan\phi=8\omega/(20-\omega^2)$.

[2] (1) $x(t)=2e^{-t/10}\cos 3t$, 図(a). (2) $x(t)=2e^{-t}\cos 3t$, 図(b). (3) $x(t)=(2+2t/5)e^{-t/5}$, 図(c). (4) $x(t)=3e^{-t/2}-e^{-3t/2}$, 図(d).

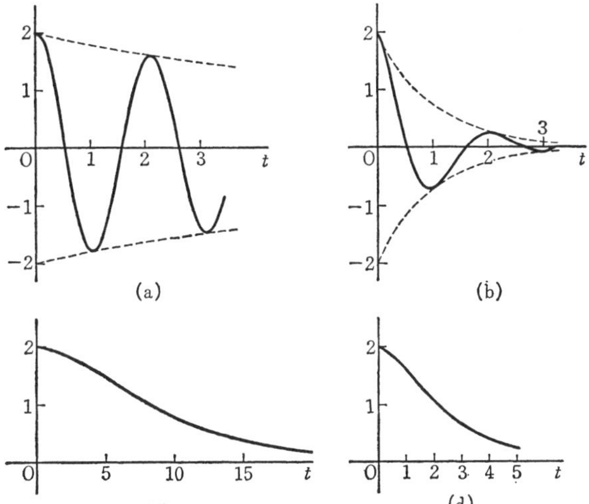

(a) (b) (c) (d)

[3] (1) 電荷量 $Q(t)$ と回路を流れる電流 $I(t)$ との間には $I=dQ/dt$ の関係がある. 電流 I が C, R, L を流れるときの電圧降下は, それぞれ $Q/C, RI, LdI/dt$ である. 回路を一周するときの電圧降下の和は, 起電力に等しい. いまは起電力はないから, $LdI/dt+RI+Q/C=0$. $I=dQ/dt$ より, $L\ddot{Q}+R\dot{Q}+Q/C=0$. (2) 一般解は, $Q(t)=e^{-\gamma t}(c_1\cos\omega t+c_2\sin\omega t)$, $\gamma=R/2L$, $\omega_0=1/\sqrt{LC}$, $\omega=\sqrt{\omega_0{}^2-\gamma^2}$. 初期条件 $Q(0)=Q_0$, $I(0)=0$ をみたす解は, $Q(t)=Q_0e^{-\gamma t}[\cos\omega t+(\gamma/\omega)\sin\omega t]$. よって, $I(t)=-(\omega_0{}^2/\omega)Q_0e^{-\gamma t}\sin\omega t$.

[4] $z=Ae^{it}$ を $\ddot{z}+\dot{z}+2z=6e^{it}$ に代入して, $(-1+i+2)A=6$. よって, $A=3(1-i)$. $x_{\rm p}(t)={\rm Re}[3(1-i)e^{it}]=3\cos t+3\sin t$.

問題 3-5

[1] (1) 運動方程式を行列の記号を使って書くと,

$$\ddot{X}=-AX,\qquad X=\begin{pmatrix}x_1\\x_2\end{pmatrix},\qquad A=\begin{pmatrix}(k+a)/m & -k/m\\ -k/m & (a+k)/m\end{pmatrix}$$

行列 A の固有値 λ_1, λ_2 と，それに対する固有ベクトル $v^{(1)}, v^{(2)}$ は，

$$\lambda_1 = \frac{a}{m}, \quad v^{(1)} = \frac{1}{\sqrt{2}}\begin{pmatrix} 1 \\ 1 \end{pmatrix}; \qquad \lambda_2 = \frac{a+2k}{m}, \quad v^{(2)} = \frac{1}{\sqrt{2}}\begin{pmatrix} 1 \\ -1 \end{pmatrix}$$

$V=(v^{(1)}, v^{(2)})$ とすると，行列 V は直交行列であり，$Q=V^{\mathrm{T}}X$ で定義される新しい座標は，

$$\ddot{Q} = -V^{\mathrm{T}}AVQ = -\begin{pmatrix} \lambda_1 & 0 \\ 0 & \lambda_2 \end{pmatrix}Q, \qquad Q = \begin{pmatrix} q_1 \\ q_2 \end{pmatrix}$$

をみたす．よって，q_1, q_2 は基準座標であり，$\omega_1=\sqrt{\lambda_1}=\sqrt{a/m}$，$\omega_2=\sqrt{\lambda_2}=\sqrt{(a+2k)/m}$ は基準角振動数である．そして，C_1 と C_2 を任意定数として，$q_1=C_1\cos(\omega_1 t+\alpha)$，$q_2=C_2\cos(\omega_2 t+\beta)$．$X=VQ$ より，一般解が求まる．

$$x_1 = \frac{1}{\sqrt{2}}C_1\cos(\omega_1 t+\alpha)+\frac{1}{\sqrt{2}}C_2\cos(\omega_2 t+\beta)$$

$$x_2 = \frac{1}{\sqrt{2}}C_1\cos(\omega_1 t+\alpha)-\frac{1}{\sqrt{2}}C_2\cos(\omega_2 t+\beta)$$

(2)　q_1 で表わされる基準振動だけが起こっているとすると，$q_2=0$ だから $x_1=x_2$．したがって，図(a)のように，2つの質点は同じ向きに同じだけ変位して振動する．一方，q_2 だけが振動しているときは，$x_1=-x_2$ であり，図(b)のように，反対向きに同じだけ変位して振動する．

(a)

(b)

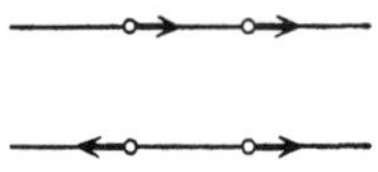

(3)　$K=\frac{1}{2}m\dot{X}^{\mathrm{T}}\dot{X}=\frac{1}{2}m\,\dot{Q}^{\mathrm{T}}V^{\mathrm{T}}V\dot{Q}=\frac{1}{2}m\,\dot{Q}^{\mathrm{T}}\dot{Q}=\frac{1}{2}m(\dot{q}_1{}^2+\dot{q}_2{}^2)$

$$U=\frac{1}{2}m\,X^{\mathrm{T}}AX=\frac{1}{2}m\,Q^{\mathrm{T}}V^{\mathrm{T}}AVQ=\frac{1}{2}m\,Q^{\mathrm{T}}\begin{pmatrix} \omega_1{}^2 & 0 \\ 0 & \omega_2{}^2 \end{pmatrix}Q=\frac{1}{2}aq_1{}^2+\frac{1}{2}(a+2k)q_2{}^2$$

すなわち，全体の力学的エネルギーは，2つの単振動のエネルギーの和になっている．

$$E = \left\{\frac{1}{2}m\dot{q}_1{}^2+\frac{1}{2}aq_1{}^2\right\}+\left\{\frac{1}{2}m\dot{q}_2{}^2+\frac{1}{2}(a+2k)q_2{}^2\right\}$$

[2]　$I_1=a_1\cos(\omega t+\alpha)$，$I_2=a_2\cos(\omega t+\alpha)$ とおいて，微分方程式に代入すると，

$$\left(\frac{1}{LC}-\omega^2\right)a_1-\frac{M}{L}\omega^2 a_2 = 0, \qquad -\frac{M}{L}\omega^2 a_1+\left(\frac{1}{LC}-\omega^2\right)a_2 = 0$$

係数のつくる行列式を 0 とおいて，基準角振動数は $\omega_1=1/\sqrt{(L+M)C}$，$\omega_2=1/\sqrt{(L-M)C}$．$\omega=\omega_1$ に対する固有ベクトルは $a_1{}^{(1)}=a_2{}^{(1)}$，$\omega=\omega_2$ に対する固有ベクトルは $a_1{}^{(2)}=-a_2{}^{(2)}$．よって，ω_1, ω_2 に対する基準振動はそれぞれ

$$I_1 = a_1{}^{(1)}\cos(\omega_1 t+\alpha_1), \qquad I_2 = a_1{}^{(1)}\cos(\omega_1 t+\alpha_1)$$

$$I_1 = a_1{}^{(2)}\cos(\omega_2 t+\alpha_2), \qquad I_2 = -a_1{}^{(2)}\cos(\omega_2 t+\alpha_2)$$

であり，一般解は

$$I_1 = C_1\cos(\omega_1 t+\alpha_1)+C_2\cos(\omega_2 t+\alpha_2), \qquad I_2 = C_1\cos(\omega_1 t+\alpha_1)-C_2\cos(\omega_2 t+\alpha_2)$$

第 4 章

問題 4-1

[1] $\boldsymbol{A}=A_x\boldsymbol{i}+A_y\boldsymbol{j}+A_z\boldsymbol{k}$, $\boldsymbol{B}=B_x\boldsymbol{i}+B_y\boldsymbol{j}+B_z\boldsymbol{k}$ とする.

(1) $$\frac{d}{dt}(\boldsymbol{A}\cdot\boldsymbol{B})=\frac{d}{dt}(A_xB_x+A_yB_y+A_zB_z)$$
$$=\left(\frac{dA_x}{dt}B_x+\frac{dA_y}{dt}B_y+\frac{dA_z}{dt}B_z\right)+\left(A_x\frac{dB_x}{dt}+A_y\frac{dB_y}{dt}+A_z\frac{dB_z}{dt}\right)$$
$$=\frac{d\boldsymbol{A}}{dt}\cdot\boldsymbol{B}+\boldsymbol{A}\cdot\frac{d\boldsymbol{B}}{dt}$$

(2) $$\frac{d}{dt}(\boldsymbol{A}\times\boldsymbol{B})=\frac{d}{dt}[(A_yB_z-A_zB_y)\boldsymbol{i}+(A_zB_x-A_xB_z)\boldsymbol{j}+(A_xB_y-A_yB_x)\boldsymbol{k}]$$
$$=\left(\frac{dA_y}{dt}B_z-\frac{dA_z}{dt}B_y\right)\boldsymbol{i}+\left(\frac{dA_z}{dt}B_x-\frac{dA_x}{dt}B_z\right)\boldsymbol{j}+\left(\frac{dA_x}{dt}B_y-\frac{dA_y}{dt}B_x\right)\boldsymbol{k}$$
$$+\left(A_y\frac{dB_z}{dt}-A_z\frac{dB_y}{dt}\right)\boldsymbol{i}+\left(A_z\frac{dB_x}{dt}-A_x\frac{dB_z}{dt}\right)\boldsymbol{j}+\left(A_x\frac{dB_y}{dt}-A_y\frac{dB_x}{dt}\right)\boldsymbol{k}$$
$$=\frac{d\boldsymbol{A}}{dt}\times\boldsymbol{B}+\boldsymbol{A}\times\frac{d\boldsymbol{B}}{dt}$$

(3) $$\frac{d}{dt}\boldsymbol{A}^2=\frac{d}{dt}(\boldsymbol{A}\cdot\boldsymbol{A})=\frac{d\boldsymbol{A}}{dt}\cdot\boldsymbol{A}+\boldsymbol{A}\cdot\frac{d\boldsymbol{A}}{dt}=2\boldsymbol{A}\cdot\frac{d\boldsymbol{A}}{dt}$$

(4) $$\frac{d}{dt}\left(\boldsymbol{A}\times\frac{d\boldsymbol{A}}{dt}\right)=\frac{d\boldsymbol{A}}{dt}\times\frac{d\boldsymbol{A}}{dt}+\boldsymbol{A}\times\frac{d^2\boldsymbol{A}}{dt^2}=0+\boldsymbol{A}\times\frac{d^2\boldsymbol{A}}{dt^2}=\boldsymbol{A}\times\frac{d^2\boldsymbol{A}}{dt^2}$$

[2] 大きさが一定のベクトル $\boldsymbol{A}$ では，$|\boldsymbol{A}|^2=\boldsymbol{A}\cdot\boldsymbol{A}=$一定. よって，$(d/dt)(\boldsymbol{A}\cdot\boldsymbol{A})=0$ $=2\boldsymbol{A}\cdot\dfrac{d\boldsymbol{A}}{dt}$. $\boldsymbol{A}\cdot\dot{\boldsymbol{A}}=0$ だから，$\boldsymbol{A}$ と $\dot{\boldsymbol{A}}$ は垂直.

[3] $$\frac{d}{dt}\boldsymbol{L}=\frac{d}{dt}(\boldsymbol{r}\times\boldsymbol{p})=\frac{d\boldsymbol{r}}{dt}\times\boldsymbol{p}+\boldsymbol{r}\times\frac{d\boldsymbol{p}}{dt}=\boldsymbol{v}\times(m\boldsymbol{v})+\boldsymbol{r}\times(\boldsymbol{r}f(r))=0+0=0$$

[4] $\boldsymbol{v}(t)=-a\omega\sin\omega t\,\boldsymbol{i}+a\omega\cos\omega t\,\boldsymbol{j}+u\boldsymbol{k}$, $\boldsymbol{a}(t)=-a\omega^2\cos\omega t\,\boldsymbol{i}-a\omega^2\sin\omega t\,\boldsymbol{j}$. 速さ $v=[(-a\omega\sin\omega t)^2+(a\omega\cos\omega t)^2+u^2]^{1/2}=\sqrt{a^2\omega^2+u^2}$ は t によらず一定であるので，$\boldsymbol{a}$ の接線成分 $a_t=dv/dt=0$. 曲率半径 ρ と $\boldsymbol{a}$ の法線成分 a_n は，$a_n=v^2/\rho$ の関係にあり，$a_n=[(-a\omega^2\cos\omega t)^2+(-a\omega^2\sin\omega t)^2]^{1/2}=a\omega^2$ だから，$\rho=(a^2\omega^2+u^2)/a\omega^2$. 曲率半径は，$u\neq0$ ならば a より大きい. したがって，曲率中心は z 軸上にはなく，z 軸に関し質点の位置と反対側にある. そして，質点の運動とともに，ラセンを描く.

問題 4-2

[1]　$A_\rho=\boldsymbol{A}\cdot\boldsymbol{e}_\rho=(A_x\boldsymbol{i}+A_y\boldsymbol{j})\cdot(\cos\phi\,\boldsymbol{i}+\sin\phi\,\boldsymbol{j})=A_x\cos\phi+A_y\sin\phi$, $A_\phi=\boldsymbol{A}\cdot\boldsymbol{e}_\phi=(A_x\boldsymbol{i}+A_y\boldsymbol{j})\cdot(-\sin\phi\,\boldsymbol{i}+\cos\phi\,\boldsymbol{j})=-A_x\sin\phi+A_y\cos\phi$. また，$A_x=\boldsymbol{A}\cdot\boldsymbol{i}=(A_\rho\boldsymbol{e}_\rho+A_\phi\boldsymbol{e}_\phi)\cdot(\cos\phi\,\boldsymbol{e}_\rho-\sin\phi\,\boldsymbol{e}_\phi)=A_\rho\cos\phi-A_\phi\sin\phi$, $A_y=\boldsymbol{A}\cdot\boldsymbol{j}=(A_\rho\boldsymbol{e}_\rho+A_\phi\boldsymbol{e}_\phi)\cdot(\sin\phi\,\boldsymbol{e}_\rho+\cos\phi\,\boldsymbol{e}_\phi)=A_\rho\sin\phi+A_\phi\cos\phi$.

[2]　一定角速度を ω とする．$\boldsymbol{e}_\rho(t)=\cos\omega t\,\boldsymbol{i}+\sin\omega t\,\boldsymbol{j}$, $\boldsymbol{e}_\phi(t)=-\sin\omega t\,\boldsymbol{i}+\cos\omega t\,\boldsymbol{j}$. よって，$\boldsymbol{r}(t)=R\cos\omega t\,\boldsymbol{i}+R\sin\omega t\,\boldsymbol{j}=R\boldsymbol{e}_\rho(t)$, $\boldsymbol{v}(t)=-R\omega\sin\omega t\,\boldsymbol{i}+R\omega\cos\omega t\,\boldsymbol{j}=R\omega\boldsymbol{e}_\phi(t)$, $\boldsymbol{a}(t)=-R\omega^2\cos\omega t\,\boldsymbol{i}-R\omega^2\sin\omega t\,\boldsymbol{j}=-R\omega^2\boldsymbol{e}_\rho(t)$.

[3]　(1)　$\boldsymbol{a}=(\ddot\rho-\rho\dot\phi^2)\boldsymbol{e}_\rho+(\rho\ddot\phi+2\dot\rho\dot\phi)\boldsymbol{e}_\rho$ だから，運動方程式の ρ 成分と ϕ 成分はそれぞれ，$m(\ddot\rho-\rho\dot\phi^2)=F_\rho=F_x\cos\phi+F_y\sin\phi$, $m(\rho\ddot\phi+2\dot\rho\dot\phi)=F_\phi=-F_x\sin\phi+F_y\cos\phi$. (2) $\boldsymbol{F}=f(\rho)\boldsymbol{e}_\rho$ だから，$F_\phi=0$. よって，$dL/dt=(d/dt)m\rho^2\dot\phi=m\rho(\rho\ddot\phi+2\dot\rho\dot\phi)=0$. $\boldsymbol{L}=m\boldsymbol{r}\times\boldsymbol{v}=m\rho\boldsymbol{e}_\rho\times(v_\rho\boldsymbol{e}_\rho+v_\phi\boldsymbol{e}_\phi)=m\rho v_\rho\boldsymbol{e}_\rho\times\boldsymbol{e}_\rho+m\rho v_\phi\boldsymbol{e}_\rho\times\boldsymbol{e}_\phi=m\rho^2\dot\phi\boldsymbol{k}$, $\boldsymbol{k}$ は z 方向の単位ベクトル．よって，$L=m\rho^2\dot\phi$ は角運動量である．(3)　$\boldsymbol{v}=v_\rho\boldsymbol{e}_\rho+v_\phi\boldsymbol{e}_\phi$, $v_\rho=\dot\rho$, $v_\phi=\rho\dot\phi$ であるから，$K=\dfrac{m}{2}(v_\rho\boldsymbol{e}_\rho+v_\phi\boldsymbol{e}_\phi)^2=\dfrac{m}{2}({v_\rho}^2+{v_\phi}^2)=\dfrac{m}{2}(\dot\rho^2+\rho^2\dot\phi^2)$.

問題 4-3

[1]　(1)　質点の位置ベクトルを，O-xyz 系で $\boldsymbol{r}(t)$, O$'$-$x'y'z'$ 系で $\boldsymbol{r}'(t)$ と表わす．$\boldsymbol{r}(t)=\boldsymbol{r}'(t)+\boldsymbol{r}_0(t)$ より，$\ddot{\boldsymbol{r}}(t)=\ddot{\boldsymbol{r}}'(t)+\ddot{\boldsymbol{r}}_0(t)$. よって，O$'$-$x'y'z'$ 系での運動方程式は，$m\ddot{\boldsymbol{r}}'=\boldsymbol{F}-m\ddot{\boldsymbol{r}}_0$. すなわち，加速度をもって平行移動する系は慣性系ではない．(2)　$\ddot{\boldsymbol{r}}_0(t)=2a\boldsymbol{i}+2b\boldsymbol{j}+6ct\boldsymbol{k}$. よって，運動方程式は，$m\ddot{x}'=F_x-2ma$, $m\ddot{y}'=F_y-2mb$, $m\ddot{z}'=F_z-6mct$.

[2]　$\boldsymbol{\omega}=\omega_1\boldsymbol{i}'+\omega_2\boldsymbol{j}'+\omega_3\boldsymbol{k}'$ とおく．例題 4.3 の (1) から，$\omega_1=\boldsymbol{k}'\cdot d\boldsymbol{j}'/dt$, $\omega_2=\boldsymbol{i}'\cdot d\boldsymbol{k}'/dt$, $\omega_3=\boldsymbol{j}'\cdot d\boldsymbol{i}'/dt$. 一方，題意より，

$$\frac{d\boldsymbol{i}'}{dt}=-\omega\sin\omega t\,\boldsymbol{i}+\omega\cos\omega t\,\boldsymbol{j},\quad \frac{d\boldsymbol{j}'}{dt}=-\omega\cos\omega t\,\boldsymbol{i}-\omega\sin\omega t\,\boldsymbol{j},\quad \frac{d\boldsymbol{k}'}{dt}=0$$

よって，$\omega_1=\boldsymbol{k}\cdot(-\omega\cos\omega t\,\boldsymbol{i}-\omega\sin\omega t\,\boldsymbol{j})=0$, $\omega_2=(\cos\omega t\,\boldsymbol{i}+\sin\omega t\,\boldsymbol{j})\cdot 0=0$, $\omega_3=(-\sin\omega t\,\boldsymbol{i}+\cos\omega t\,\boldsymbol{j})\cdot(-\omega\sin\omega t\,\boldsymbol{i}+\omega\cos\omega t\,\boldsymbol{j})=\omega$. したがって，$\boldsymbol{\omega}=\omega\boldsymbol{k}'$.

[3]　(1)　$(d\boldsymbol{r}/dt)_{\mathrm{f}}=(d\boldsymbol{r}/dt)_{\mathrm{r}}+\boldsymbol{\omega}\times\boldsymbol{r}$ より，

$$\begin{aligned}\left(\frac{d^2\boldsymbol{r}}{dt^2}\right)_{\mathrm{f}}&=\left(\frac{d}{dt}\right)_{\mathrm{f}}\left\{\left(\frac{d\boldsymbol{r}}{dt}\right)_{\mathrm{r}}+\boldsymbol{\omega}\times\boldsymbol{r}\right\}\\&=\left(\frac{d}{dt}\right)_{\mathrm{r}}\left\{\left(\frac{d\boldsymbol{r}}{dt}\right)_{\mathrm{r}}+\boldsymbol{\omega}\times\boldsymbol{r}\right\}+\boldsymbol{\omega}\times\left\{\left(\frac{d\boldsymbol{r}}{dt}\right)_{\mathrm{r}}+\boldsymbol{\omega}\times\boldsymbol{r}\right\}\end{aligned}$$

$$= \left(\frac{d^2\boldsymbol{r}}{dt^2}\right)_{\rm r} + \left(\frac{d\boldsymbol{\omega}}{dt}\right)_{\rm r} \times \boldsymbol{r} + 2\boldsymbol{\omega}\times\left(\frac{d\boldsymbol{r}}{dt}\right)_{\rm r} + \boldsymbol{\omega}\times(\boldsymbol{\omega}\times\boldsymbol{r})$$

ところが，$\boldsymbol{\omega}\times(\boldsymbol{\omega}\times\boldsymbol{r})=(\boldsymbol{\omega}\cdot\boldsymbol{r})\boldsymbol{\omega}-\omega^2\boldsymbol{r}=-\omega^2\boldsymbol{r}_\perp$，ただし，$\boldsymbol{r}_\perp=\boldsymbol{r}-(\boldsymbol{\omega}\cdot\boldsymbol{r})\boldsymbol{\omega}/\omega^2$．したがって，

$$m\left(\frac{d^2\boldsymbol{r}}{dt^2}\right)_{\rm r} = \boldsymbol{F} - m\left(\frac{d\boldsymbol{\omega}}{dt}\right)_{\rm r}\times\boldsymbol{r} - 2m\boldsymbol{\omega}\times\left(\frac{d\boldsymbol{r}}{dt}\right)_{\rm r} + m\omega^2\boldsymbol{r}_\perp$$

右辺の第3項はコリオリの力，第4項は遠心力である．

(2) $\boldsymbol{\omega}=\omega\boldsymbol{k}'$，$d\boldsymbol{\omega}/dt=0$ だから，

$$m\left(\frac{d^2\boldsymbol{r}}{dt^2}\right)_{\rm r} = \boldsymbol{F} - 2m\omega\boldsymbol{k}'\times\left(\frac{d\boldsymbol{r}}{dt}\right)_{\rm r} + m\omega^2\{\boldsymbol{r}-(\boldsymbol{k}'\cdot\boldsymbol{r})\boldsymbol{k}'\}$$

上の式に，$\boldsymbol{r}=x'\boldsymbol{i}'+y'\boldsymbol{j}'+z'\boldsymbol{k}'$，$z'=z$，$\boldsymbol{F}=F_x'\boldsymbol{i}'+F_y'\boldsymbol{j}'+F_z'\boldsymbol{k}'$，$\left(\dfrac{d\boldsymbol{V}}{dt}\right)_{\rm r}\equiv\dfrac{dV'}{dt}\boldsymbol{i}'+\dfrac{dV'}{dt}\boldsymbol{j}'+\dfrac{dV'}{dt}\boldsymbol{k}'$ を代入して，

$$m\ddot{x}' = F_x' + 2m\omega\dot{y}' + m\omega^2 x', \qquad m\ddot{y}' = F_y' - 2m\omega\dot{x}' + m\omega^2 y', \qquad m\ddot{z}' = F_z'$$

ここで，$F_x'=F_x\cos\omega t+F_y\sin\omega t$，$F_y'=-F_x\sin\omega t+F_y\cos\omega t$，$F_z'=F_z$．

問題 4-4

[1] (1) $\nabla r=\boldsymbol{i}\dfrac{\partial}{\partial x}\sqrt{x^2+y^2+z^2}+\boldsymbol{j}\dfrac{\partial}{\partial y}\sqrt{x^2+y^2+z^2}+\boldsymbol{k}\dfrac{\partial}{\partial z}\sqrt{x^2+y^2+z^2}$

$$=\boldsymbol{i}\frac{x}{\sqrt{x^2+y^2+z^2}}+\boldsymbol{j}\frac{y}{\sqrt{x^2+y^2+z^2}}+\boldsymbol{k}\frac{z}{\sqrt{x^2+y^2+z^2}}=\frac{\boldsymbol{r}}{r}$$

(2) $\nabla\cdot\boldsymbol{r}=\left(\boldsymbol{i}\dfrac{\partial}{\partial x}+\boldsymbol{j}\dfrac{\partial}{\partial y}+\boldsymbol{k}\dfrac{\partial}{\partial z}\right)\cdot(x\boldsymbol{i}+y\boldsymbol{j}+z\boldsymbol{k})=\dfrac{\partial x}{\partial x}+\dfrac{\partial y}{\partial y}+\dfrac{\partial z}{\partial z}=3$

(3) $\nabla(1/r)=-\boldsymbol{r}/r^3$（例題 4. 4）.

(4) $\nabla\cdot\left(\dfrac{\boldsymbol{r}}{r^3}\right)=\dfrac{\partial}{\partial x}\left(\dfrac{x}{r^3}\right)+\dfrac{\partial}{\partial y}\left(\dfrac{y}{r^3}\right)+\dfrac{\partial}{\partial z}\left(\dfrac{z}{r^3}\right)$

$$=\frac{1}{r^3}-\frac{3x^2}{r^5}+\frac{1}{r^3}-\frac{3y^2}{r^5}+\frac{1}{r^3}-\frac{3z^2}{r^5}=\frac{3}{r^3}-\frac{3(x^2+y^2+z^2)}{r^5}=0$$

(5) $\nabla^2\left(\dfrac{1}{r}\right)=\nabla\cdot\nabla\left(\dfrac{1}{r}\right)=\nabla\cdot\left(-\dfrac{\boldsymbol{r}}{r^3}\right)=-\nabla\cdot\left(\dfrac{\boldsymbol{r}}{r^3}\right)=0$

(6) $\nabla\times\boldsymbol{r}=\boldsymbol{i}\left(\dfrac{\partial z}{\partial y}-\dfrac{\partial y}{\partial z}\right)+\boldsymbol{j}\left(\dfrac{\partial x}{\partial z}-\dfrac{\partial z}{\partial x}\right)+\boldsymbol{k}\left(\dfrac{\partial y}{\partial x}-\dfrac{\partial x}{\partial y}\right)=0$

[2] $\boldsymbol{v}=\boldsymbol{\omega}\times\boldsymbol{r}=(z\omega_2-y\omega_3)\boldsymbol{i}+(x\omega_3-z\omega_1)\boldsymbol{j}+(y\omega_1-x\omega_2)\boldsymbol{k}$

$$\nabla\times\boldsymbol{v}=\begin{vmatrix}\boldsymbol{i} & \boldsymbol{j} & \boldsymbol{k}\\ \partial/\partial x & \partial/\partial y & \partial/\partial z\\ z\omega_2-y\omega_3 & x\omega_3-z\omega_1 & y\omega_1-x\omega_2\end{vmatrix}=2\omega_1\boldsymbol{i}+2\omega_2\boldsymbol{j}+2\omega_3\boldsymbol{k}=2\boldsymbol{\omega}$$

$$\nabla\cdot\boldsymbol{v}=\frac{\partial}{\partial x}(z\omega_2-y\omega_3)+\frac{\partial}{\partial y}(x\omega_3-z\omega_1)+\frac{\partial}{\partial z}(y\omega_1-x\omega_2)=0$$

[3] (1) 定義の式を計算すると，

$$\frac{d\phi}{du}=l_1\frac{\partial\phi}{\partial x}+l_2\frac{\partial\phi}{\partial y}+l_3\frac{\partial\phi}{\partial z}=(l_1\boldsymbol{i}+l_2\boldsymbol{j}+l_3\boldsymbol{k})\cdot\left(\boldsymbol{i}\frac{\partial\phi}{\partial x}+\boldsymbol{j}\frac{\partial\phi}{\partial y}+\boldsymbol{k}\frac{\partial\phi}{\partial z}\right)=\boldsymbol{u}\cdot\nabla\phi$$

(2) $\nabla\phi=(2xy^2z+z^3)\boldsymbol{i}+(2x^2yz+z)\boldsymbol{j}+(x^2y^2+3xz^2+y)\boldsymbol{k}$. 点 P(2, −1, 1) での値は，$\nabla\phi=5\boldsymbol{i}-7\boldsymbol{j}+9\boldsymbol{k}$. また，ベクトル $\boldsymbol{i}+2\boldsymbol{j}-2\boldsymbol{k}$ 方向の単位ベクトルは，$\boldsymbol{u}=(\boldsymbol{i}+2\boldsymbol{j}-2\boldsymbol{k})/\sqrt{1^2+2^2+(-2)^2}=(\boldsymbol{i}+2\boldsymbol{j}-2\boldsymbol{k})/3$. したがって，求める方向微分係数は，$d\phi/du=\boldsymbol{u}\cdot\nabla\phi=\dfrac{1}{3}(\boldsymbol{i}+2\boldsymbol{j}-2\boldsymbol{k})\cdot(5\boldsymbol{i}-7\boldsymbol{j}+9\boldsymbol{k})=-9$.

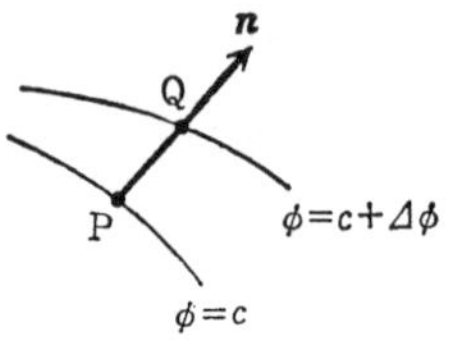

(3) 点 P から描いたベクトル $\boldsymbol{n}$ と，曲面 $\phi=c+\Delta\phi$ との交点を Q とする(図参照). 単位法線ベクトル $\boldsymbol{n}=l_1\boldsymbol{i}+l_2\boldsymbol{j}+l_3\boldsymbol{k}$, $\overline{\mathrm{PQ}}=\Delta t$ とすれば，点 Q の座標は $\mathrm{Q}(x+l_1\Delta t, y+l_2\Delta t, z+l_3\Delta t)$ であるから，(1) と同様の計算で，

$$\frac{d\phi}{dn}=\lim_{\Delta t\to 0}\frac{\phi(x+l_1\Delta t, y+l_2\Delta t, z+l_3\Delta t)-\phi(x, y, z)}{\Delta t}=\boldsymbol{n}\cdot\nabla\phi$$

また，例題 4.4 より，$\nabla\phi=|\nabla\phi|\boldsymbol{n}$ であるから，$d\phi/dn=|\nabla\phi|$. この 2 つの式より，$\nabla\phi=(d\phi/dn)\boldsymbol{n}$.

(4) 点 P での任意単位ベクトルを $\boldsymbol{u}$, $\boldsymbol{u}$ と $\boldsymbol{n}$ との角を θ とする. (1) と (3) より，

$$\frac{d\phi}{du}=\boldsymbol{u}\cdot\nabla\phi=(\boldsymbol{u}\cdot\boldsymbol{n})\frac{d\phi}{dn}=\frac{d\phi}{dn}\cos\theta$$

よって，$\theta=0$, すなわち，$\boldsymbol{n}$ 方向で ϕ の方向微分係数は最大で，最大値は $|\nabla\phi|$.

問題 4-5

[1] (1)

$$\nabla\times(\nabla\phi)=\left(\boldsymbol{i}\frac{\partial}{\partial x}+\boldsymbol{j}\frac{\partial}{\partial y}+\boldsymbol{k}\frac{\partial}{\partial z}\right)\times\left(\boldsymbol{i}\frac{\partial\phi}{\partial x}+\boldsymbol{j}\frac{\partial\phi}{\partial y}+\boldsymbol{k}\frac{\partial\phi}{\partial z}\right)$$

$$=\left[\frac{\partial}{\partial y}\left(\frac{\partial\phi}{\partial z}\right)-\frac{\partial}{\partial z}\left(\frac{\partial\phi}{\partial y}\right)\right]\boldsymbol{i}+\left[\frac{\partial}{\partial z}\left(\frac{\partial\phi}{\partial x}\right)-\frac{\partial}{\partial x}\left(\frac{\partial\phi}{\partial z}\right)\right]\boldsymbol{j}$$

$$+\left[\frac{\partial}{\partial x}\left(\frac{\partial\phi}{\partial y}\right)-\frac{\partial}{\partial y}\left(\frac{\partial\phi}{\partial x}\right)\right]\boldsymbol{k}$$

$$=\left(\frac{\partial^2\phi}{\partial y\partial z}-\frac{\partial^2\phi}{\partial z\partial y}\right)\boldsymbol{i}+\left(\frac{\partial^2\phi}{\partial z\partial x}-\frac{\partial^2\phi}{\partial x\partial z}\right)\boldsymbol{j}+\left(\frac{\partial^2\phi}{\partial x\partial y}-\frac{\partial^2\phi}{\partial y\partial x}\right)\boldsymbol{k}=0$$

(2) $$\nabla\cdot(\nabla\times\boldsymbol{A})=\nabla\cdot\left[\left(\frac{\partial A_z}{\partial y}-\frac{\partial A_y}{\partial z}\right)\boldsymbol{i}+\left(\frac{\partial A_x}{\partial z}-\frac{\partial A_z}{\partial x}\right)\boldsymbol{j}+\left(\frac{\partial A_y}{\partial x}-\frac{\partial A_x}{\partial y}\right)\boldsymbol{k}\right]$$
$$=\frac{\partial}{\partial x}\left(\frac{\partial A_z}{\partial y}-\frac{\partial A_y}{\partial z}\right)+\frac{\partial}{\partial y}\left(\frac{\partial A_x}{\partial z}-\frac{\partial A_z}{\partial x}\right)+\frac{\partial}{\partial z}\left(\frac{\partial A_y}{\partial x}-\frac{\partial A_x}{\partial y}\right)$$
$$=\frac{\partial^2 A_z}{\partial x\partial y}-\frac{\partial^2 A_z}{\partial y\partial x}+\frac{\partial^2 A_x}{\partial y\partial z}-\frac{\partial^2 A_x}{\partial z\partial y}+\frac{\partial^2 A_y}{\partial z\partial x}-\frac{\partial^2 A_y}{\partial x\partial z}=0$$

(3) $$\nabla\times(\nabla\times\boldsymbol{A})=\left[\frac{\partial}{\partial y}\left(\frac{\partial A_y}{\partial x}-\frac{\partial A_x}{\partial y}\right)-\frac{\partial}{\partial z}\left(\frac{\partial A_x}{\partial z}-\frac{\partial A_z}{\partial x}\right)\right]\boldsymbol{i}$$
$$+\left[\frac{\partial}{\partial z}\left(\frac{\partial A_z}{\partial y}-\frac{\partial A_y}{\partial z}\right)-\frac{\partial}{\partial x}\left(\frac{\partial A_y}{\partial x}-\frac{\partial A_x}{\partial y}\right)\right]\boldsymbol{j}$$
$$+\left[\frac{\partial}{\partial x}\left(\frac{\partial A_x}{\partial z}-\frac{\partial A_z}{\partial x}\right)-\frac{\partial}{\partial y}\left(\frac{\partial A_z}{\partial y}-\frac{\partial A_y}{\partial z}\right)\right]\boldsymbol{k}$$

右辺の第1項は,

$$-\left(\frac{\partial^2}{\partial z^2}+\frac{\partial^2}{\partial y^2}\right)A_x\boldsymbol{i}+\boldsymbol{i}\frac{\partial}{\partial x}\left(\frac{\partial A_y}{\partial y}+\frac{\partial A_z}{\partial z}\right)$$
$$=-\left(\frac{\partial^2}{\partial x^2}+\frac{\partial^2}{\partial y^2}+\frac{\partial^2}{\partial z^2}\right)A_x\boldsymbol{i}+\boldsymbol{i}\frac{\partial}{\partial x}\left(\frac{\partial A_x}{\partial x}+\frac{\partial A_y}{\partial y}+\frac{\partial A_z}{\partial z}\right)$$

第2項, 第3項も同様に計算して,

$$\nabla\times(\nabla\times\boldsymbol{A}) = -\nabla^2(A_x\boldsymbol{i}+A_y\boldsymbol{j}+A_z\boldsymbol{k})+\left(\boldsymbol{i}\frac{\partial}{\partial x}+\boldsymbol{j}\frac{\partial}{\partial y}+\boldsymbol{k}\frac{\partial}{\partial z}\right)(\nabla\cdot\boldsymbol{A})$$
$$= -\nabla^2\boldsymbol{A}+\nabla(\nabla\cdot\boldsymbol{A})$$

以上の問題では, 2階偏導関数の連続性を仮定し, 偏微分の順序は交換できるとしている.

[2] (1) $\nabla r^n=nr^{n-2}\boldsymbol{r}$. (2) $\nabla\times(r^n\boldsymbol{r})=0$. (3) $\nabla(\boldsymbol{p}\cdot\boldsymbol{r}/r^3)=\boldsymbol{p}/r^3-3(\boldsymbol{p}\cdot\boldsymbol{r})\boldsymbol{r}/r^5$. (4) $\nabla\times(\boldsymbol{m}\times\boldsymbol{r}/r^3)=-\boldsymbol{m}/r^3+3(\boldsymbol{m}\cdot\boldsymbol{r})\boldsymbol{r}/r^5$. なお, $\boldsymbol{E}=-(1/4\pi\varepsilon_0)\nabla(\boldsymbol{p}\cdot\boldsymbol{r}/r^3)$は電気双極子 $\boldsymbol{p}$ の作る電場, $\boldsymbol{B}=(\mu_0/4\pi)\nabla\times(\boldsymbol{m}\times\boldsymbol{r}/r_3)$は磁気双極子 $\boldsymbol{m}$ の作る磁場である.

[3] $\nabla\cdot\boldsymbol{A}=\nabla\cdot(\nabla\phi)=\nabla^2\phi=0$, $\nabla\times\boldsymbol{A}=\nabla\times(\nabla\phi)=0$.

[4] $\nabla\times\boldsymbol{E}=-\partial\boldsymbol{B}/\partial t$ の両辺に $\nabla\times$ を演算すると, $\nabla\times(\nabla\times\boldsymbol{E})=-\nabla\times(\partial\boldsymbol{B}/\partial t)$. 左辺と右辺は, それぞれ,

$$\nabla\times(\nabla\times\boldsymbol{E}) = \nabla(\nabla\cdot\boldsymbol{E})-\nabla^2\boldsymbol{E} = -\nabla^2\boldsymbol{E}$$
$$-\nabla\times\frac{\partial\boldsymbol{B}}{\partial t} = -\frac{\partial}{\partial t}(\nabla\times\boldsymbol{B}) = -\varepsilon_0\mu_0\frac{\partial^2\boldsymbol{E}}{\partial t^2}$$

よって, $\partial^2\boldsymbol{E}/\partial t^2=c^2\nabla^2\boldsymbol{E}$, $c=1/\sqrt{\varepsilon_0\mu_0}$. $\boldsymbol{B}$ についても同様.

第 5 章

問題 5-1

[1] (1) y 積分 $(0\leqq y\leqq b(1-x/a))$，x 積分 $(0\leqq x\leqq a)$ の順で積分すると，

$$I=\int_0^a\left[\int_0^{b(1-x/a)}F(x,y)dy\right]dx$$

x 積分 $(0\leqq x\leqq a(1-y/b))$，y 積分 $(0\leqq y\leqq b)$ の順では，

$$I=\int_0^b\left[\int_0^{a(1-y/b)}F(x,y)dx\right]dy$$

(2) (イ)の順による積分を I_1，(ロ)の順による積分を I_2 とする．

$$I_1=\int_0^a\left[\int_0^{b(1-x/a)}x\,dy\right]dx=\int_0^a[b(x-x^2/a)]dx=\frac{1}{6}a^2b$$

$$I_2=\int_0^b\left[\int_0^{a(1-y/b)}x\,dx\right]dy=\int_0^b\left[\frac{1}{2}a^2\left(1-\frac{y}{b}\right)^2\right]dy=\frac{1}{6}a^2b$$

[2] (1) $16a^3/9$. (2) $14/5$. (3) $\pi(1-e^{-a^2})$. (4) $(1/48)a^2b^4c^6$. (5) $4\pi\log(a/b)$. (6) $1/720$.

[3] (1) $M=\int_{-a}^a dx\int_{-b}^b dy\int_{-c}^c dy\rho=8\rho abc,\qquad I_z=\int_{-a}^a dx\int_{-b}^b dy\int_{-c}^c dz\rho(x^2+y^2)=\rho[(4/3)a^3b+(4/3)ab^3)]\cdot 2c=(8/3)\rho\, abc(a^2+b^2)=(M/3)(a^2+b^2)$.

(2) 極座標 $x=r\sin\theta\cos\phi$，$y=r\sin\theta\sin\phi$，$z=r\cos\theta$ を使って計算する．半球の領域は，$0\leqq r\leqq a$，$0\leqq\theta\leqq\pi/2$，$0\leqq\phi\leqq 2\pi$ である．

$$M=\rho\int_0^{2\pi}d\phi\int_0^{\pi/2}\sin\theta d\theta\int_0^a r^2dr=\frac{2\pi}{3}\rho a^3$$

$$I_z=\rho\int_0^{2\pi}d\phi\int_0^{\pi/2}\sin\theta d\theta\int_0^a r^2dr\cdot r^2\sin^2\theta=\frac{4\pi}{15}\rho a^5=\frac{2}{5}Ma^2$$

(3) $\xi=x/a$，$\eta=y/b$，$\zeta=z/c$ とおくと，$x^2/a^2+y^2/b^2+z^2/c^2=1$ は半径 1 の球になる．さらに，極座標 $\xi=r\sin\theta\cos\phi$，$\eta=r\sin\theta\sin\phi$，$\zeta=r\cos\theta$ と座標変換する．

$$M=\iiint_R\rho dxdydz=\rho abc\iiint_D d\xi d\eta d\zeta\quad (D\text{: 半径 1 の球})$$

$$=\rho abc\int_0^{2\pi}d\phi\int_0^{\pi}\sin\theta d\theta\int_0^1 r^2dr=(4\pi/3)\rho abc$$

$$I_z=\iiint_R\rho(x^2+y^2)dxdydz=\rho abc\iiint_D(a^2\xi^2+b^2\eta^2)d\xi d\eta d\zeta$$

$$= \rho abc\int_0^{2\pi} d\phi\int_0^{\pi}\sin\theta d\theta\int_0^1 r^2dr(a^2r^2\sin^2\theta\sin^2\phi+b^2r^2\sin^2\theta\cos^2\phi)$$

$$= \rho abc\cdot\pi\cdot\frac{4}{3}\cdot\frac{1}{5} = \frac{4\pi}{15}\rho abc(a^2+b^2) = \frac{1}{5}M(a^2+b^2)$$

問題 5-2

[1] (1) C に沿って，$y=x^2$ だから

$$\int_C \boldsymbol{A}\cdot d\boldsymbol{r} = \int_C (xy\boldsymbol{i}-x^2\boldsymbol{j})\cdot(dx\boldsymbol{i}+dy\boldsymbol{j})$$

$$= \int_C (xydx-x^2dy) = \int_0^1 (x\cdot x^2dx-x^2\cdot 2xdx) = -\frac{1}{4}$$

(2) C を，O から Q までの C_1，Q から P までの C_2 にわける．C_1 に沿っては，$y=0$，$dy=0$ だから，$\boldsymbol{A}=-x^2\boldsymbol{j}$，$d\boldsymbol{r}=dx\boldsymbol{i}$．よって，

$$\int_{C_1} \boldsymbol{A}\cdot d\boldsymbol{r} = \int_{C_1}(-x^2\boldsymbol{j})\cdot dx\boldsymbol{i} = 0$$

C_2 に沿っては，$x=1$，$dx=0$ だから，$\boldsymbol{A}=y\boldsymbol{i}-\boldsymbol{j}$，$d\boldsymbol{r}=dy\boldsymbol{j}$．よって，

$$\int_{C_2} \boldsymbol{A}\cdot d\boldsymbol{r} = \int_{C_2}(y\boldsymbol{i}-\boldsymbol{j})\cdot dy\boldsymbol{j} = -\int_0^1 dy = -1$$

上の 2 つをまとめて，

$$\int_C \boldsymbol{A}\cdot d\boldsymbol{r} = \int_{C_1}\boldsymbol{A}\cdot d\boldsymbol{r}+\int_{C_2}\boldsymbol{A}\cdot d\boldsymbol{r} = 0-1 = -1$$

[2] (1) 直線 OD 上では，$x=y=z$，$dx=dy=dz$．よって，

$$U = \int_0^1 [(x^2+x\cdot x)dx+(x^2+x\cdot x)dx+(x^2+x\cdot x)dx] = \int_0^1 6x^2dx = 2$$

(2) 原点から点 A では，$0\leqq x\leqq 1$，$y=z=0$，$dy=dz=0$．よって，

$$U_1 = \int_0^1 [(x^2+0)dx+(0+0)\cdot 0+(0+0)\cdot 0] = \int_0^1 x^2dx = \frac{1}{3}$$

点 A から点 B では，$x=1$，$0\leqq y\leqq 1$，$z=0$，$dx=dz=0$．よって，

$$U_2 = \int_0^1 [(1+0)\cdot 0+(y^2+0)dy+(0+y)\cdot 0] = \int_0^1 y^2dy = \frac{1}{3}$$

点 B から点 C では，$x=y=1$，$0\leqq z\leqq 1$，$dx=dy=0$．よって，

$$U_3 = \int_0^1 [(1+z)\cdot 0+(1+z)\cdot 0+(z^2+1)dz] = \int_0^1 (z^2+1)dz = \frac{4}{3}$$

以上をたし合わせて，$U=U_1+U_2+U_3=1/3+1/3+4/3=2$．

[3] 面 DGFE では $\boldsymbol{n}=\boldsymbol{i}$, $x=1$. したがって,

$$\iint_{\mathrm{DGFE}} \boldsymbol{A}\cdot\boldsymbol{n}dS = \int_0^1\int_0^1 (3z\boldsymbol{i}-y^2\boldsymbol{j}+2yz\boldsymbol{k})\cdot\boldsymbol{i}dydz = \int_0^1\int_0^1 3zdydz = \frac{3}{2}$$

面 BAOC では $\boldsymbol{n}=-\boldsymbol{i}$, $x=0$. したがって,

$$\iint_{\mathrm{BAOC}} \boldsymbol{A}\cdot\boldsymbol{n}dS = \int_0^1\int_0^1 (-y^2\boldsymbol{j}+2yz\boldsymbol{k})\cdot(-\boldsymbol{i})dydz = 0$$

同様にして,

$$\iint_{\mathrm{EFAB}} \boldsymbol{A}\cdot\boldsymbol{n}dS = -1, \qquad \iint_{\mathrm{COGD}} \boldsymbol{A}\cdot\boldsymbol{n}dS = 0$$

$$\iint_{\mathrm{CDEB}} \boldsymbol{A}\cdot\boldsymbol{n}dS = 1, \qquad \iint_{\mathrm{FGOA}} \boldsymbol{A}\cdot\boldsymbol{n}dS = 0$$

以上をまとめて,

$$\iint_S \boldsymbol{A}\cdot\boldsymbol{n}dS = \frac{3}{2}+0+(-1)+0+1+0 = \frac{3}{2}$$

5

[4] 平面の方程式は, $z=f(x,y)=2-2x-2y$. ゆえに, $[1+(\partial f/\partial x)^2+(\partial f/\partial y)^2]^{1/2}=3$. よって, 例題 5. 4 の 1) より,

$$\iint_S (x^2+2yz+z^2-2)dS = \iint_R [x^2+2y(2-2x-2y)+(2-2x-2y)^2]3dxdy$$

$$= \iint_R (5x^2-4y-8x+4xy+2)3dxdy \qquad (R\text{ は 3 角形 OAB})$$

上の 2 重積分を累次積分で計算する.

$$3\int_0^1\left\{\int_0^{1-x}(5x^2-4y-8x+4xy+2)dy\right\}dx = \int_0^1(-3x^3+7x^2-4x)dx = -5/4$$

問題 5-3

[1] (1) $P=5x^4y+x^2y^3-y^5$, $Q=x^5+x^3y^2-5xy^4$. $\partial P/\partial y=5x^4+3x^2y^2-5y^4=\partial Q/\partial x$ だから, 例題 5. 5 に示した定理により, 線積分の値は途中の路の選び方によらない.

(2) 途中の路の選び方によらないので, 次のようにする. $(0,1)$ から $(3,1)$ まで x 軸に平行に行き (路 C_1), $(3,1)$ から $(3,5)$ まで y 軸に平行に行く (路 C_2). C_1 では $0\leqq x\leqq 3$, $y=1$, $dy=0$, C_2 では $x=3$, $dx=0$, $1\leqq y\leqq 5$ だから, 求める線積分は,

$$\int_0^3(5x^4+x^2-1)dx+\int_1^5(3^5+3^3y^2-15y^4)dy = 249-7284 = -7035$$

[2] (1) OA では $0\leqq x\leqq \pi/2$, $y=0$, $dy=0$ だから

$$\int_0^{\pi/2}[(0-\sin x)dx-3\cos x\cdot 0] = -\int_0^{\pi/2}\sin xdx = -1$$

ABでは，$x=\pi/2$，$dx=0$，$0\leqq y\leqq 1$ だから，

$$\int_0^1 [(2y-1)\cdot 0-0dy]=0$$

BOでは，$y=2x/\pi$，$dy=(2/\pi)dx$ で，x は $\pi/2$ から 0 まで変わるから

$$\int_{\pi/2}^0 \left[\left(\frac{4x}{\pi}-\sin x\right)dx-\frac{6}{\pi}\cos x dx\right]=1-\frac{\pi}{2}+\frac{6}{\pi}$$

よって，C に沿っての線積分は，$-1+0+1-\pi/2+6/\pi=-\pi/2+6/\pi$.

(2) 平面におけるグリーンの定理を用いて，

$$\oint_C [(2y-\sin x)dx-3\cos x dy]=\iint_R\left[\frac{\partial}{\partial x}(-3\cos x)-\frac{\partial}{\partial y}(2y-\sin x)\right]dxdy$$

$$=\iint_R (3\sin x-2)dxdy \quad (R \text{ は 3 角形 OAB の内部})$$

$$=\int_0^{\pi/2}\left\{\int_0^{2x/\pi}(3\sin x-2)dy\right\}dx=\int_0^{\pi/2}\left(\frac{6}{\pi}x\sin x-\frac{4x}{\pi}\right)dx=\frac{6}{\pi}-\frac{\pi}{2}$$

もちろん，(1)の結果に等しい.

[3] $\boldsymbol{B}=P\boldsymbol{i}+Q\boldsymbol{j}$，$\boldsymbol{A}=\boldsymbol{B}\times\boldsymbol{k}=Q\boldsymbol{i}-P\boldsymbol{j}$，$d\boldsymbol{r}=dx\boldsymbol{i}+dy\boldsymbol{j}$ とおく．曲線 C の接線ベクトルを $\boldsymbol{t}=d\boldsymbol{r}/ds$ とかく(右図).

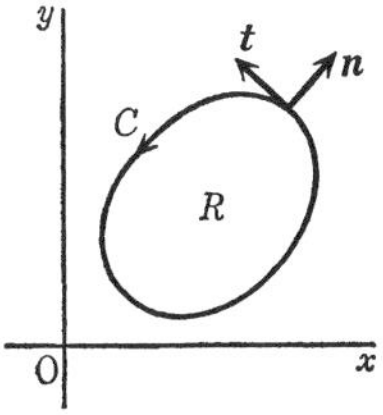

$$Pdx+Qdy=\boldsymbol{B}\cdot d\boldsymbol{r}=\boldsymbol{B}\cdot\frac{d\boldsymbol{r}}{ds}ds=\boldsymbol{B}\cdot\boldsymbol{t}ds$$

曲線 C の単位法線ベクトルを $\boldsymbol{n}$(外向き)とすると，$\boldsymbol{t}=\boldsymbol{k}\times\boldsymbol{n}$ だから，

$$Pdx+Qdy=\boldsymbol{B}\cdot(\boldsymbol{k}\times\boldsymbol{n})ds$$

$$=(\boldsymbol{B}\times\boldsymbol{k})\cdot\boldsymbol{n}ds=\boldsymbol{A}\cdot\boldsymbol{n}ds$$

一方，

$$\frac{\partial Q}{\partial x}-\frac{\partial P}{\partial y}=\nabla\cdot\boldsymbol{A}$$

よって，平面のグリーンの定理 $\oint_C (Pdx+Qdy)=\iint_R\left(\frac{\partial Q}{\partial x}-\frac{\partial P}{\partial y}\right)dR$ は，次の形になる.

$$\oint_C \boldsymbol{A}\cdot\boldsymbol{n}ds=\iint_R \nabla\cdot\boldsymbol{A}dR$$

問題 5-4

[1] 面 ABEF では，$\boldsymbol{n}=\boldsymbol{i}$，$x=1$，$dS=dydz$．よって，

$$\iint_{\mathrm{ABEF}}\boldsymbol{A}\cdot\boldsymbol{n}dS=\int_0^1 dy\int_0^1 dzy^2=\frac{1}{3}$$

同様にして，

$$\iiint_{\mathrm{BCDE}} \boldsymbol{A}\cdot\boldsymbol{n}dS = \int_0^1 dz\int_0^1 dx(-z^2) = -\frac{1}{3}, \qquad \iiint_{\mathrm{GFED}} \boldsymbol{A}\cdot\boldsymbol{n}dS = \int_0^1 dx\int_0^1 dy6 = 6$$

$$\iiint_{\mathrm{CDGO}} \boldsymbol{A}\cdot\boldsymbol{n}dS = 0, \qquad \iiint_{\mathrm{OAFG}} \boldsymbol{A}\cdot\boldsymbol{n}dS = 0, \qquad \iiint_{\mathrm{OABC}} \boldsymbol{A}\cdot\boldsymbol{n}dS = 0$$

よって，面積分は直接計算により，$1/3-1/3+6+0+0+0=6$. 一方，ガウスの定理を用いて，

$$\iint_S \boldsymbol{A}\cdot\boldsymbol{n}dS = \iiint_V\left[\frac{\partial}{\partial x}(xy^2)+\frac{\partial}{\partial y}(-yz^2)+\frac{\partial}{\partial z}(6z^2)\right]dV$$

$$= \int_0^1 dx\int_0^1 dy\int_0^1 dz(y^2-z^2+12z) = \frac{1}{3}-\frac{1}{3}+6 = 6$$

よって，ガウスの定理は成り立っている.

[2] (1) $\iint_S \boldsymbol{A}\cdot\boldsymbol{n}dS=\iiint_V \nabla\cdot\boldsymbol{A}dV=\iiint_V (a+b+c)dV=(4\pi r_0{}^3/3)(a+b+c).$

5

(2) $\iint_S \boldsymbol{A}\cdot\boldsymbol{n}dS=\iiint_V (3x^2+x^2+1)dV=\int_0^3 dx\int_0^3 dy\int_0^3 dz(4x^2+1)=324+27=351.$

[3] (1) $\iint_S (\nabla\times\boldsymbol{A})\cdot\boldsymbol{n}dS=\iiint_V \nabla\cdot(\nabla\times\boldsymbol{A})dV=\iiint_V 0dV=0.$

(2) $\boldsymbol{c}$を任意な一定ベクトルとして，$\boldsymbol{A}=\boldsymbol{c}\phi$ とおく. ガウスの定理により，

$$\iiint_V \nabla\cdot(\phi\boldsymbol{c})dV=\iint_S (\phi\boldsymbol{c})\cdot\boldsymbol{n}dS$$

ここで，$\nabla\cdot(\phi\boldsymbol{c})=(\nabla\phi)\cdot\boldsymbol{c}$ を左辺に用いて.

$$\boldsymbol{c}\cdot\iiint_V \nabla\phi dV=\boldsymbol{c}\cdot\iint_S \phi\boldsymbol{n}dS$$

ところが，$\boldsymbol{c}$ は任意であるから，$\iiint_V \nabla\phi dV=\iint_S \phi\boldsymbol{n}dS.$

(3) (2)の公式で $\phi=1$ とおく. $\iint_S \boldsymbol{n}dS=\iiint_V (\nabla 1)dV=\iiint_V 0dV=0.$

(4) 微分公式 $\nabla\cdot(\phi\boldsymbol{A})=\nabla\phi\cdot\boldsymbol{A}+\phi\nabla\cdot\boldsymbol{A}$ とガウスの定理を使って，

$$\iiint_V \boldsymbol{A}\cdot\nabla\phi dV = \iiint_V \nabla\cdot(\phi\boldsymbol{A})dV-\iiint_V \phi\nabla\cdot\boldsymbol{A}dV$$

$$= \iint_S \phi\boldsymbol{A}\cdot\boldsymbol{n}dS-\iiint_V \phi\nabla\cdot\boldsymbol{A}dV$$

[4] 物体内に任意の領域 V をとり，それを囲む閉曲面(境界)を S とする. V 内にたくわえられる熱量の時間変化は，

$$\frac{dQ}{dt} = \iiint_V \rho\sigma \frac{\partial u}{\partial t} dV$$

一方，単位時間に S を横切って V から流れ出す熱量は

$$\iint_S \boldsymbol{J}\cdot\boldsymbol{n}dS = \iiint_V \nabla\cdot\boldsymbol{J}dV$$

しかし，熱のわき出しも吸いこみもないから，

$$\iiint_V \rho\sigma\frac{\partial u}{\partial t}dV + \iiint_V \nabla\cdot\boldsymbol{J}dV = 0$$

V は任意に選んだ領域だから，$\rho\sigma\partial u/\partial t + \nabla\cdot\boldsymbol{J} = 0$．$\boldsymbol{J} = -K\nabla u$ を代入して，熱伝導方程式を得る：

$$\frac{\partial u}{\partial t} = -\frac{1}{\rho\sigma}\nabla\cdot\boldsymbol{J} = \kappa\nabla^2 u, \qquad \kappa = \frac{K}{\rho\sigma}$$

問題 5-5

[1] C は正方形の周 OABCO である(右図)．

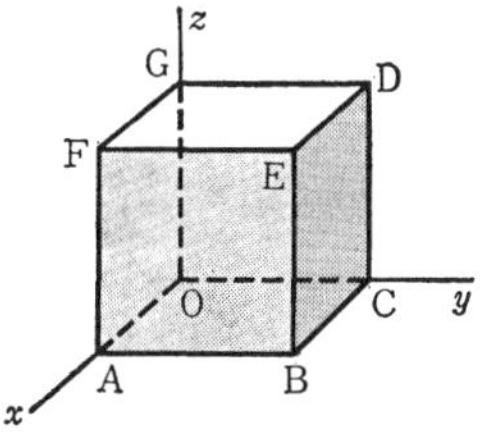

$$\int_C \boldsymbol{A}\cdot d\boldsymbol{r} = \int_{\mathrm{OA}} \boldsymbol{A}\cdot d\boldsymbol{r} + \int_{\mathrm{AB}} \boldsymbol{A}\cdot d\boldsymbol{r} + \int_{\mathrm{BC}} \boldsymbol{A}\cdot d\boldsymbol{r}$$

$$+ \int_{\mathrm{CO}} \boldsymbol{A}\cdot d\boldsymbol{r} = \int_0^2 x^2 dx + \int_0^2 4y dy$$

$$+ \int_2^0 x^2 dx + \int_2^0 0 dy = \frac{8}{3} + 8 - \frac{8}{3} = 8 \qquad ①$$

S は立方体の表面から正方形 OABC を除いたものである．面 ABEF を S_1，面 BCDE を S_2，面 GFED を S_3，面 CDGO を S_4，面 OGFA を S_5 とする．$\nabla\times\boldsymbol{A} = (2yz - xy)\boldsymbol{i} + (2yz + z^2)\boldsymbol{j} + (yz + 2xy - z^2)\boldsymbol{k}$.

$$\iint_{S_1} (\nabla\times\boldsymbol{A})\cdot\boldsymbol{n}dS = \int_0^2 dy \int_0^2 dz(2yz - 2y) = 8 - 8 = 0$$

$$\iint_{S_2} (\nabla\times\boldsymbol{A})\cdot\boldsymbol{n}dS = \int_0^2 dz \int_0^2 dx(4z + z^2) = 2\left(8 + \frac{8}{3}\right)$$

$$\iint_{S_3} (\nabla\times\boldsymbol{A})\cdot\boldsymbol{n}dS = \int_0^2 dx \int_0^2 dy(2y + 2xy - 4) = 8 + 8 - 16 = 0$$

$$\iint_{S_4} (\nabla\times\boldsymbol{A})\cdot\boldsymbol{n}dS = -\int_0^2 dy \int_0^2 dz 2yz = -8$$

$$\iint_{S_5} (\nabla\times\boldsymbol{A})\cdot\boldsymbol{n}dS = -\int_0^2 dz \int_0^2 dx z^2 = -\frac{16}{3}$$

以上をまとめて，

$$\iint_S (\nabla\times\boldsymbol{A})\cdot\boldsymbol{n}dS = 0 + 2\left(8 + \frac{8}{3}\right) + 0 - 8 - \frac{16}{3} = 8 \qquad ②$$

よって，①と②より，ストークスの定理が成り立っている．

[2] (1) $\oint_C \nabla\phi\cdot d\boldsymbol{r}=\iint_S[\nabla\times(\nabla\phi)]\cdot\boldsymbol{n}dS=\iint_S 0\,dS=0.$

(2) 微分公式 $\nabla\times(\phi\boldsymbol{A})=\nabla\phi\times\boldsymbol{A}+\phi\nabla\times\boldsymbol{A}$ を用いる．

$$\iint_S[\nabla\times(\phi\boldsymbol{A})]\cdot\boldsymbol{n}dS=\oint_C\phi\boldsymbol{A}\cdot d\boldsymbol{r}=\iint_S(\nabla\phi\times\boldsymbol{A})\cdot\boldsymbol{n}dS+\iint_S\phi(\nabla\times\boldsymbol{A})\cdot\boldsymbol{n}dS$$

(3) 任意の一定ベクトルを $\boldsymbol{K}$ とする．ベクトル $\boldsymbol{A}\times\boldsymbol{K}$ に対してストークスの定理を適用する．$\oint_C d\boldsymbol{r}\cdot(\boldsymbol{A}\times\boldsymbol{K})=\iint_S[\nabla\times(\boldsymbol{A}\times\boldsymbol{K})]\cdot\boldsymbol{n}dS.$ 両辺を次のように書きかえる．

$$左辺=\oint_C\boldsymbol{K}\cdot(d\boldsymbol{r}\times\boldsymbol{A})=\boldsymbol{K}\cdot\oint_C d\boldsymbol{r}\times\boldsymbol{A} \qquad ①$$

微分公式 $\nabla\times(\boldsymbol{A}\times\boldsymbol{K})=(\boldsymbol{K}\cdot\nabla)\boldsymbol{A}-\boldsymbol{K}(\nabla\cdot\boldsymbol{A})-(\boldsymbol{A}\cdot\nabla)\boldsymbol{K}+\boldsymbol{A}(\nabla\cdot\boldsymbol{K})$ により，$\nabla\times(\boldsymbol{A}\times\boldsymbol{K})=(\boldsymbol{K}\cdot\nabla)\boldsymbol{A}-(\nabla\cdot\boldsymbol{A})\boldsymbol{K}.$ したがって

$$右辺=\iint_S[(\boldsymbol{K}\cdot\nabla)\boldsymbol{A}-(\nabla\cdot\boldsymbol{A})\boldsymbol{K}]\cdot\boldsymbol{n}dS$$

ところが，ヒントの公式を用いると，等式 $\boldsymbol{K}\cdot[(\boldsymbol{n}\times\nabla)\times\boldsymbol{A}]=(\boldsymbol{n}\cdot\nabla)(\boldsymbol{K}\cdot\boldsymbol{A})+\boldsymbol{K}\cdot[\boldsymbol{n}\times(\nabla\times\boldsymbol{A})]-(\boldsymbol{K}\cdot\boldsymbol{n})(\nabla\cdot\boldsymbol{A})=[\nabla(\boldsymbol{A}\cdot\boldsymbol{K})+(\nabla\times\boldsymbol{A})\times\boldsymbol{K}-(\nabla\cdot\boldsymbol{A})\boldsymbol{K}]\cdot\boldsymbol{n}=[(\boldsymbol{K}\cdot\nabla)\boldsymbol{A}-(\nabla\cdot\boldsymbol{A})\boldsymbol{K}]\cdot\boldsymbol{n}$ を得る．よって，

$$右辺=\boldsymbol{K}\cdot\iint_S(\boldsymbol{n}\times\nabla)\times\boldsymbol{A}dS \qquad ②$$

①と②より，$\boldsymbol{K}\cdot\oint_C d\boldsymbol{r}\times\boldsymbol{A}=\boldsymbol{K}\cdot\iint_S(\boldsymbol{n}\times\nabla)\times\boldsymbol{A}dS.$ $\boldsymbol{K}$ は任意に選んだベクトルだから，$\oint_C d\boldsymbol{r}\times\boldsymbol{A}=\iint_S(\boldsymbol{n}\times\nabla)\times\boldsymbol{A}dS$ を得る．

[3] (1) $U(x, y, z)$ を偏微分する．

$$\frac{\partial U}{\partial x}=A_x(x, y, z)$$

$$\frac{\partial U}{\partial y}=\int_a^x\frac{\partial A_x}{\partial y}dx+A_y(a, y, z)=\int_a^x\frac{\partial A_y}{\partial x}dx+A_y(a, y, z)$$
$$=A_y(x, y, z)-A_y(a, y, z)+A_y(a, y, z)=A_y(x, y, z)$$

$$\frac{\partial U}{\partial z}=\int_a^x\frac{\partial A_x(x, y, z)}{\partial z}dx+\int_b^y\frac{\partial A_y(a, y, z)}{\partial z}dy+A_z(a, b, c)$$
$$=\int_a^x\frac{\partial A_z(x, y, z)}{\partial x}dx+\int_b^y\frac{\partial A_z(a, y, z)}{\partial y}dy+A_z(a, b, z)$$
$$=A_z(x, y, z)-A_z(a, y, z)+A_z(a, y, z)-A_z(a, b, z)+A_z(a, b, z)$$
$$=A_z(x, y, z)$$

上の計算では，条件式$\nabla\times\boldsymbol{A}=0$を用いた．$\boldsymbol{A}=\nabla U$が示された．

(2) $\nabla\times\boldsymbol{A}=0$である．(1)の公式を用いて，

$$U(x, y, z)=\int_a^x(y+\sin z)dx+\int_b^y ady+\int_c^z a\cos zdz=(y+\sin z)x-ab-a\sin c$$
$$=(y+\sin z)x+\text{定数}.$$

[4] (1) $\boldsymbol{P}(x, y, z)$の回転を計算する．$(\nabla\times\boldsymbol{P})_z=\partial P_y/\partial x-\partial P_x/\partial y=A_z(x, y, z)$, $(\nabla\times\boldsymbol{P})_y=\partial P_x/\partial z-\partial P_z/\partial x=A_y(x, y, z)$, $(\nabla\times\boldsymbol{P})_x=\partial P_z/\partial y-\partial P_y/\partial z=-\int_a^x\frac{\partial A_y(x, y, z)}{\partial y}dx+A_x(a, y, z)-\int_a^x\frac{\partial A_z(x, y, z)}{\partial z}dx=\int_a^x\frac{\partial A_x(x, y, z)}{\partial x}dx+A_x(a, y, z)=A_x(x, y, z)$. 上の計算では，$\nabla\cdot\boldsymbol{A}=0$を用いた．よって，$\boldsymbol{A}=\nabla\times\boldsymbol{P}$が確かめられた．

(2) $\nabla\cdot\boldsymbol{A}=0$. (1)を用いる．

$$P_x=0,\qquad P_y=\int_a^x(2x-z)dx=x^2-zx+az-a^2$$

$$P_z=-\int_a^x(y-z)dx+\int_b^y(-2z)dy=-(y-z)(x-a)-2z(y-b)$$

第 6 章

問題 6-1

[1] (1) $h(x+T)=af(x+T)+bg(x+T)=af(x)+bg(x)=h(x)$. (2) $h(x+T)=f(x+T)g(x+T)=f(x)g(x)=h(x)$. (3) $\int_c^{c+T}f(x)dx=\int_c^0 f(x)dx+\int_0^T f(x)dx+\int_T^{c+T}f(x)dx=-\int_0^c f(x)dx+\int_0^T f(x)dx+\int_0^c f(y+T)dy=-\int_0^c f(x)dx+\int_0^T f(x)dx+\int_0^c f(y)dy=\int_0^T f(x)dx$.

[2] 周期$2L=10$. フーリエ係数a_n, b_nを計算する．

$$a_0=\frac{1}{5}\int_{-5}^5 f(x)dx=\frac{1}{5}\left\{\int_{-5}^0 0dx+\int_0^5 4dx\right\}=4$$

$$a_n=\frac{1}{5}\int_{-5}^5 f(x)\cos\frac{n\pi x}{5}dx=\frac{1}{5}\left\{\int_{-5}^0 0\cos\frac{n\pi x}{5}dx+\int_0^5 4\cos\frac{n\pi x}{5}dx\right\}$$
$$=\frac{4}{5}\int_0^5\cos\frac{n\pi x}{5}dx=0\qquad(n\neq 0)$$

$$b_n=\frac{1}{5}\int_{-5}^5 f(x)\sin\frac{n\pi x}{5}dx=\frac{1}{5}\left\{\int_{-5}^0 0\sin\frac{n\pi x}{5}dx+\int_0^5 4\sin\frac{n\pi x}{5}dx\right\}$$
$$=\frac{4}{5}\int_0^5\sin\frac{n\pi x}{5}dx=\frac{4}{n\pi}(1-\cos n\pi)\qquad(n\neq 0)$$

よって，

$$f(x) = 2+\sum_{n=1}^{\infty}\frac{4(1-\cos n\pi)}{n\pi}\sin\frac{n\pi x}{5} = 2+\frac{8}{\pi}\left(\sin\frac{\pi x}{5}+\frac{1}{3}\sin\frac{3\pi x}{5}+\frac{1}{5}\sin\frac{5\pi x}{5}+\cdots\right)$$

[3] (1) $f(x)=2\sum_{n=1}^{\infty}\frac{(-1)^{n+1}}{n}\sin nx=2\left(\sin x-\frac{1}{2}\sin 2x+\frac{1}{3}\sin 3x-\frac{1}{4}\sin 4x+\cdots\right)$

(2) $f(x)=\sum_{n=1}^{\infty}(-1)^{n+1}\left(\frac{2\pi^2}{n}-\frac{12}{n^3}\right)\sin nx$

$$=2\left[(\pi^2-6)\sin x-\left(\frac{\pi^2}{2}-\frac{6}{8}\right)\sin 2x+\left(\frac{\pi^2}{3}-\frac{6}{27}\right)\sin 3x-\cdots\right]$$

[4] (1) $f(x)=\frac{1}{2}+\frac{2}{\pi}\left(\sin x+\frac{1}{3}\sin 3x+\frac{1}{5}\sin 5x+\cdots\right)$

$$=\frac{1}{2}+\frac{2}{\pi}\sum_{n=1}^{\infty}\frac{1}{2n-1}\sin(2n-1)x$$

(2) 図(a)は，$1/2+(2/\pi)\sin x+(2/3\pi)\sin 3x$. 図(b)は，$1/2+(2/\pi)\sin x+(2/3\pi)\sin 3x+(2/5\pi)\sin 5x$.

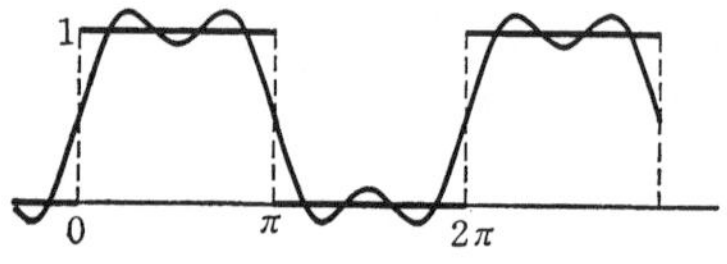

(a)

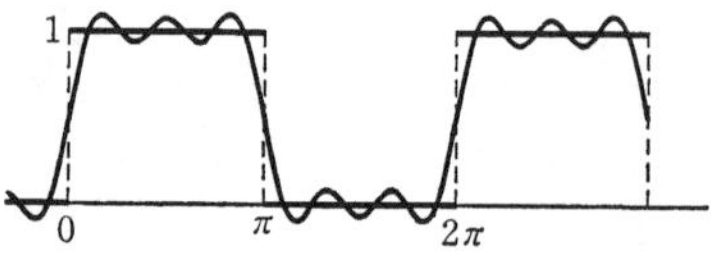

(b)

問題 6-2

[1] 余弦展開，正弦展開の順に，それぞれ計算結果を書く．

(1) $f(x)=\frac{a}{2}+\sum_{n=1}^{\infty}\frac{2a}{n\pi}\sin\frac{n\pi}{2}\cos nx$

$$=\frac{a}{2}+\frac{2a}{\pi}\left(\cos x-\frac{1}{3}\cos 3x+\frac{1}{5}\cos 5x-\cdots\right)$$

$$f(x)=\sum_{n=1}^{\infty}\frac{2a}{n\pi}\left(1-\cos\frac{n\pi}{2}\right)\sin nx=\frac{2a}{\pi}\left(\sin x+\sin 2x+\frac{1}{3}\sin 3x+\cdots\right)$$

(2) $f(x)=\frac{k}{2}+\sum_{n=1}^{\infty}\frac{8k}{n^2\pi^2}\cos\frac{n\pi}{2}\left(1-\cos\frac{n\pi}{2}\right)\cos\frac{n\pi x}{L}$

$$=\frac{k}{2}-\frac{4k}{\pi^2}\left(\cos\frac{2\pi x}{L}+\frac{1}{3^2}\cos\frac{6\pi x}{L}+\frac{1}{5^2}\cos\frac{10\pi x}{L}+\cdots\right)$$

$$f(x)=\sum_{n=1}^{\infty}\frac{8k}{n^2\pi^2}\sin\frac{n\pi}{2}\sin\frac{n\pi x}{L}=\frac{8k}{\pi^2}\left(\sin\frac{\pi x}{L}-\frac{1}{3^2}\sin\frac{3\pi x}{L}+\frac{1}{5^2}\sin\frac{5\pi x}{L}+\cdots\right)$$

(3) $f(x)=\dfrac{\pi^2}{3}+\sum_{n=1}^{\infty}\dfrac{4(-1)^n}{n^2}\cos nx=\dfrac{\pi^2}{3}-4\left(\cos x-\dfrac{1}{2^2}\cos 2x+\dfrac{1}{3^2}\cos 3x-\cdots\right)$

$$f(x)=\sum_{n=1}^{\infty}\left(\frac{2\pi}{2n-1}-\frac{8}{\pi(2n-1)^3}\right)\sin(2n-1)x+\sum_{n=1}^{\infty}\left(-\frac{\pi}{n}\right)\sin 2nx$$

$$=\left(2\pi-\frac{8}{\pi}\right)\sin x-\pi\sin 2x+\left(\frac{2\pi}{3}-\frac{8}{27\pi}\right)\sin 3x-\cdots$$

[2] 偶関数に拡張した場合に相当する(右図). $b_n=0$. そして,

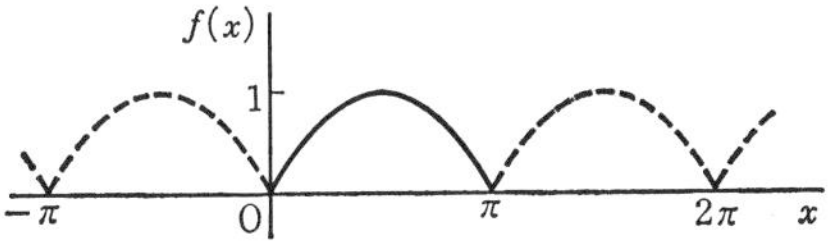

$$a_0=\frac{2}{\pi}\int_0^{\pi}\sin x dx=\frac{4}{\pi}$$

$$a_1=\frac{2}{\pi}\int_0^{\pi}\sin x\cos x dx=0$$

$$a_n=\frac{2}{\pi}\int_0^{\pi}\sin x\cos nx dx=-\frac{2(1+\cos n\pi)}{\pi(n^2-1)}\qquad (n\geqq 2)$$

よって,

$$f(x)=\frac{2}{\pi}-\frac{4}{\pi}\left(\frac{1}{3}\cos 2x+\frac{1}{15}\cos 4x+\frac{1}{35}\cos 6x+\cdots\right)$$

[3] (1) $f(x)=ax/T$ $(0<x<T)$ で周期は $2L=T$.

$$c_n=\frac{1}{T}\int_0^T\frac{ax}{T}e^{-2\pi inx/T}dx=\frac{a}{T^2}\frac{T}{-2\pi in}\left[xe^{-2\pi inx/T}+\frac{T}{2\pi in}e^{-2\pi inx/T}\right]_0^T=\frac{ia}{2\pi n}$$

$$c_0=\frac{1}{T}\int_0^T\frac{ax}{T}dx=\frac{1}{2}a$$

よって, $f(x)=a/2+\sum_{n=-\infty}^{\infty}{}'(ia/2\pi n)e^{2\pi inx/T}$. $\sum'$ は $n=0$ を除く.

(2) $a|\cos\omega x|$ の周期は, $2L=\pi/\omega$.

$$c_n=\frac{\omega}{\pi}\int_{-\pi/2\omega}^{\pi/2\omega}a\cos\omega x e^{-2in\omega x}dx=\frac{\omega a}{2\pi}\int_{-\pi/2\omega}^{\pi/2\omega}\{e^{i(1-2n)\omega x}+e^{-i(1+2n)\omega x}\}dx$$

$$=\frac{\omega a}{2\pi}\left[\frac{2(-1)^n}{(1-2n)\omega}+\frac{2(-1)^n}{(1+2n)\omega}\right]=\frac{2a}{\pi}\frac{(-1)^{n+1}}{4n^2-1}$$

よって, $f(x)=(2a/\pi)\sum_{n=-\infty}^{\infty}(-1)^{n+1}e^{2in\omega x}/(4n^2-1)$.

[4] (1) $m=n$ ならば,

$$\int_{-L}^{L}\phi_m{}^*(x)\phi_m(x)dx=\int_{-L}^{L}\frac{1}{2L}dx=1$$

$m \neq n$ ならば，m, n は整数だから，

$$\int_{-L}^{L} \phi_m^*(x)\phi_n(x)dx = \frac{1}{2L}\int_{-L}^{L} e^{i(n-m)\pi x/L}dx = \frac{1}{2L}\frac{L}{i(n-m)\pi}\left[e^{i(n-m)\pi x/L}\right]_{-L}^{L} = 0$$

(2)　$f(x)=\sum_n c_n\phi_n(x)$ の両辺に，$\phi_m^*(x)$ をかけて，x について $-L$ から L まで積分する．(1)で示した正規直交性より，

$$\int_{-L}^{L} f(x)\phi_m^*(x) = \sum_{n=-\infty}^{\infty} c_n \int_{-L}^{L} \phi_n(x)\phi_m^*(x)dx = c_m$$

また，$f(x)$ が実数ならば，

$$c_n^* = \left(\int_{-L}^{L} f(x)\phi_n^*(x)dx\right)^* = \int_{-L}^{L} f^*(x)\phi_n(x)dx = \int_{-L}^{L} f(x)(\phi_{-n}(x))^*dx = c_{-n}$$

[5]　(1)　$V(t)=\sum_{n=-\infty}^{\infty} V_n e^{in\omega t}$，$Q(t)=\sum_{n=-\infty}^{\infty} Q_n e^{in\omega t}$ を微分方程式に代入し，各 n について等式が成り立つとする．

$$\left(-n^2\omega^2 L + in\omega R + \frac{1}{C}\right)Q_n = V_n, \qquad Q_n = \frac{CV_n}{1-n^2\omega^2 LC + in\omega RC}$$

よって，特解として，

$$Q(t) = \sum_{n=-\infty}^{\infty} \frac{CV_n e^{in\omega t}}{1-n^2\omega^2 LC + in\omega RC} \qquad ①$$

を得る．一般解は，同次方程式の一般解をたし合わせたものであるが，それは十分時間がたてば減衰する．

(2)　問[3](1)の答を使って，$V(t)=V/2+\sum_{n=-\infty}^{\infty}{}'(iV/2\pi n)e^{in\omega t}$，$\omega=2\pi/T$（$\sum'$ は $n=0$ を除く）．これを，①に代入する．

$$Q(t) = \frac{CV}{2} + \sum_{n=-\infty}^{\infty}{}' \frac{iV}{2\pi n}\frac{Ce^{in\omega t}}{1-n^2\omega^2 LC + in\omega RC} = \frac{CV}{2} + \sum_{n=1}^{\infty} A_n \cos(n\omega t + \alpha_n)$$

ただし，

$$A_n = \frac{VC}{\pi n}[(1-n^2\omega^2 LC)^2 + n^2\omega^2 R^2 C^2]^{-1/2}, \quad \alpha_n = \tan^{-1}\left(\frac{1-n^2\omega^2 LC}{n\omega RC}\right)$$

[6]　c_1, c_2 を任意定数とする．

(1)　$x(t)=\sum_{n=2}^{\infty} \dfrac{a\cos n\omega t}{\omega^2 n^2(1-n^2)} + c_1\cos\omega t + c_2\sin\omega t$

(2)　$x(t)=\sum_{n=1}^{\infty} \dfrac{1}{n^4(n^4+4)}[(2-n^2)\sin nt - 2n\cos nt] + c_1 e^{-t}\cos t + c_2 e^{-t}\sin t$

(3)　問[3](2)の結果を用いる．

$$x(t) = \frac{2a}{\pi m}\sum_{n=-\infty}^{\infty}\frac{(-1)^{n+1}e^{2in\omega t}}{(4n^2-1)(-4n^2\omega^2+4in\gamma\omega+\omega_0{}^2)}$$
$$+c_1e^{-\gamma t}\cos\sqrt{\omega_0{}^2-\gamma^2}\,t+c_2e^{-\gamma t}\sin\sqrt{\omega_0{}^2-\gamma^2}\,t$$

問題 6-3

[1] $f(x)=\dfrac{1}{\pi}\displaystyle\int_0^\infty dw[A(w)\cos wx+B(w)\sin wx]$.

(1) $A(w)=\displaystyle\int_0^\infty e^{-au}\cos wu du=\frac{a}{w^2+a^2}$, $B(w)=\displaystyle\int_0^\infty e^{-au}\sin wu du=\frac{w}{w^2+a^2}$.

(2) $A(w)=0$, $B(w)=2\displaystyle\int_0^\infty e^{-au}\sin wu du=\frac{2w}{w^2+a^2}$.

(3) $A(w)=2\displaystyle\int_0^{\pi/2}\cos u\cos wu du=\frac{2}{1-w^2}\cos\frac{w\pi}{2}$, 特に $A(1)=\dfrac{\pi}{2}$, $B(w)=0$.

[2] $F(w)=\displaystyle\int_{-\infty}^\infty f(x)e^{-iwx}dx$. (1) $F(w)=(\sin wa)/wa$. (2) $F(w)=2a/(w^2+a^2)$. (3) $F(w)=2e^{-iwb}/(w^2+1)$. (4) $F(w)=1/(a+iw)^2$. (5) $F(w)=b[(a+iw)^2+b^2]^{-1}$. (6) $F(w)=\displaystyle\int_{-\infty}^\infty e^{-ax^2}e^{-iwx}dx=\int_{-\infty}^\infty e^{-a(x+iw/2a)^2}e^{-w^2/4a}dx=\sqrt{\pi/a}\,e^{-w^2/4a}$.

[3] (1) $f(x)$が実数値の偶関数ならば,

$$F^*(w) = \int_{-\infty}^\infty f^*(x)e^{iwx}dx = \int_{-\infty}^\infty f(x)e^{iwx}dx = \int_{-\infty}^\infty f(-y)e^{-iwy}dy$$
$$= \int_{-\infty}^\infty f(y)e^{-iwy}dy = F(w) \qquad (\text{途中で変数変換 } x\to -y)$$

よって, $F(w)$は実数. $f(x)$が実数値の奇関数ならば,

$$F^*(w) = \int_{-\infty}^\infty f^*(x)e^{iwx}dx = \int_{-\infty}^\infty f(x)e^{iwx}dx = \int_{-\infty}^\infty f(-y)e^{-iwy}dy$$
$$= -\int_{-\infty}^\infty f(y)e^{-iwy}dy = -F(w)$$

よって, $F(w)$は純虚数.

(2) $$\int_{-\infty}^\infty f(x-b)e^{-iwx}dx=\int_{-\infty}^\infty f(y)e^{-iw(y+b)}dy \qquad (y=x-b \text{ と変数変換})$$
$$=e^{-iwb}\int_{-\infty}^\infty f(y)e^{-iwy}dy=e^{-iwb}F(w)$$

(3) $$\int_{-\infty}^\infty f(ax)e^{-iwx}dx=\int_{-\infty}^\infty f(y)e^{-i(w/a)y}\frac{dy}{a} \qquad (y=ax \text{ と変数変換})$$

6

$$=\frac{1}{a}\int_{-\infty}^{\infty} f(y)e^{-i(w/a)y}dy=\frac{1}{a}F\left(\frac{w}{a}\right)$$

(4) $\displaystyle\int_{-\infty}^{\infty} f(x)e^{-ipx}e^{-iwx}dx=\int_{-\infty}^{\infty} f(x)e^{-i(w+p)x}dx=F(w+p)$

問題 6-4

[1] $\displaystyle\int_{-\infty}^{\infty} F(w)G^*(w)dw=\int_{-\infty}^{\infty}\left[\int_{-\infty}^{\infty} f(x)e^{-iwx}dx\right]\left[\int_{-\infty}^{\infty} g(y)e^{-iwy}dy\right]^* dw$

$$=\int_{-\infty}^{\infty} dx\int_{-\infty}^{\infty} dyf(x)g^*(y)\int_{-\infty}^{\infty} dwe^{i(y-x)w}$$

上の式で，w についての積分はデルタ関数を与える．

$$\int_{-\infty}^{\infty} dwe^{i(y-x)w} = 2\pi\delta(y-x)$$

これを使って，

$$\int_{-\infty}^{\infty} F(w)G^*(w)dw = \int_{-\infty}^{\infty} dx\int_{-\infty}^{\infty} dyf(x)g^*(y)\cdot 2\pi\delta(y-x) = 2\pi\int_{-\infty}^{\infty} dxf(x)g^*(x)$$

6

[2] はじめに，次の等式を証明する．

$$\int_{-\infty}^{\infty} F(w)G(w)e^{iwx}dw = 2\pi\int_{-\infty}^{\infty} f(y)g(x-y)dy \qquad \text{(a)}$$

(a)の左辺に，$F(w)$, $G(w)$の定義式を代入する．

$$\int_{-\infty}^{\infty} F(w)G(w)e^{iwx}dw = \int_{-\infty}^{\infty} dw\left[\int_{-\infty}^{\infty} f(y)e^{-iwy}dy\right]\left[\int_{-\infty}^{\infty} g(z)e^{-iwz}dz\right]e^{iwx}$$

$$=\int_{-\infty}^{\infty} dy\int_{-\infty}^{\infty} dzf(y)g(z)\int_{-\infty}^{\infty} dwe^{iw(x-y-z)}$$

$$=\int_{-\infty}^{\infty} dy\int_{-\infty}^{\infty} dzf(y)g(z)\cdot 2\pi\delta(x-y-z) = 2\pi\int_{-\infty}^{\infty} dyf(y)g(x-y)$$

よって，(a)が証明された．(a)の両辺に$(1/2\pi)e^{-i\alpha x}$をかけて，xについて積分する．その両辺は，おのおの

$$\text{左辺} = \int_{-\infty}^{\infty}\frac{dx}{2\pi}e^{-i\alpha x}\int_{-\infty}^{\infty} F(w)G(w)e^{iwx}dw$$

$$=\int_{-\infty}^{\infty} dwF(w)G(w)\int_{-\infty}^{\infty}\frac{dx}{2\pi}e^{i(w-\alpha)x}$$

$$=\int_{-\infty}^{\infty} dwF(w)G(w)\delta(w-\alpha)$$

$$=F(\alpha)G(\alpha) = \mathscr{F}[f]\cdot\mathscr{F}[g]$$

$$右辺 = \int_{-\infty}^{\infty} dx e^{-i\alpha x}\left[\int_{-\infty}^{\infty} f(y)g(x-y)dy\right]$$
$$= \mathcal{F}[f*g]$$

よって，$\mathcal{F}[f*g]=\mathcal{F}[f]\cdot\mathcal{F}[g]$ が証明された．

[3] (1) $\nabla^2(1/r)$ の $r=0$ での振舞いを調べるために，原点を中心とする半径 R の球内で $\nabla^2(1/r)$ を積分する．ガウスの定理を使うと，半径 R の球面 S での面積分になり，

$$\iiint_V \nabla^2\left(\frac{1}{r}\right)dV = -\iiint_V \nabla\cdot\left(\frac{\boldsymbol{r}}{r^3}\right)dV = -\iint_S \frac{\boldsymbol{r}}{r^3}\cdot\boldsymbol{n}dS$$
$$= -\frac{R\boldsymbol{n}\cdot\boldsymbol{n}}{R^3}\cdot 4\pi R^2 = -4\pi$$

を得る．ただし，$\boldsymbol{n}$ は球面での単位法線ベクトル．また，$r\neq 0$ ならば $\nabla^2(1/r)=0$(問題4-4の[1](3)参照)だから，$\nabla^2(1/r)=-4\pi\delta(\boldsymbol{r})$.

(2) $\nabla^2(1/|\boldsymbol{r}-\boldsymbol{r}'|)=-4\pi\delta(\boldsymbol{r}-\boldsymbol{r}')$ を用いる．

$$\nabla^2\phi(\boldsymbol{r}) = \frac{1}{4\pi\varepsilon_0}\iiint \rho(\boldsymbol{r}')\nabla^2\frac{1}{|\boldsymbol{r}-\boldsymbol{r}'|}d^3\boldsymbol{r}'$$
$$= \frac{1}{4\pi\varepsilon_0}\iiint \rho(\boldsymbol{r}')(-4\pi)\delta(\boldsymbol{r}-\boldsymbol{r}')d^3\boldsymbol{r}' = -\rho(\boldsymbol{r})/\varepsilon_0$$

[4] $\lim_{\sigma\to+0}\frac{1}{\sqrt{2\pi}\,\sigma}e^{-x^2/2\sigma^2}=0\ (x\neq 0),\ =\infty\ (x=0).$ $\int_{-\infty}^{\infty}\frac{1}{\sqrt{2\pi}\,\sigma}e^{-x^2/2\sigma^2}dx=1.$ よって，$\delta(x)=\lim_{\sigma\to+0}f_\sigma(x)$ と考えられる．

7

第 7 章

問題 7-1

[1] (1) $\xi=x+ct,\ \eta=x-ct$ と変数変換すると，$u_{tt}=c^2u_{xx}$ より，$u_{\xi\eta}=0$. よって，$\phi(\xi),\ \psi(\eta)$ を任意関数として，$u(x,t)=\phi(x+ct)+\psi(x-ct)$. (2) 非同次方程式の一般解は，同次方程式の一般解に，非同次方程式の特解を加えたものである．$u_{xy}=x^2y$ の特解は，$(1/6)x^3y^2$. これを，例題7.1の4)で求めた一般解に加えて，結局，$u(x,y)=(1/6)x^3y^2+\phi(y)+\psi(x)$. (3) $u_{xxyy}=(u_{xy})_{xy}=0$. よって，$g_1(x),\ h_1(y)$ を任意関数として，$u_{xy}=g_1(x)+h_1(y)$. この非同次方程式の一般解は，同次方程式 $u_{xy}=0$ の一般解 $\phi_1(x)+\psi_1(y)$ に，非同次方程式 $u_{xy}=g_1(x)+h_1(y)$ の特解 $y\int_\alpha^x g_1(\xi)d\xi+x\int_\beta^y h_1(\eta)d\eta\equiv y\phi_2(x)+x\psi_2(y)$ をつけ加えたものである．よって，求める一般解は，$u=\phi_1(x)+\psi_1(y)+y\phi_2(x)+x\psi_2(y)$. (4) $p_x\neq 0$ とする．$\xi=p(x,y)$ と y を独立変数と考える．このとき，$x=P(\xi,y)$. $u(x,y)=u(P(\xi,y),y)=U(\xi,y)$ と $\xi=p(x,y)$ を y について偏微分する．

$$U_y = u_y+u_xP_y, \qquad \xi_y = 0 = p_y+P_yp_x$$

この 2 つの式から P_y を消去し，偏微分方程式を用いると，$p_x U_y = p_x u_y + p_x u_x P_y = p_x u_y + u_x(-p_y) = 0$．よって，$U_y = 0$．すなわち，$U$ は ξ だけの関数となり，一般解は，$u = \phi(\xi) = \phi(p(x, y))$．

[2] (1) $x \neq \xi$ では $d^2u/dx^2 = 0$ で，$u(0) = u(l) = 0$ を考慮すると，$0 \leqq x < \xi$ では $u = a_1 x$，$\xi < x \leqq l$ では $u = a_2(x-l)$．$x = \xi$ で $u(x)$ は連続である条件より，$a_1\xi + a_2(\xi - l) = 0$ ①．また，$d^2u/dx^2 = -\delta(x-\xi)$ を，$x = \xi - \varepsilon$ から $x = \xi + \varepsilon$ まで積分すると

$$\left.\frac{du}{dx}\right|_{\xi+\varepsilon} - \left.\frac{du}{dx}\right|_{\xi-\varepsilon} = -\int_{\xi-\varepsilon}^{\xi+\varepsilon} \delta(x-\xi)dx = -1$$

上に求めた u を用いて($\varepsilon \to +0$ の極限を考える)，$a_2 - a_1 = -1$ ②．①,②を解くと，$a_1 = (l-\xi)/l$，$a_2 = -\xi/l$ が得られ，結局

$$u(x) = G(x, \xi) = \begin{cases} x(l-\xi)/l & (0 \leqq x < \xi) \\ \xi(l-x)/l & (\xi < x \leqq l) \end{cases}$$

(2) $G(0, \xi) = G(l, \xi) = 0$ だから，$u(0) = u(x) = 0$．また，

$$\frac{d^2u(x)}{dx^2} = \int_0^l f(\xi)\frac{d^2G(x, \xi)}{dx^2}d\xi = -\int_0^l f(\xi)\delta(x-\xi)d\xi = -f(x)$$

問題 7-2

7

[1] ストークスの波動公式 $u(x, t) = (1/2)\{f(x+ct) + f(x-ct)\} + (1/2c)\int_{x-ct}^{x+ct} g(s)ds$ を用いる．

(1) 境界条件 $u(0, t) = 0$ は，

$$u(0, t) = \frac{1}{2}\{f(ct) + f(-ct)\} + \frac{1}{2c}\int_{-ct}^{ct} g(s)ds = 0$$

これがすべての t で成り立つためには，$f(x), g(x)$ は奇関数，$f(-x) = -f(x)$，$g(-x) = -g(x)$．したがって，区間 $x \geqq 0$ で定義された関数 $f(x), g(x)$ を奇関数として拡張すれば，ストークスの波動公式が解になる．

(2) 境界条件 $u(0, t) = 0$ より，$f(x), g(x)$ は奇関数．境界条件 $u(L, t) = 0$ は，

$$u(L, t) = \frac{1}{2}\{f(L+ct) + f(L-ct)\} + \frac{1}{2c}\int_{L-ct}^{L+ct} g(s)ds = 0$$

よって，奇関数 $f(x), g(x)$ はさらに周期 $2L$ の周期関数となる．したがって，区間 $0 \leqq x \leqq L$ で定義された関数 $f(x), g(x)$ を周期 $2L$ の奇関数として拡張すれば，ストークスの公式が解になる．

(3) 境界条件 $u_x(0, t)$ は，

$$u_x(0, t) = \frac{1}{2}\{f'(ct) + f'(-ct)\} + \frac{1}{2c}\{g(ct) - g(-ct)\} = 0$$

これがすべての t で成り立つためには，$f(x)$, $g(x)$ は偶関数，$f(-x)=f(x)$, $g(-x)=g(x)$. したがって，区間 $x\geqq 0$ で定義された関数 $f(x)$, $g(x)$ を偶関数として拡張すれば，ストークスの波動公式が解になる．

[2] $f(x)$ を次のように拡張したものを $F(x)$ とおくと，解は $u(x,t)=\dfrac{1}{2}\{F(x+t)+F(x-t)\}$. 図は次ページ．(1) $f(x)$ を奇関数として拡張する．解の時間発展は図 1. (2) $f(x)$ を周期 $2L=10$ の奇関数として拡張する．解の時間発展は図 2. (3) $f(x)$ を偶関数として拡張する．解の時間発展は図 3. おのおのの図で太い実線が $u(x,t)$ を示す．(1) は固定端，(2) は自由端，での波の反射を表わしている．

[3] 例題 7.3 より，求める解は，$u(x,0)=f(x)$, $u_t(x,0)=g(x)$ として，

$$u(x,t) = \sum_{n=1}^{\infty}(C_n\cos\omega_n t + D_n\sin\omega_n t)\sin\frac{n\pi x}{L} \qquad \left(\omega_n=\frac{cn\pi}{L}\right)$$

$$C_n = \frac{2}{L}\int_0^L f(x)\sin\frac{n\pi x}{L}dx, \qquad D_n = \frac{2}{L\omega_n}\int_0^L g(x)\cos\frac{n\pi x}{L}dx$$

(1) $f(x)=\sin(\pi x/L)$, $g(x)=0$ だから，$D_n=0$.

$$C_n = \frac{2}{L}\int_0^L \sin\frac{\pi x}{L}\sin\frac{n\pi x}{L}dx = \delta_{n1}$$

よって，$u(x,t)=\cos(\pi ct/L)\sin(\pi x/L)$.

(2) $f(x)=0$, $g(x)=4\sin^3(\pi x/L)=3\sin(\pi x/L)-\sin(3\pi x/L)$ だから，$C_n=0$.

$$D_n = \frac{2}{L\omega_n}\int_0^L\left\{3\sin\frac{\pi x}{L}-\sin\frac{3\pi x}{L}\right\}\sin\frac{n\pi x}{L}dx = \frac{1}{\omega_n}\{3\delta_{n1}-\delta_{n3}\}$$

よって，$u(x,t)=(3L/\pi c)\sin(\pi ct/L)\sin(\pi x/L)-(L/3\pi c)\sin(3\pi ct/L)\sin(3\pi x/L)$.

7

問題 7-3

[1] 公式(7.11)

$$u(x,t) = \sum_{n=1}^{\infty}C_n\sin\frac{n\pi x}{L}e^{-\kappa(n\pi/L)^2 t}, \qquad C_n = \frac{2}{L}\int_0^L f(x)\sin\frac{n\pi x}{L}dx$$

を用いる．係数 C_n と解 $u(x,t)$ は，それぞれ

(1) $C_n=a\delta_{n4}+b\delta_{n8}+c\delta_{n12}$ (δ_{nm} はクロネッカーのデルタ).

$u(x,t)=a\sin(4\pi x/L)e^{-\kappa(4\pi/L)^2 t}+b\sin(8\pi x/L)e^{-\kappa(8\pi/L)^2 t}+c\sin(12\pi x/L)e^{-\kappa(12\pi/L)^2 t}$.

(2) $C_n=(4a/L)(L/n\pi)^3(1+(-1)^{n+1})$.

$$u(x,t) = \frac{4a}{L}\sum_{n=1}^{\infty}\left(\frac{L}{n\pi}\right)^3(1+(-1)^{n+1})\sin\frac{n\pi x}{L}e^{-\kappa(n\pi/L)^2 t}$$

$$= \frac{8L^2a}{\pi^3}\left\{\sin\frac{\pi x}{L}e^{-\kappa(\pi/L)^2 t}+\frac{1}{27}\sin\frac{3\pi x}{L}e^{-\kappa(3\pi/L)^2 t}+\cdots\right\},$$

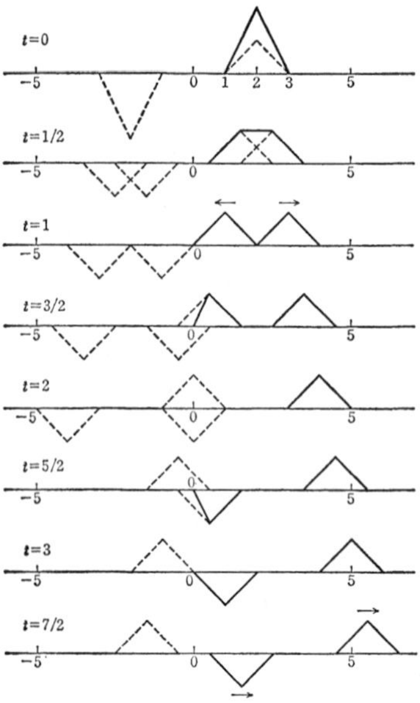
t=0
t=1/2
t=1
t=3/2
t=2
t=5/2
t=3
t=7/2
−5
0
1
2
3
5

図 1

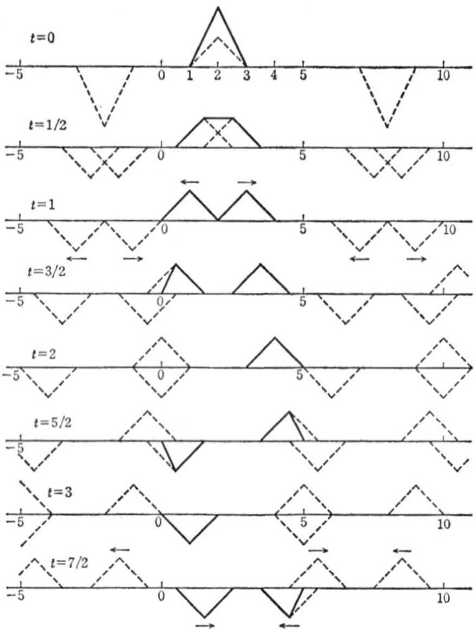
t=0
t=1/2
t=1
t=3/2
t=2
t=5/2
t=3
t=7/2
−5
0
1
2
3
4
5
10

図 2

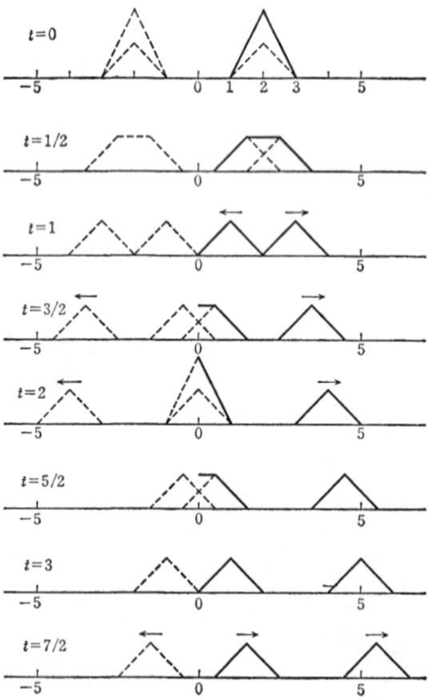
t=0
t=1/2
t=1
t=3/2
t=2
t=5/2
t=3
t=7/2
−5
0
1
2
3
5

図 3

[2] 本文(7.15)より，$u(x,t)=\int_{-\infty}^{\infty}d\eta f(x+2\sqrt{\kappa t}\,\eta)e^{-\eta^2}$.　(1)　$f(x)=a$ を代入して，$u(x,t)=(1/\sqrt{\pi})\int_{-\infty}^{\infty}d\eta a e^{-\eta^2}=(1/\sqrt{\pi})\sqrt{\pi}\,a=a$.　(2)　$u(x,t)=(a/2\sqrt{\pi\kappa t})e^{-x^2/4\kappa t}$.　(3)　$u(x,t)=ae^{-b^2\kappa t}\cos bx$.

[3] (1)　本文(7.15)の解の表式より，

$$u(x,t)=\frac{1}{2\sqrt{\pi\kappa t}}\left[\int_0^{\infty}d\xi f(\xi)e^{-(\xi-x)^2/4\kappa t}+\int_{-\infty}^{0}d\xi f(\xi)e^{-(\xi-x)^2 4\kappa t}\right]$$

$$=\frac{1}{2\sqrt{\pi\kappa t}}\left[\int_0^{\infty}d\xi f(\xi)e^{-(\xi-x)^2/4\kappa t}+\int_0^{\infty}d\xi f(-\xi)e^{-(\xi+x)^2/4\kappa t}\right]$$

$u(0,t)=0$ をみたすためには，

$$u(0,t)=\frac{1}{2\sqrt{\pi\kappa t}}\int_0^{\infty}d\xi\,\{f(\xi)+f(-\xi)\}\,e^{-\xi^2 4\kappa t}=0$$

$f(-x)=-f(x)$，すなわち，$f(x)$は奇関数の性質をもてばよい．したがって，

$$u(x,t)=\frac{1}{2\sqrt{\pi\kappa t}}\int_0^{\infty}f(\xi)\{e^{-(\xi-x)^2/4\kappa t}-e^{-(\xi+x)^2/4\kappa t}\}\,d\xi$$

これは，初期条件 $u(x,0)=f(x)$ をみたしている．なぜならば，$t\to+0$ として δ 関数(問題6-4，問[4])を用いると，

$$u(x,t)=\int_0^{\infty}f(\xi)\{\delta(\xi-x)-\delta(\xi+x)\}\,d\xi=f(x)\qquad(x\geqq 0)$$

(2)　(1)で求めた解に $f(x)=a$ $(x>0)$ を代入する．

$$u(x,t)=\frac{a}{2\sqrt{\pi\kappa t}}\left[\int_0^{\infty}e^{-(\xi-x)^2/4\kappa t}-\int_0^{\infty}e^{-(\xi+x)^2/4\kappa t}\right]$$

最初の積分では $y=(\xi-x)/2\sqrt{\kappa t}$，2番目の積分では $y=(\xi+x)/2\sqrt{\kappa t}$ と変数変数する．$X=x/2\sqrt{\kappa t}$ とおく．

$$u(x,t)=\frac{a}{\sqrt{\pi}}\left[\int_{-X}^{\infty}e^{-y^2}dy-\int_X^{\infty}e^{-y^2}dy\right]=\frac{2a}{\sqrt{\pi}}\int_0^{X}e^{-y^2}dy$$

誤差関数 $\mathrm{Erf}(x)=\int_0^{x}e^{-y^2}dy$ を導入すると，$u(x,t)=(2a/\sqrt{\pi})\mathrm{Erf}(X)$，$X=x/2\sqrt{\kappa t}$.

[4] 変数分離法(例題7.4と同じ)を使う．$u(x,t)=X(x)T(t)$ を熱伝導方程式に代入して，$X''+p^2X=0$，$T'+\kappa p^2T=0$ を得る．周期的境界条件 $u(0,t)=u(2L,t)$ をみたすには，$X(0)=X(L)$．よって，$X''+p^2X=0$ の解は，$X_n=A_n\cos p_nx+B_n\sin p_nx$ $(p_n=n\pi/L,\ n=0,1,2,\cdots)$．$T'+\kappa p_n{}^2T=0$ の一般解は，$T_n=C_ne^{-\kappa p_n{}^2t}$．解の重ね合わせ

$$u(x,t)=\sum_{n=0}^{\infty}X_n(x)T_n(t)=\frac{A_0}{2}+\sum_{n=1}^{\infty}\left(A_n\cos\frac{n\pi x}{L}+B_n\sin\frac{n\pi x}{L}\right)e^{-\kappa p_n{}^2t}\qquad ①$$

をつくり(上では，任意定数を選びなおした)，初期条件

$$u(x, 0) = f(x) = \frac{A_0}{2} + \sum_{n=1}^{\infty}\left(A_n \cos\frac{n\pi x}{L} + B_n \sin\frac{n\pi x}{L}\right)$$

をみたすようにする．上式の右辺は，関数$f(x)$のフーリエ級数展開にほかならないから，

$$A_n = \frac{1}{L}\int_{-L}^{L} f(x)\cos\frac{n\pi x}{L}dx, \qquad B_n = \frac{1}{L}\int_{-L}^{L} f(x)\sin\frac{n\pi x}{L}dx \qquad ②$$

②を①に代入したものが求める解である．

問題 7-4

[1] 例題7.5より，$\omega_{mn} = c\pi\sqrt{m^2+n^2}$として，

$$u(x, y, t) = \sum_{m=1}^{\infty}\sum_{n=1}^{\infty} A_{mn}\cos\omega_{mn}t \sin m\pi x \sin n\pi y$$

$$A_{mn} = 4\int_0^1 dx\int_0^1 dy f(x, y)\sin m\pi x \sin n\pi y$$

係数A_{mn}を以下に示す．

(1) $A_{mn} = \frac{16k}{\pi^6 m^3 n^3}(1+(-1)^{m+1})(1+(-1)^{n+1})$

(2) $A_{mn} = \frac{144k}{\pi^6 m^3 n^3}(-1)^{m+n}$

(3) $A_{mn} = 16k\frac{(1+(-1)^{m+1})(1+(-1)^{n+1})}{\pi^2 mn(m^2-4)(n^2-4)}$

〔注〕 (3)で$A_{2n} = A_{m2} = A_{22} = 0$.

[2] $u(r, t)$に対する波動方程式は，

$$\frac{\partial^2 u}{\partial t^2} = c^2\frac{1}{r^2}\frac{\partial}{\partial r}\left(r^2\frac{\partial u}{\partial r}\right)$$

$u(r, t) = v(r, t)/r$とおくと，上の式より，$v_{tt} = c^2 v_{rr}$. この方程式の一般解は，$v(r, t) = f(r-ct) + g(r+ct)$. よって，$u(r, t) = f(r-ct)/r + g(r+ct)/r$.

[3] $u(x, y, t) = T(t)X(x)Y(y)$とおいて，2次元熱伝導方程式に代入し，

$$T' + \kappa p T = 0 \qquad ①$$

$$X'' + \alpha X = 0, \qquad Y'' + \beta Y = 0 \qquad (p = \alpha + \beta) \qquad ②$$

境界条件$u(0, y, t) = u(a, y, t) = u(x, 0, t) = u(x, b, t) = 0$より，$X(0) = X(a) = 0$, $Y(0) = Y(b) = 0$. これらをみたす②の解は，$p_{mn} = \alpha_m + \beta_n$, $\alpha_m = (\pi m/a)^2$, $\beta_n = (\pi n/b)^2$として，

$$X_m(x) = \sin(m\pi x/a), \qquad Y_n(y) = \sin(n\pi y/b)$$

また，このp_{mn}に対して，①の解は$T_{mn}(t) = A_{mn}e^{-\kappa p_{mn}t}$.

次に，解 $u_{mn}=T_{mn}X_mY_n$ の重ね合わせ

$$u(x,y,t)=\sum_{m=1}^{\infty}\sum_{n=1}^{\infty}A_{mn}\sin\frac{m\pi x}{a}\sin\frac{n\pi y}{b}e^{-kp_{mn}t} \quad ③$$

をつくり，初期条件をみたすようにする．

$$u(x,y,0)=f(x,y)=\sum_{m=1}^{\infty}\sum_{n=1}^{\infty}A_{mn}\sin\frac{m\pi x}{a}\sin\frac{n\pi y}{b}$$

したがって，

$$A_{mn}=\frac{4}{ab}\int_0^a dx\int_0^b dyf(x,y)\sin\frac{m\pi x}{a}\sin\frac{n\pi y}{b} \quad ④$$

④を③に代入したものが求める解である．

問題 7-5

[1] $\nabla^2(1/r)=-4\pi\delta(x-\xi)\delta(y-\eta)\delta(z-\zeta)$ を用いる．

$$\begin{aligned}\nabla^2\phi &= -G\iiint_V\nabla^2\frac{1}{r}\cdot\rho(\xi,\eta,\zeta)d\xi d\eta d\zeta\\ &=4\pi G\iiint_V\delta(x-\xi)\delta(y-\eta)\delta(z-\zeta)\cdot\rho(\xi,\eta,\zeta)d\xi d\eta d\zeta\\ &=\begin{cases}0 & (\text{点}(x,y,z)\text{が }V\text{ の外})\\ 4\pi G\rho & (\text{点}(x,y,z)\text{が }V\text{ の内})\end{cases}\end{aligned}$$

[2] $\rho\neq 0$ とすると，

$$\frac{\partial}{\partial x}\log\frac{1}{\rho}=-\frac{x}{\rho^2},\qquad \frac{\partial^2}{\partial x^2}\log\frac{1}{\rho}=-\frac{1}{\rho^2}+\frac{2x^2}{\rho^4}$$

$$\frac{\partial}{\partial y}\log\frac{1}{\rho}=-\frac{y}{\rho^2},\qquad \frac{\partial^2}{\partial y^2}\log\frac{1}{\rho}=-\frac{1}{\rho^2}+\frac{2y^2}{\rho^4}$$

よって，

$$\left(\frac{\partial^2}{\partial x^2}+\frac{\partial^2}{\partial y^2}\right)\log\frac{1}{\rho}=-\frac{2}{\rho^2}+2\frac{x^2+y^2}{\rho^4}=-\frac{2}{\rho^2}+2\frac{\rho^2}{\rho^4}=0$$

$\rho=0$ の近くの様子を調べる．平面におけるグリーンの定理

$$\iint_R\left(\frac{\partial Q}{\partial x}-\frac{\partial P}{\partial y}\right)dxdy=\oint_C[Pdx+Qdy]$$

に，

$$P=-\frac{\partial}{\partial y}\log\frac{1}{\rho}=\frac{y}{\rho^2},\qquad Q=\frac{\partial}{\partial x}\log\frac{1}{\rho}=-\frac{x}{\rho^2}$$

を代入する．

$$\iint_R\left(\frac{\partial^2}{\partial x^2}+\frac{\partial^2}{\partial y^2}\right)\log\frac{1}{\rho}dxdy = \oint_C\left(\frac{y}{\rho^2}dx-\frac{x}{\rho^2}dy\right)$$

$x=\rho\cos\phi$, $y=\rho\sin\phi$ とおいて，半径 ρ の円周上で右辺の線積分を計算する．

$$右辺 = \int_0^{2\pi}\left\{\frac{\rho\sin\phi}{\rho^2}(-\rho\sin\phi d\phi)-\frac{\rho\cos\phi}{\rho^2}\cdot\rho\cos\phi d\phi\right\} = -\int_0^{2\pi}d\phi = -2\pi$$

よって，

$$\left(\frac{\partial^2}{\partial x^2}+\frac{\partial^2}{\partial y^2}\right)\log\frac{1}{\rho} = 0 \qquad (\rho\neq 0)$$

$$\iint_R\left(\frac{\partial^2}{\partial x^2}+\frac{\partial^2}{\partial y^2}\right)\log\frac{1}{\rho}\cdot dxdy = -2\pi$$

だから，$(\partial^2/\partial x^2+\partial^2/\partial y^2)\log(1/\rho)=-2\pi\delta(x)\delta(y)$.

[3]　(1)　$dx=-\beta ds$, $dy=\alpha ds$（右図参照）．

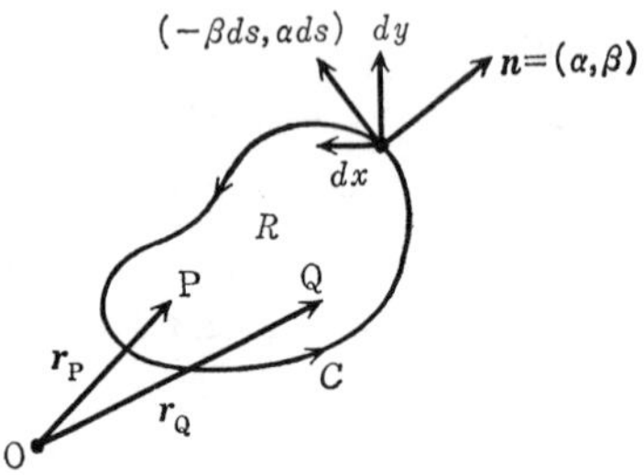

これを平面におけるグリーンの公式に代入して，

$$\iint_R\left(\frac{\partial A}{\partial x}+\frac{\partial B}{\partial y}\right)dxdy$$

$$= \oint_C\{A\alpha ds-B(-\beta ds)\} = \oint_C(A\alpha+B\beta)ds$$

(2)　上の式で，$A=\phi\psi_x$, $B=\phi\psi_y$ ととる．

$\nabla_2=(\partial/\partial x)\boldsymbol{i}+(\partial/\partial y)\boldsymbol{j}$.

$$\phi\nabla_2{}^2\psi = (\phi\psi_x)_x+(\phi\psi_y)_y-\phi_x\psi_x-\phi_y\psi_y$$

$$\phi\psi_x\alpha+\phi\psi_y\beta = (\phi\nabla_2\psi)\cdot\boldsymbol{n} = \phi\boldsymbol{n}\cdot\nabla_2\psi = \phi\frac{\partial\psi}{\partial n}$$

を使って，

$$\iint_R\left\{\frac{\partial}{\partial x}(\phi\psi_x)+\frac{\partial}{\partial y}(\phi\psi_y)\right\}dxdy = \iint_R\{\phi\nabla_2{}^2\psi+(\nabla_2\phi)\cdot(\nabla_2\psi)\}dxdy = \oint_C\phi\frac{\partial\psi}{\partial n}ds$$

上の式で ϕ と ψ を入れかえた式をつくり，上の式からその式を引くと，証明すべき式を得る．

(3)　$\psi=\log(1/\rho)$ とおく．$\nabla^2\psi=-2\pi\delta(\boldsymbol{r}_P-\boldsymbol{r}_Q)$. (2)で示した式に，これらを代入する．$\boldsymbol{r}_Q=(x, y)$.

$$\iint_R\{\phi\cdot(-2\pi)\delta(\boldsymbol{r}_P-\boldsymbol{r}_Q)\}dxdy-\iint_R\log\frac{1}{\rho}\cdot\nabla_2{}^2\phi dxdy = \oint_C\left(\phi\frac{\partial}{\partial n}\log\frac{1}{\rho}-\log\frac{1}{\rho}\cdot\frac{\partial\phi}{\partial n}\right)ds$$

上の式の左辺の第1項は，$-2\pi\phi(\boldsymbol{r}_P)$ であり，書き直すと，証明すべき式を得る．

索引

サ　行

タ 行

ナ 行

ハ 行

マ，ヤ　行

ラ，ワ　行

和達三樹
1945-2011年．1967年東京大学理学部物理学科卒業．1970年ニューヨーク州立大学大学院修了(Ph.D.)．ニューヨーク州立大学研究員，東京教育大学光学研究所助手，助教授，筑波大学物理工学系助教授，東京大学教養学部助教授，東京大学大学院理学系研究科教授，東京理科大学理学部教授を務める．専攻は理論物理学．
著書：『液体の構造と性質』(共著)，『物理のための数学』『微分積分』(以上，岩波書店)，『常微分方程式』(共著，講談社)ほか．

物理入門コース／演習 新装版
例解 物理数学演習

1990年10月5日 第1刷発行
2016年11月4日 第25刷発行
2020年11月10日 新装版第1刷発行
2023年11月15日 新装版第4刷発行

著　者　和達三樹（わだちみき）

発行者　坂本政謙

発行所　株式会社 岩波書店
〒101-8002 東京都千代田区一ツ橋 2-5-5
電話案内 03-5210-4000
https://www.iwanami.co.jp/

印刷製本・法令印刷

ISBN 978-4-00-029895-7　Printed in Japan